高等学校教材

工程测试技术

（第2版）

冯凯昉　主　编

冯凯昉　朱名铨　李晓莹
焦生杰　王习温　黄双成　编

西北工業大學出版社

【内容简介】 本书共分 13 章，主要内容包括测试信号分析；测试装置的静、动态特性及性能指标；常用传感器的工作原理、结构特点、测量电路和应用实例；常用记录仪器的结构原理、性能参数及使用要求。

本书可作为高等院校教材，也可供从事测试技术工作的工程技术人员参考。

图书在版编目(CIP)数据

工程测试技术/冯凯昉主编．—2 版．—西安：西北工业大学出版社，2008.7(2025.7 重印)
ISBN 978-7-5612-0979-0

Ⅰ．工…　Ⅱ．冯…　Ⅲ．工程测试—高等学校—教材　Ⅳ．TB22

中国版本图书馆 CIP 数据核字(2008)第 097107 号

出版发行：西北工业大学出版社
通信地址：西安市友谊西路 127 号　　**邮编**：710072
电　　话：(029)88493844　88491757
网　　址：www.nwpup.com
印 刷 者：西安盛景印务有限公司
开　　本：787 mm×1 092mm　1/16
印　　张：13.375
字　　数：321 千字
版　　次：1994 年 3 月第 1 版　2025 年 7 月第 2 版第 25 次印刷
定　　价：40.00 元

前　言

测试技术是一门蓬勃发展、富有生命力的综合性技术学科，内容多，涉及面广。

本书在编写过程中，本着学用一致的原则，以组成测试系统的环节为线索，以测试技术的基础知识和有关共性问题为主，既有理论，又有工程实例；既有广度，又有深度；既注重目前情况，又反映近年来科学技术成果和发展趋势。在内容安排上，将传感器与相应的测量电路放在一起，便于讲授，易学易记，避免了前后重复，重点突出，内容连贯。每章内容相对独立，后边附有习题，以供练习。本书用到的数学公式和有关定理，只引用其结论，主要说明其物理意义和应用方法，不做推导。

本书可作为高等院校机械制造、机电一体化和工业自动化等专业的教材，也可供有关工程技术人员参考。

本书由西北工业大学冯凯昉同志主编。参加第2版编写的有西北工业大学冯凯昉（绪论、第七、八、十一、十二章）、朱名铨（第一章）、李晓莹（第三、四章），西安公路交通大学焦生杰（第二、九章），西安石油学院王习温（第五、六章），西北纺织学院黄双成（第十、十三章）。全书由冯凯昉统稿。

本书由西安电子科技大学杨俊教授审阅。在编写过程中部分内容参考了兄弟院校的有关教材，并得到许多同志的关心和帮助，在此表示衷心地感谢。

由于书中涉及的知识面较广，编者水平有限，欠妥之处在所难免，敬请读者批评指正。

编　者

目　录

绪　论

测试技术是一门新兴的、蓬勃发展的、富有生命力的综合性技术学科，广泛应用于国民经济各个领域。

人类在生产活动和科学试验中离不开测试技术，在进入信息社会的今天，人们对信息的提取、处理、传输等要求更加迫切。研究测试技术的主要目的有以下几点：(1) 为了监视或控制生产过程的运行，实现生产自动化；(2) 鉴定产品的质量，为设计提供数据；(3) 正确进行计量，提高产品质量和生产效率；(4) 进行环境保护，减灾防灾，预报事故。正因为如此，测试技术在科学研究和工业生产等领域起着越来越重要的作用。

在机床、车辆、飞机、船舶、兵器等机械制造工程部门，从产品的设计、制造到保证产品的正常使用和运转，都与测试技术分不开。为了验证设计原理、选择设计方案、鉴定产品质量、解决产品使用过程中发现的问题，往往需要对产品进行静态或动态试验，以便获得必要的技术数据。产品必须经过试验研究，取得可靠数据，才能使设计的产品建立在坚实的科学基础上。

随着科学技术和生产的发展，对测量的精度和速度，尤其是对动态量的测量和远距离测量提出了更高的要求。为了实现对高精度动态量的检测，就必须寻求新的测量方法。通常都是把被测的非电量，通过传感器变换成电信号再进行测量，这就是非电量电测技术。

测试技术的发展与生产和科学技术的发展是紧密相关不可分离的，它们互相依赖、互相促进。现代测量仪器和信号处理方法是科学研究的成果，而先进的检测仪器和设备，又给科学研究提供了有力的工具和先进的手段，从而促进了科学技术的发展。

测试技术是一门随着现代技术的发展而迅猛发展的技术，各种学科领域的新成就，如新材料、新工艺、新技术等，常常首先反映在测试方法和测试设备的改进中。例如新型半导体材料及光导纤维出现后，随即出现了一系列对力、热、光、磁等物理量或化学成份特别敏感的传感器；微电子学的发展，才有可能把某些电路或微处理器和传感器探测部分做成一体，从而使传感器具有检测—识别—记忆功能的智能传感器；计算机技术的发展和微机的应用，使测试技术发生了根本性的变化，利用计算机的硬件和软件可以实现实时检测，实现测试和数据处理一体化，使检测速度和精度大大提高，检测功能得到扩展。

测试技术已遍及国防、科研、机械工程、石油、化工、医疗、建筑、农林、生活等各个领域，它可以给人们带来巨大的经济效益和促使科学技术飞跃发展，在国民经济中占有极其重要的地位。

由于测试目的和要求不同，测试对象又是千变万化的，因此，组成的测试系统、采用的传感器及其工作原理也各不相同，它涉及到机械、光学、电学、声学、热工、数字技术、控制理论等多种学科，本书仅就测试技术的基础知识、常用传感器以及非电量电测方面的有关知识加以介绍。通过本课程的学习，使学生对测试系统有一个完整的概念，能正确地选用测试装置，掌握测试所需要的基本知识和技能。

测试技术是一门实践性很强的课程，除理论教学外，还应开设必要的实验课，只有这样，才能深化课堂内容，使学生真正掌握有关知识。

第一章　信号分析基础

信号分析是从信号中提取有用信息的方法，信号分析技术是现代测试技术的重要组成部分，也是分析研究测试系统的依据。

本章主要介绍频谱分析、相关分析和功率谱分析的基本概念，介绍信号频带宽度的确定方法，为正确选用和设计动态测试仪器提供依据。

§1-1　信号的分类及描述

一、信号的分类

一般信号都是随时间变化的时间函数，因此，可以根据信号随时间变化的规律将信号分为确定性信号和随机信号。

(一) 确定性信号

确定性信号是指可以用精确的数学关系式来表达的信号。给定一个时间值就可以得到一个确定的相应函数值。确定性信号根据它的波形是否有规律地重复可分为周期性信号和非周期性信号。

周期性信号是按一定周期 T 重复的信号。简谐信号是最简单的周期信号，任何周期信号都可以看作是简谐信号的合成。

非周期信号没有重复周期。非周期信号包括瞬态信号和准周期信号两类。

准周期信号是由有限个简谐信号合成的一种非周期信号。设信号 $x(t)$ 由两个简谐信号合成，即

$$x(t) = A\sin 2t + B\sin(\sqrt{3}\,t + \theta)$$

两个简谐信号的角频率分别为 2 和 $\sqrt{3}$，它们的周期分别为 π 和 $\frac{2\pi}{\sqrt{3}}$。由于两个周期没有最小公倍数，或者说由于两个角频率的比值为无理数，它们之间没有一个共同的基本周期，所以信号 $x(t)$ 是非周期的，但它又是由简谐信号合成的，故称之为准周期信号。

确定性信号也可以按照它的取值情况分为连续信号和离散信号。连续信号是指：在某一时间间隔内，信号的幅值可以取连续范围内的任意数值。这样的连续时间函数所表示的信号就是连续信号。常见的信号大都属于这一类（如图 1-1 中 (a)，(b)，(c)，(d)，(e) 所示）。离散信号的离散性可以表现在时间或幅值上，例如每天中午测量 1 次室温，则测量记录的温度信号就是离散信号，而经过测试系统量化后在时间和幅值上都是离散的信号，称为数字信号。

(二) 随机信号

不能用精确的数学关系式来表达，也无法确切地预测未来任何瞬间的精确值的信号，称为随机信号。对于随机信号虽然也可以建立某些数学模型进行分析和预测，但只能是在概率统计意义上的近似描述，这种数学模型称为统计模型。

确定性信号和随机信号之间并不是截然分开的，通常确定性信号也包含着一定的随机成分，而在一定的时间内，随机信号也会以某种确定的方式表现出来。判断一个信号是确定性的还是随机的，通常是以通过实验能否重复产生该信号为依据。如果一个实验重复多次，得到的信号相同（在实验误差范围内），则可认为是确定性信号，否则为随机信号。

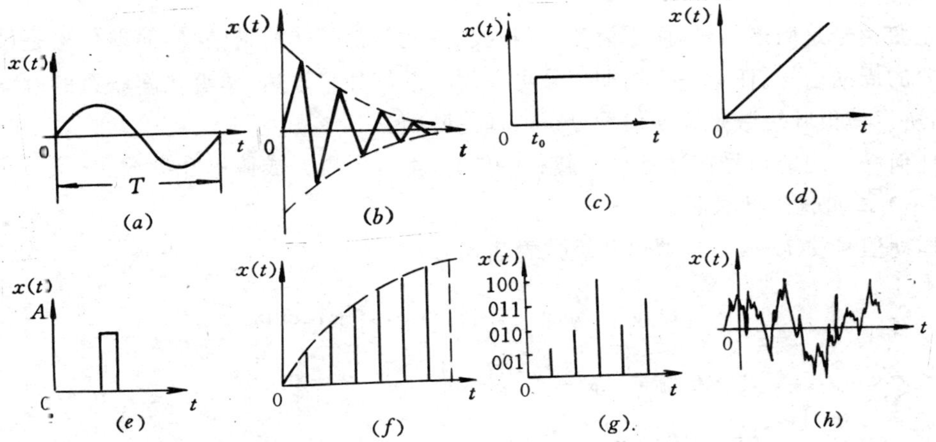

图 1-1　各种信号波形图

(a) 简谐信号　(b) 衰减振荡信号　(c) 阶跃信号　(d) 斜波信号

(e) 脉冲信号　(f) 时间离散信号　(g) 数字信号　(h) 随机信号

二、信号的描述

任何一个信号都可以用时域和频域进行描述。表征信号的幅值随时间的变化规律称信号的时域描述，而频域描述是研究信号的频率结构，即组成信号的各频率分量的幅值及相位的信息，例如周期性方波可以看成是由一系列频率不同的正弦波叠加而成。

从时域图形中可以知道信号的周期、峰值和平均值等，可以反映信号变化的快慢和波动情况。用时域描述比较直观、形象，便于观察和记录。由频域描述的图形 —— 频谱图中可以研究其频率结构。例如对振动信号进行频谱分析，可以从频谱图中看出该振动是由哪些不同的频率分量组成的，各频率分量所占的比例，以及哪些频率分量是主要的，从而找出振动源，以便排除或减小有害振动。

时域分析和频域分析是分析信号的两个方面，二者之间有着密切的关系并互为补充。例如信号重复周期的倒数就是基波频率，即 $1/T = f_0$。时域中脉冲信号的上升时间和脉宽决定了频域中组成脉冲信号的高频分量的多少。所以，时域描述和频域描述是一个信号在不同域中的两种表示方法。

§1-2 周期信号的频谱

一、周期信号的分解

正弦信号是简谐信号，而锯齿波、三角波、方波等都是非简谐信号。简谐信号是最简单的和最重要的周期信号。任意一个周期信号可以用简谐信号来表达，两者之间联系的桥梁是傅里叶级数，所以傅里叶级数是周期信号分析的理论基础。

任何一个周期信号在满足狄里赫利条件时，都可以展开成傅里叶级数。

（一）三角傅里叶级数

周期信号 $x(t)$ 的三角傅里叶级数表达式为

$$x(t) = a_0 + \sum_{n=1}^{\infty}(a_n \cos n\omega_0 t + b_n \sin n\omega_0 t) \tag{1-1}$$

式中 ω_0 —— 基波角频率，$\omega_0 = \dfrac{2\pi}{T}$；

T—— 信号周期；

n—— 1，2，3，…；

a_0、a_n、b_n —— 傅里叶系数；傅里叶系数可由下式计算

$$\left.\begin{aligned} a_0 &= \frac{1}{T}\int_{-\frac{T}{2}}^{\frac{T}{2}} x(t)\mathrm{d}t \\ a_n &= \frac{2}{T}\int_{-\frac{T}{2}}^{\frac{T}{2}} x(t)\cos n\omega_0 t\mathrm{d}t \\ b_n &= \frac{2}{T}\int_{-\frac{T}{2}}^{\frac{T}{2}} x(t)\sin n\omega_0 t\mathrm{d}t \end{aligned}\right\} \tag{1-2}$$

将式(1-1)中正弦、余弦项合并，可得

$$x(t) = a_0 + \sum_{n=1}^{\infty} A_n \cos(n\omega_0 t - \varphi_n) \tag{1-3}$$

式中

$$A_n = \sqrt{a_n^2 + b_n^2}; \qquad \varphi_n = \mathrm{tg}^{-1}\frac{b_n}{a_n}$$

式(1-1)和式(1-3)表明周期信号可以用一个常值分量 a_0 和无限多个谐波分量之和表示。其中 $A_1\cos(\omega_0 t - \varphi_1)$ 为一次谐波分量（或称基波）。基波的频率与信号的频率相同，高次谐波的频率为基频的整数倍。高次谐波又可分为奇次谐波（n 为奇数）和偶次谐波（n 为偶数）。这种把一个周期信号 $x(t)$ 分解为一个直流分量 a_0 和无数个谐波分量之和的方法称为谐波分析法或傅里叶分析法。

（二）复数傅里叶级数

傅里叶级数也可以写成复指数函数形式。根据欧拉公式

$$\mathrm{e}^{\pm \mathrm{j}\omega t} = \cos\omega t \pm \mathrm{j}\sin\omega t \tag{1-4}$$

得

$$\cos\omega t = \frac{1}{2}(e^{j\omega t} + e^{-j\omega t})$$

$$\sin\omega t = \frac{1}{2j}(e^{j\omega t} - e^{-j\omega t})$$

代入式(1-1)得

$$x(t) = a_0 + \sum_{n=1}^{+\infty}\left[a_n \frac{1}{2}(e^{jn\omega_0 t} + e^{-jn\omega_0 t}) + b_n \frac{-j}{2}(e^{jn\omega_0 t} - e^{-jn\omega_0 t})\right]$$

$$= a_0 + \sum_{n=1}^{+\infty}\left[\frac{1}{2}(a_n - jb_n)e^{jn\omega_0 t} + \frac{1}{2}(a_n + jb_n)e^{-jn\omega_0 t}\right]$$

令

$$C_0 = a_0$$

$$C_n = \frac{1}{2}(a_n - jb_n)$$

$$C_{-n} = \frac{1}{2}(a_n + jb_n)$$

可得

$$x(t) = C_0 + \sum_{n=1}^{\infty} C_n e^{jn\omega_0 t} + \sum_{n=1}^{\infty} C_{-n} e^{-jn\omega_0 t} \tag{1-5}$$

如果把式(1-5)第三项中 n 值取为从 -1 到 $-\infty$，得到

$$\sum_{n=1}^{+\infty} C_{-n} e^{-jn\omega_0 t} = \sum_{n=-\infty}^{-1} C_n e^{jn\omega_0 t}$$

代入式(1-5)并合并各项则得

$$x(t) = \sum_{n=-\infty}^{+\infty} C_n e^{jn\omega_0 t} \qquad n = 0, \pm 1, \pm 2, \cdots \tag{1-6}$$

式(1-6)为傅里叶级数的复数形式。该式表明：周期信号可分解成无限多个指数分量之和。由欧拉公式可知，简谐信号可以用两项分别具有正负指数的项相加表示。因此，在复指数函数表示法中周期信号就由一组具有正负指数的函数组成。

将 a_n、b_n 代入式(1-6)中得

$$C_n = \frac{1}{T}\int_{-\frac{T}{2}}^{\frac{T}{2}} x(t) e^{-jn\omega_0 t} dt \tag{1-7}$$

C_n 称为复数傅里叶系数，它的模和相角表示 n 次谐波的振幅和相位，即

$$\left.\begin{aligned} |C_n| &= \frac{\sqrt{a_n^2 + b_n^2}}{2} = \frac{A_n}{2} \\ \varphi_n &= \operatorname{arctg}\frac{-b_n}{a_n} \end{aligned}\right\} \tag{1-8}$$

由于式(1-6)中谐波次数 n 值可正可负，因此势必会有 $(-\omega)$ 出现，这是因为从实数形式的傅里叶级数过渡到复数形式的傅里叶级数，用复数表示正弦和余弦，所以 $(-\omega)$ 完全是由于用复数表示所引起的，无实际意义。

例 1-1　图 1-2 所示方波的函数表达式为

$$x(t) = \begin{cases} 1 & 0 < t < \dfrac{T}{2} \\ -1 & -\dfrac{T}{2} < t < 0 \end{cases}$$

试将其分解为傅里叶级数。

解　因为函数波形对称原点，所以是一个奇函数，因而 $a_0 = a_n = 0$。

$$b_n = \frac{2}{T}\int_{-\frac{T}{2}}^{\frac{T}{2}} x(t)\sin n\omega_0 t\mathrm{d}t$$

$$= 2\times\frac{2}{T}\int_{0}^{\frac{T}{2}} \sin n\omega_0 t\mathrm{d}t$$

$$= \frac{4}{T}\left[-\frac{1}{n\omega_0}\mathrm{con}n\omega_0 t\right]\Big|_0^{\frac{T}{2}} = \frac{2}{n\pi}(1-\cos n\pi)$$

$$= \begin{cases} 0 & n\text{ 为偶数} \\ \dfrac{4}{n\pi} & n\text{ 为奇数}\end{cases}$$

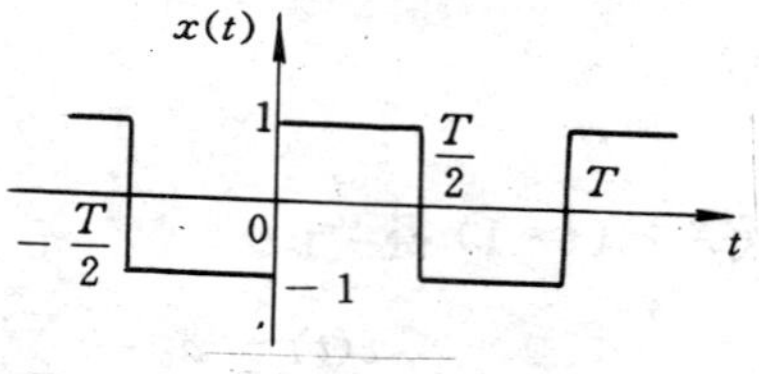

图 1-2　方波信号波形

代入式(1-1)得

$$x(t) = \frac{4}{\pi}\sin\omega_0 t + \frac{4}{3\pi}\sin 3\omega_0 t + \frac{4}{5\pi}\sin 5\omega_0 t + \cdots$$

$$= \frac{4}{\pi}\cos\left(\omega_0 t - \frac{\pi}{2}\right) + \frac{4}{3\pi}\cos\left(3\omega_0 t - \frac{\pi}{2}\right) + \frac{4}{5\pi}\cos\left(5\omega_0 t - \frac{\pi}{2}\right) + \cdots \qquad (1-9)$$

二、周期信号的频谱

由上述可知，利用傅里叶级数能确切地表达信号分解的结果，但不直观。为了既简单又明地表示一个信号中包含了哪些频率分量及各分量占的比例大小，通常用频谱图来表示。

以频率(或圆频率)为横坐标，幅值 A_n 或相角 φ_n 为纵坐标所作的图称为频谱图。频谱图通常包括幅频谱图($A_n-\omega$ 图)、相频谱图($\varphi_n-\omega$ 图)两部分，图 1-3 为周期性方波的频谱图。图中的线段称为谱线，每条谱线代表一个谐波分量。由于方波的偶次谐波幅值为零，所以图中只有奇次谐波。

信号各谐波分量的相角 φ_n 与信号在时间轴上的位置有关。将信号沿时间轴移动将会引起相角 φ_n 的变化，例如方波的各谐波相位角 φ_n 可以是零，也可以是 $\frac{\pi}{2}$ 或其它值，但它们的相位角相等，其相位谱由一组等高的谱线组成。

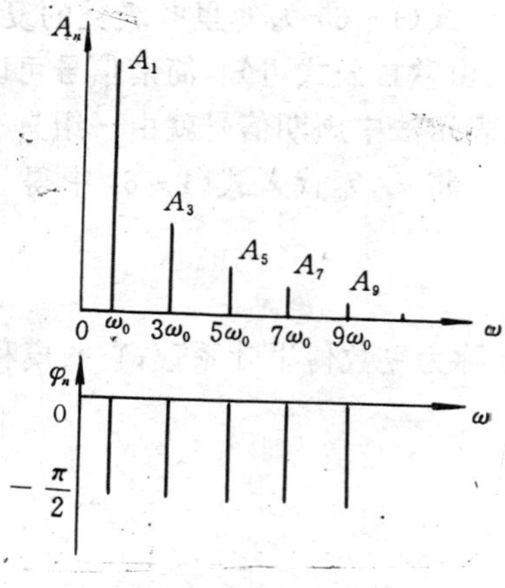

图 1-3　周期性方波频谱图

由频谱图可以看出周期信号的频谱具有如下几个特点：

(1) 频谱是由不连续的谱线组成，每条谱线代表一个谐波分量。这种频谱称为离散频谱。

(2) 谱线之间的间隔等于基波频率 ω_0 的整数倍。即频谱中的每一条谱线只能出现在基波频率 ω_0 的整数倍上，各谐波的频率 $n\omega_0$ 都是基波频率的整数倍。

(3) 工程中常见的周期信号，其谐波幅度总的趋势是随谐波次数的增高而减小的。

从理论上讲，一个周期信号可以利用傅里叶级数分解成无穷多个或有限个谐波分量。但实际应用中不可能取无穷多项，只能取有限项近似地表示，这就不可避免地带来误差。例如，方波的傅里叶展开式为式(1-9),图1-4为谐波项数的多少与方波近似程度示意图。图中阴影线部分为误差部分,可以看出谐波分量越多,叠加后的波形越接近实际信号的波形。

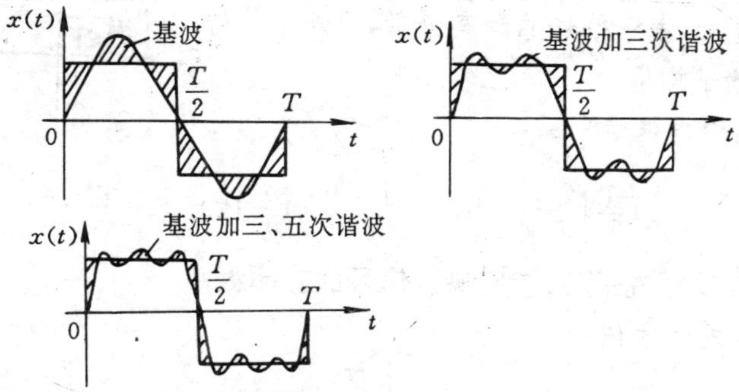

图1-4　谐波项数与方波近似程度

因为谐波的幅度总趋势是随谐波次数的增高而减小的,信号的能量主要集中在低频分量,所以谐波次数过高的那些分量,所占能量很少,高频分量可忽略不计。那么应当取多少项合适呢?工程上提出了一个信号频带宽度的概念。信号频宽的大小与允许误差的大小有关。通常把频谱中幅值下降到最大幅值的1/10时所对应的频率作为信号的频宽,称为1/10法则。

信号的频宽也可以根据信号的时域波形粗略地确定。表1-1为常见周期信号的波形及其频带宽度。可以看出,对于有突跳的信号(如序号为1、3的波形),其频带宽度较宽,可取其基频的10倍为频宽,对于无突跳的信号(如序号为2、4的波形),其信号变化较缓,频宽较窄,可取基频的3倍为频宽。

表1-1　常见周期信号的波形及其频宽

序　号	1	2	3	4
波　形	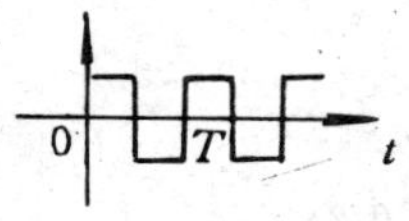	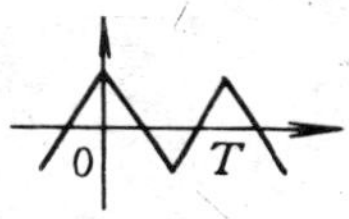	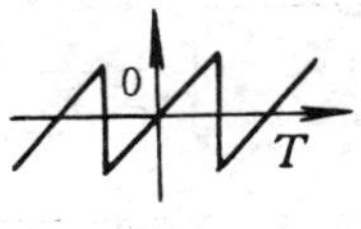	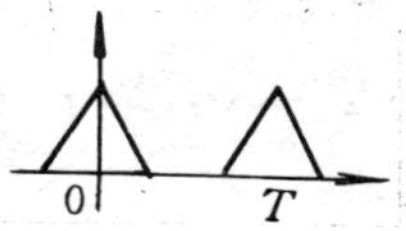
频　宽	$10\omega_0$	$3\omega_0$	$10\omega_0$	$3\omega_0$

在选择测量仪器时,测量仪器的工作频率范围必须大于被测信号的频宽,否则将会引起信号失真,造成较大的测量误差。因此,在设计或选用测试仪器前必须了解被测信号的频带宽度。

三、周期信号的强度

周期信号的强度用其峰值、均值、有效值和平均功率来表述。如图1-5所示。

(一) 峰值

$$x_F = |x(t)|_{\max} \tag{1-10}$$

即信号的最大瞬时值。

(二) 均值

$$\mu_x = \frac{1}{T}\int_0^T x(t)\mathrm{d}t \qquad (1-11)$$

为信号的常值分量，表示信号的静态分量，反映了信号 $x(t)$ 在一个周期内的平均值。

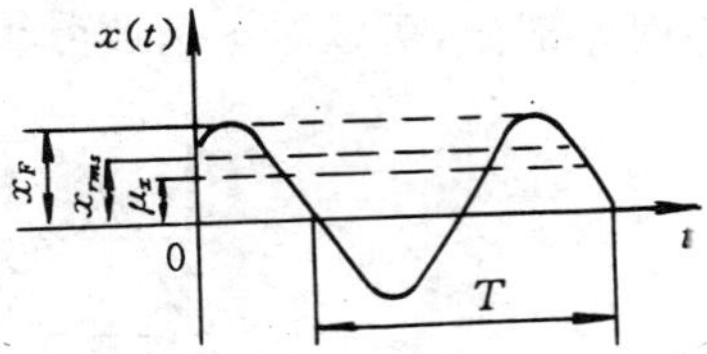

图 1-5 周期信号的强度

(三) 有效值(或均方根值)

$$x_{\mathrm{rms}} = \sqrt{\frac{1}{T}\int_0^T x^2(t)\mathrm{d}t} \qquad (1-12)$$

为信号的有效值(均方根值)，它反映了信号的功率大小。

(四) 平均功率(或均方值)

$$P = \frac{1}{T}\int_0^T x^2(t)\mathrm{d}t \qquad (1-13)$$

为信号的均方值，表示信号能量的大小。

§1-3 非周期信号的频谱

一、频谱密度函数

当周期信号的周期趋于无限大时，周期信号将演变成非周期信号。因此，非周期信号的频谱也可由周期信号的频谱导出。

如前所述，周期信号的指数函数表达式为式(1-6)。当周期 $T \to \infty$ 时，$n\omega_0 \to \omega$，$\omega_0 \to \Delta\omega$，$\Delta\omega$ 为无穷小量，即 $n\omega_0$ 的取值间隔为无穷小，所以 $n\omega_0$ 由离散量变成连续量，周期信号变为非周期信号。现用 ω 代替 $n\omega_0$，则式(1-6)可写成

$$x(t) = \sum_{n=-\infty}^{+\infty}\left[\frac{1}{2\pi}\int_{-\frac{T}{2}}^{\frac{T}{2}} x(t)\mathrm{e}^{-\mathrm{j}\omega t}\mathrm{d}t\right]\mathrm{e}^{\mathrm{j}\omega t}\Delta\omega$$

当 $T \to \infty$，$\Delta\omega \to \mathrm{d}\omega$，$\sum \to \int$，则有

$$x(t) = \frac{1}{2\pi}\int_{-\infty}^{\infty}\left[\int_{-\infty}^{\infty} x(t)\mathrm{e}^{-\mathrm{j}\omega t}\mathrm{d}t\right]\mathrm{e}^{\mathrm{j}\omega t}\mathrm{d}\omega$$

将方括号中的部分用符号 $X(\omega)$ 表示，则有

$$X(\omega) = \int_{-\infty}^{\infty} x(t)\mathrm{e}^{-\mathrm{j}\omega t}\mathrm{d}t \qquad (1-14)$$

$$x(t) = \frac{1}{2\pi}\int_{-\infty}^{\infty} X(\omega)\mathrm{e}^{\mathrm{j}\omega t}\mathrm{d}\omega \qquad (1-15)$$

周期信号的频谱是离散的，谱线间的间隔为 $\omega_0 = \frac{2\pi}{T}$。当信号周期趋于无限大时，周期信号就演变为非周期性信号，谱线间的间隔趋于无限小量 $\mathrm{d}\omega$，非连续变量 $n\omega_0$ 变成连续变量 ω，T 用 $\frac{2\pi}{\mathrm{d}\omega}$ 代替，求和运算变成求积分运算。

式(1-14)称为傅里叶变换(FT)，式(1-15)称为傅里叶反变换(IFT)，二者合称傅里叶变换对。傅里叶变换是将时域函数变换为频域函数。$X(\omega)$ 表示角频率为 ω 处的单位频带宽度内

频率分量的幅值与相位，称为函数 $x(t)$ 的频谱密度函数（或简称频谱函数）。

频谱密度函数为复数，复数形式为

$$X(\omega)=|X(\omega)|e^{j\varphi(\omega)}$$

$$|X(\omega)|=\sqrt{X_R^2(\omega)+X_I^2(\omega)} \qquad \varphi(\omega)=\mathrm{tg}^{-1}\frac{X_I(\omega)}{X_R(\omega)}$$

式中 $|X(\omega)|$ —— 幅频谱函数；

$\varphi(\omega)$ —— 相频谱函数；

$X_R(\omega)$、$X_I(\omega)$ —— 分别为频谱密度函数的实部和虚部。

总之，非周期信号的频谱可由傅里叶变换得到，它是频率的连续函数，故频谱为连续谱。

例 1-2 求如图 1-6 所示矩形脉冲函数的频谱

$$x(t)=\begin{cases}1 & |t|<\tau\\ 0 & |t|>\tau\end{cases}$$

解 根据傅里叶变换，其频谱函数为

$$X(\omega)=\int_{-\infty}^{+\infty}x(t)e^{-j\omega t}dt=\int_{-\tau}^{+\tau}e^{j\omega t}dt$$

$$=-\frac{1}{j\omega}[e^{-j\omega t}]\Big|_{-\tau}^{\tau}=\frac{1}{j\omega}[e^{j\omega\tau}-e^{-j\omega\tau}]$$

$$=\frac{2}{\omega}\sin\omega\tau=2\tau\frac{\sin\omega\tau}{\omega\tau}$$

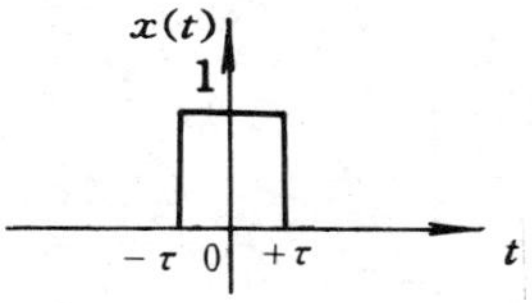

图 1-6 矩形脉冲函数

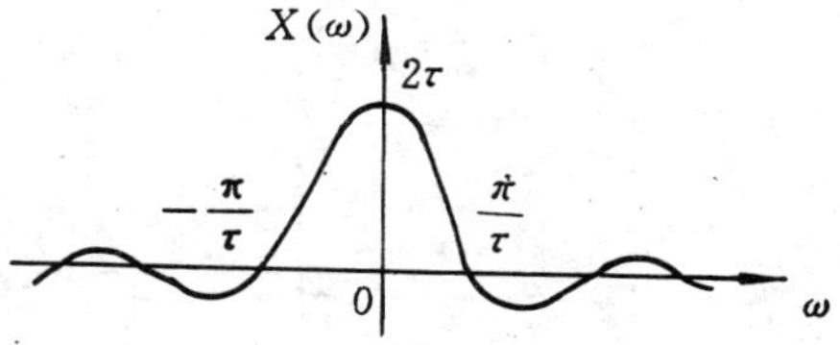

图 1-7 矩形脉冲的频谱

故频谱如图 1-7 所示。

当 $\omega=0$ 时，$X(\omega)$ 取得最大值，即

$$X(0)=\lim_{\omega\to 0}2\tau\frac{\sin\omega\tau}{\omega\tau}=2\tau$$

当 $\omega=\frac{n\pi}{\tau}(n=\pm 1,\pm 2,\cdots)$ 时，$X(\omega)=0$。

由矩形单脉冲函数的频谱可以得出如下重要结论：

(1) 如果脉冲宽度 τ 很大，信号的能量将大部分集中在 $\omega=0$ 的附近（图 1-8(*a*)）。

(2) 当脉冲宽度不断增大，在极限情况下，$\tau\to\infty$，脉冲信号变成直流信号，频谱函数成为 $\omega=0$ 的一条直线（图 1-8(*b*)）。

(3) 当脉冲宽度 τ 减小时，频谱中的高频分量增加，信号频带宽度增大（图 1-8(*c*)）。

(4) 对于无限窄的脉冲，即当 $\tau\to 0$ 时，频谱函数 $X(\omega)$ 变成一条平行于 ω 轴的直线，并扩展到全部频率范围，信号的频带宽度趋于无限大（图 1-8(*d*)）。这就是为什么可以采用冲击试验来代替正弦试验的原因。

对非周期信号来说，信号频率可以取频谱图中第1次过零点的频率，如例1-2所示的矩形脉冲函数，其频宽的角频率为$\frac{\pi}{\tau}$(rad/s)，或$1/2\tau$(Hz)。因此，在选择测量仪器时，如果被测信号是一个窄脉冲，那么测量仪器就必须有较宽的工作频率范围。

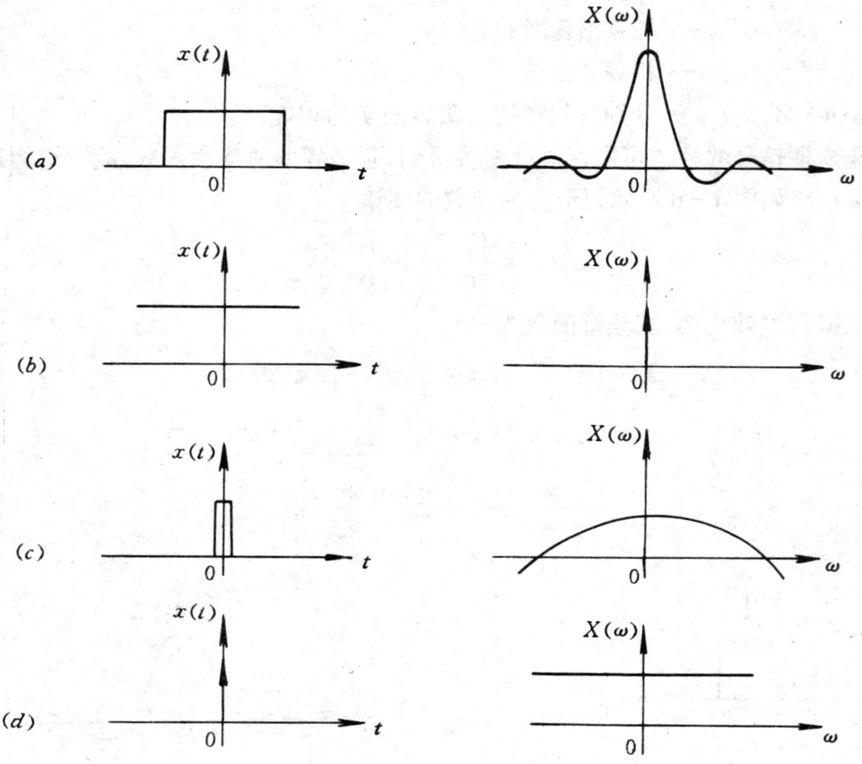

图1-8　脉冲宽度与频谱的关系

二、傅里叶变换的主要性质

傅里叶变换是信号分析的一种重要数学工具，为了进一步认识信号的时域描述与频域描述之间的关系，下面将简单介绍一下傅里叶变换的主要性质。

(一) 线性叠加性

若$x_1(t)$和$x_2(t)$的傅里叶变换分别为$X_1(\omega)$和$X_2(\omega)$，则

$$a_1x_1(t)+a_2x_2(t)\xrightarrow{\text{FT}}a_1X_1(\omega)+a_2X_2(\omega)$$

(二) 对称性

若　$x(t)\xrightarrow{\text{FT}}X(\omega)$

则

$$X(t)\xrightarrow{\text{FT}}2\pi x(-\omega)$$

对称性表明：若时域信号$X(t)$与频谱函数$X(\omega)$有相同波形，则$X(t)$的频谱为$2\pi x(-\omega)$，它与$x(t)$有相似的波形。

(三) 时延特性

若 $x(t) \xrightarrow{FT} X(\omega)$

则
$$x(t-t_0) \xrightarrow{FT} X(\omega)e^{-j\omega t_0}$$

时延特性表明：时域信号沿时间轴延迟时间 t_0，则在频域中乘以因子 $e^{-j\omega t_0}$，即减小一个相位角 ωt_0，而幅频特性不变。

(四) 频移特性

若 $x(t) \xrightarrow{FT} X(\omega)$

则
$$x(t)e^{j\omega_0 t} \xrightarrow{FT} X(\omega-\omega_0)$$

频移特性表明：若时域信号 $x(t)$ 乘以因子 $e^{j\omega_0 t}$，则对应的频谱 $X(\omega)$ 将沿频率轴平移 ω_0。这种频率搬移过程，在电子技术中就是调幅过程。

(五) 时间尺度特性(或称比例特性)

若 $x(t) \xrightarrow{FT} X(\omega)$

则
$$x(at) \xrightarrow{FT} \frac{1}{a}X\left(\frac{\omega}{a}\right)$$

时间尺度特性表明：信号在时域压缩 a 倍($a>1$)时，则在频域中频带加宽，幅值压缩 $1/a$ 倍；反之信号在时域扩展时($a<1$)，在频域中将引起频带变窄，但幅值增高。例如在处理低频信号时，利用磁带机慢录快放的方式，使时间尺度压缩，使频带展宽，以便提高分析仪器对低频信号的频率分辨率，由于频带加宽，要求后续处理设备的通频带相应增大，否则会造成失真。

§1-4 随机信号

随机信号是不能用精确的数学关系式描述的信号，但它的变动服从统计规律，可以用概率统计特性来描述。对随机信号按时间历程所作的各次长时间观测记录称为样本函数(或一次实现)，记作 $x_i(t)$。在同样条件下，互不相同的许多样本函数的集合称为总体，记作

$$\{x(t)\} = \{x_1(t), x_2(t), \cdots, x_i(t)\cdots\}$$

$\{x(t)\}$ 就表示一个随机过程。如果随机信号的统计参数不随时间变化，则称平稳随机过程，反之称非平稳随机过程。在平稳随机过程中，若任一单个样本函数的时间平均统计特征等于该过程的集合平均统计特征，这样的平稳随机过程叫各态历经(遍历性)随机过程。工程上遇到的随机信号大都可以当作各态历经随机过程来处理。

随机信号常用以下几个统计参数来描述。

一、均值、方差、均方值

工程上常把随机信号看成是由一个不随时间变化的静态分量(即直流分量)和随时间变化的动态分量两部分组成的。静态分量可用均值表示

$$\mu_x = \lim_{T\to\infty}\frac{1}{T}\int_0^T x(t)\mathrm{d}t \tag{1-16}$$

式中 $x(t)$ —— 样本函数；

T —— 观测时间。

动态分量可用方差表示，即

$$\sigma_x^2 = \lim_{T \to \infty} \frac{1}{T} \int_0^T [x(t) - \mu_x]^2 \mathrm{d}t \tag{1-17}$$

方差的平方根叫标准差 σ_x，在误差分析中它是一个很重要的参数。

均方值描述随机信号的强度，即

$$\psi_x^2 = \lim_{T \to \infty} \frac{1}{T} \int_0^T x^2(t) \mathrm{d}t \tag{1-18}$$

均方值的平方根称为均方根值。

均值、方差和均方值的相互关系是

$$\sigma_x^2 = \psi_x^2 - \mu_x^2 \tag{1-19}$$

在实际测试工作中，要获得观察时间 T 为无限长的样本函数是不可能实现的，因此以有限长度样本记录代之，这样计算的均值、方差和均方值都是估计值，用符号"∧"来区分，即 $\hat{\mu}_x$、$\hat{\sigma}_x^2$、$\hat{\psi}_x^2$。

二、概率密度函数

随机信号的概率密度函数是表示信号落在某指定范围内的概率，用来表征随机信号幅值的统计特性。假设在记录时间 T 内，信号幅值落在区间 $(x, x + \Delta x)$ 内的时间长度分别为 Δt_1，Δt_2，Δt_3，…，如图 1-9 所示。那么，信号在该区间的概率为

$$q = \lim_{T \to \infty} \frac{\Delta t_1 + \Delta t_2 + \Delta t_3 + \cdots}{T}$$

显然概率 q 的大小与区间宽度 Δx 有关，定义概率密度函数为

$$p(x) = \lim_{\Delta x \to 0} \frac{q}{\Delta x} \tag{1-20}$$

不同的随机信号，其概率密度函数的图形不同，借此可以认识和区分各种不同的信号。图 1-10 为常见随机信号及其概率密度函数图形。

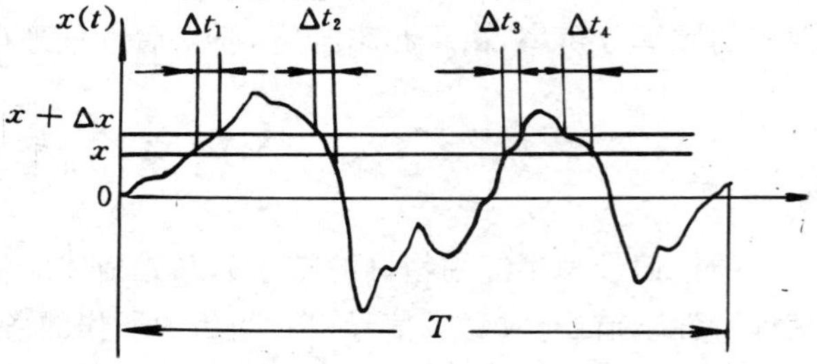

图 1-9　概率密度函数

三、自相关函数

自相关函数是信号在时域中特性的平均度量，它用来描述信号在一个时刻的取值与另一个时刻取值的依赖关系，可以用下式表示

$$R_{xx}(\tau) = \lim_{T \to \infty} \frac{1}{T} \int_0^T x(t) x(t + \tau) \mathrm{d}t \tag{1-21}$$

对于有限时间内的信号，例如单个脉冲，当 T 趋于无穷大时，该平均值将趋于零，这时自相关函数可用下式计算

$$R_{xx}(\tau) = \int_{-\infty}^{+\infty} x(t) x(t + \tau) \mathrm{d}t \tag{1-22}$$

对于周期信号，积分平均时间 T 为信号周期。

自相关函数就是信号 $x(t)$ 和它的时移信号 $x(t + \tau)$ 乘积的平均值，它是时移变量 τ 的函数。自相关函数不仅可以用于分析随机信号，也可以用于分析确定性信号，为了方便起见，我们

以确定性信号为例说明自相关函数的一些基本性质。

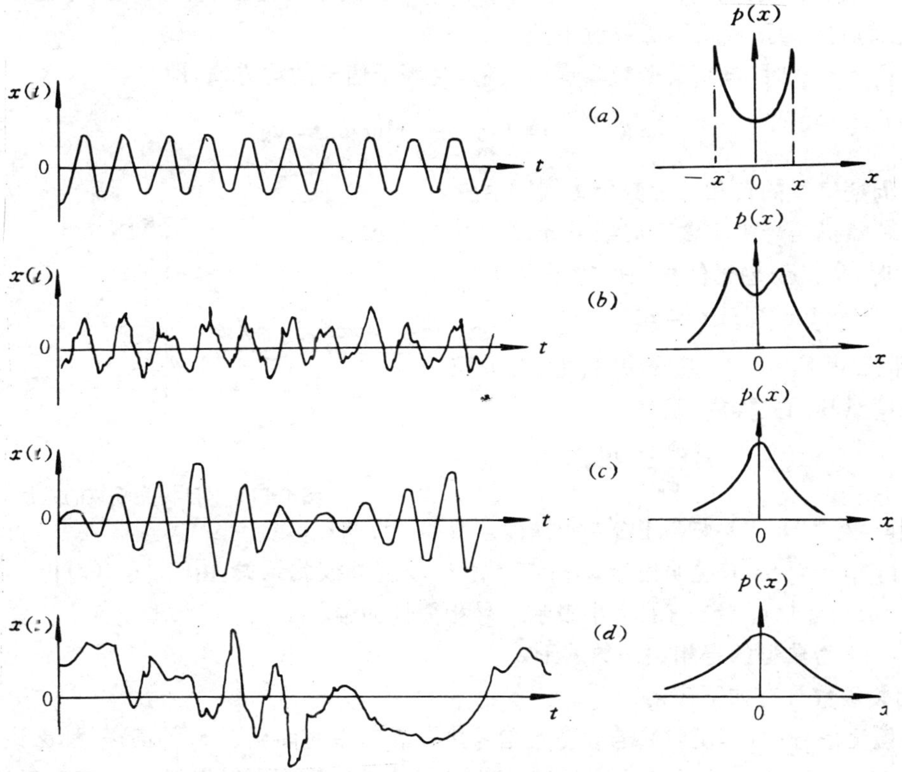

图 1-10　随机信号及其概率密度函数

(a) 正弦信号(初始相角为随机量)　(b) 正弦信号加随机噪声　(c) 窄带随机信号　(d) 宽带随机信号

例如信号 $x(t)=A\cos(\omega t+\theta)$ 的自相关函数为

$$R_{xx}(\tau)=\lim_{T\to\infty}\frac{1}{T}\int_0^T A\cos(\omega t+\theta)\cdot A\cos[\omega(t+\tau)+\theta]\mathrm{d}t$$

$$=\lim_{T\to\infty}\frac{1}{T}[\int_0^T\frac{A^2}{2}\cos(2\omega t+\omega\tau+2\theta)\mathrm{d}t+\int_0^T\frac{A^2}{2}\cos(-\omega\tau)\mathrm{d}t]$$

$$=\frac{A^2}{2}\cos\omega\tau \tag{1-23}$$

若信号由两个频率与初相角不同的频率分量组成,即 $x(t)=A_1\cos(\omega_1 t+\theta_1)+A_2\cos(\omega_2 t+\theta_2)$,则

$$R_{xx}(\tau)=\frac{A_1^2}{2}\cos\omega_1\tau+\frac{A_2^2}{2}\cos\omega_2\tau$$

对于正弦信号,由于 $x(t)=A\sin(\omega t+\theta)=A\cos(\omega t+\theta-\frac{\pi}{2})$,其自相关函数仍为

$$R_{xx}(\tau)=\frac{A^2}{2}\cos\omega\tau$$

因此,自相关函数保留了原信号的频率成分,其频率不变,幅值等于原幅值平方的一半,即等于该频率分量的平均功率,但丢失了相角的信息。自相关函数总是由相位角为零的余弦函数组成。

自相关函数具有如下主要性质:

(1) 自相关函数为偶函数，$R_{xx}(\tau)=R_{xx}(-\tau)$，其图形对称于纵轴。因此，不论时移方向是导前还是滞后（τ 为正或负），函数值不变。

(2) 当 $\tau=0$ 时，自相关函数具有最大值，且等于信号的均方值，即

$$R_{xx}(0)=\lim_{T\to\infty}\frac{1}{T}\int_0^T x^2(t)\mathrm{d}t=\psi_x^2 \tag{1-24}$$

(3) 周期信号的自相关函数仍为周期信号。

(4) 若随机信号中不含有周期成分，当 τ 趋于无限大时，$R_{xx}(\tau)$ 趋于信号均值的平方，即

$$\lim_{\tau\to\infty}R_{xx}(\tau)=\mu_x^2$$

实际工程应用中，常采用自相关系数 $\rho_{xx}(\tau)$ 来度量其相关程度，定义

$$\rho_{xx}(\tau)=\frac{R_{xx}(\tau)-\mu_x^2}{\sigma_x^2} \tag{1-25}$$

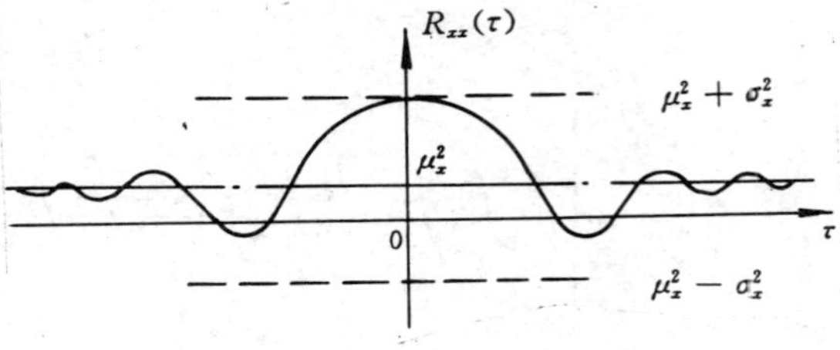

图 1-11　自相关函数的性质

当 $\tau=0$ 时，$\rho_{xx}(0)=1$，说明相关程度最大；当 $\tau=\infty$ 时，$\rho_{xx}(\infty)=0$，说明信号 $x(t)$ 与 $x(t+\tau)$ 之间彼此无关。由于 $|R_{xx}(\tau)|\leqslant R_{xx}(0)$，所以有 $|\rho_{xx}(\tau)|\leqslant 1$。$\rho_{xx}(\tau)$ 值的大小表示信号相关性的强弱。

图 1-11 为典型的自相关函数图形。

自相关函数具有如下应用：

(1) 检测信号回声（反射）。若在宽带信号中存在着带时间延迟 τ_0 的回声，那么该信号的自相关函数将在 $\tau=\tau_0$ 处也达到峰值（另一峰值在 $\tau=0$ 处），则可以根据 τ_0 确定反射体的位置，同时自相关系数在 τ_0 处的值 $\rho_{xx}(\tau_0)$ 将给出反射信号相对强度的度量。

(2) 检测淹没在随机噪声中的周期信号。由于周期信号的自相关函数仍是周期性的，而随机噪声信号随着延迟增加，它的自相关函数将减到零。因此在一定延迟时间后，被干扰信号的自相关函数中就只保留了周期信号的信息，而排除了随机信号的干扰。

四、自功率谱密度函数

任何一个时域信号都可以用频域函数表达。自相关函数是一个时域函数，它的傅里叶变换称自功率谱密度函数，简称自功率谱或自谱，用符号 $S_{xx}(\omega)$ 表示。它表示单位频带宽度上的平均功率。

随机信号的自相关函数与功率谱密度函数组成傅里叶变换对，即

$$\left.\begin{aligned}S_{xx}(\omega)&=\int_{-\infty}^{+\infty}R_{xx}(\tau)\mathrm{e}^{-\mathrm{j}\omega\tau}\mathrm{d}\tau\\R_{xx}(\tau)&=\frac{1}{2\pi}\int_{-\infty}^{+\infty}S_{xx}(\omega)\mathrm{e}^{\mathrm{j}\omega\tau}\mathrm{d}\omega\end{aligned}\right\} \tag{1-26}$$

由于 $R_{xx}(\tau)$ 为实偶函数，所以 $S_{xx}(\omega)$ 也是实偶函数，因此，式(1-26) 又可写成

$$\left.\begin{aligned}S_{xx}(\omega)&=2\int_0^{\infty}R_{xx}(\tau)\cos\omega\tau\mathrm{d}\tau\\R_{xx}(\tau)&=\frac{1}{\pi}\int_0^{\infty}S_{xx}(\omega)\cos\omega\tau\mathrm{d}\omega\end{aligned}\right\} \tag{1-27}$$

若注意到前述自相关函数的特性(2)，在式(1-26) 中令 $\tau=0$，则可得

$$R_{xx}(0)=\frac{1}{2\pi}\int_{-\infty}^{+\infty}S_{xx}(\omega)\mathrm{d}\omega=\psi_x^2 \tag{1-28}$$

这表示自功率谱 $S_{xx}(\omega)$ 与频率轴所包围的面积就是信号的平均功率。因此 $S_{xx}(\omega)$ 给出了信号中各频率分量的功率沿频率轴的分布，所以称 $S_{xx}(\omega)$ 为功率谱密度。

$S_{xx}(\omega)$ 是在 $(-\infty\sim\infty)$ 频率范围内的功率谱，所以又称为双边谱。但在实际应用中频率 ω 是在 $(0\sim\infty)$ 范围变化，考虑到能量等效，用单边功率谱 $W_{xx}(\omega)$ 代替双边功率谱 $S_{xx}(\omega)$ 时，则有

$$W_{xx}(\omega)=2S_{xx}(\omega)$$

图 1-12 所示为单边谱与双边谱的关系。

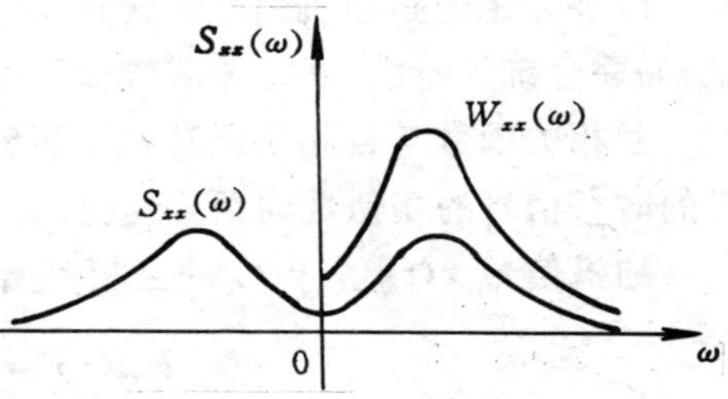

图 1-12　单边和双边功率谱

如果随机信号的功率谱密度函数在整个频率范围内保持常数，这种随机信号称为白噪声，而只在低频范围内保持常数的随机信号称为低通白噪声。图 1-13 为低通白噪声、正弦信号及其合成信号的功率谱密度与自相关函数图形。低通白噪声的自相关函数的宽度与噪声的带宽 ω_b 成反比，频带越宽，自相关函数越窄。

由图 1-13 可知，正弦波为离散功率谱，信号功率集中在单一频率 ω_1 上，正弦波加随机噪声的功率谱，可看作两者功率谱之和。

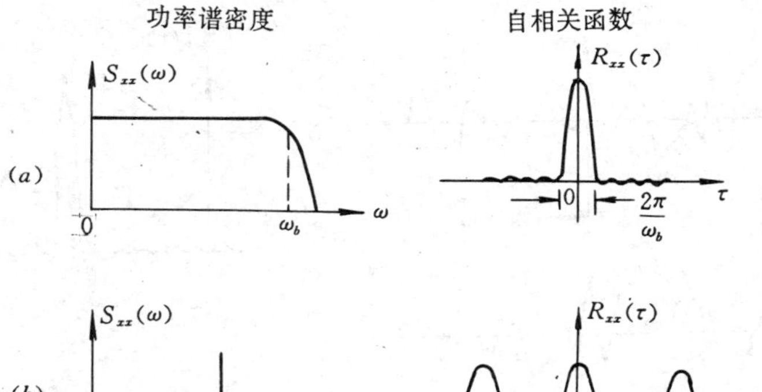

图 1-13　自相关函数与功率谱密度

(a) 低通白噪声　(b) 正弦波　(c) 正弦波加低通白噪声

正如上面分析那样，随机信号的自功率谱密度函数主要用来建立信号频率结构，分析其频率组成和相应量大小，它为产品的鉴定和故障诊断从频域上提供了依据。同时它与研究系统的传递特性有着重要关系。

综上所述，随机信号的时域和频域特性可以用统计方法进行研究，其幅值特性用信号的均值、均方值和概率密度函数描述。信号的时域特性也可以用自相关函数描述，频域特性用功率谱密度描述。

五、互相关函数与互谱密度函数

以上介绍的是随机信号的统计特性，在实际中常常需要描述两个随机信号之间的依赖关系，即联合统计特性。互相关函数和互谱密度函数给出了时延域和频域上的联合特性。

互相关函数与自相关函数都是研究信号相似性的工具，但自相关函数是处理信号和它自身的时移信号的相似性问题，而互相关函数是处理两个信号之间的相似性问题。

随机信号 $x(t)$ 和 $y(t)$ 的互相关函数 $R_{xy}(\tau)$ 定义为

$$R_{xy}(\tau)=\lim_{T\to\infty}\frac{1}{T}\int_0^T x(t)y(t+\tau)\mathrm{d}t \tag{1-29}$$

互相关函数有如下性质：

(1) 互相关函数不是偶函数，是不对称的。

图 1-14 为两个随机信号 $x(t)$、$y(t)$ 及其互相关函数图形，其峰值偏离原点的位置反映了两信号的时差。例如 $R_{xy}(\tau)$ 在 $\tau=\tau_d$ 位置达到最大值，则说明 $y(t)$ 导前 τ_d 时间后，$x(t)$ 与 $y(t)$ 最相似。

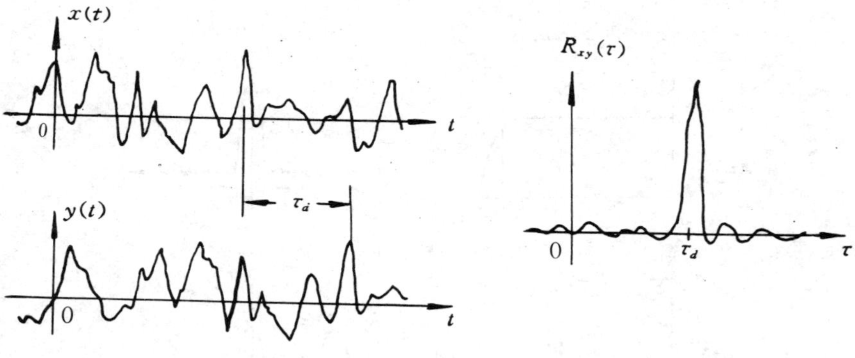

图 1-14　互相关函数

(2) $R_{xy}(\tau)=R_{yx}(-\tau)$，即 $x(t)$ 与 $y(t)$ 互换后，它们的互相关函数对称于纵轴(图 1-15)，该式说明使信号 $y(t)$ 在时间上导前，与使另一信号 $x(t)$ 滞后，其结果是一样的。

(3) 若两随机信号 $x(t)$ 和 $y(t)$ 没有同频率周期成分，是两个完全独立的信号，则当 $\tau\to\infty$ 时

$$R_{\substack{xy\\ \tau\to\infty}}(\tau)=\mu_x\mu_y \tag{1-30}$$

定义互相关系数为

$$\rho_{xy}(\tau)=\frac{R_{xy}(\tau)-\mu_x\mu_y}{\sigma_x\sigma_y} \tag{1-31}$$

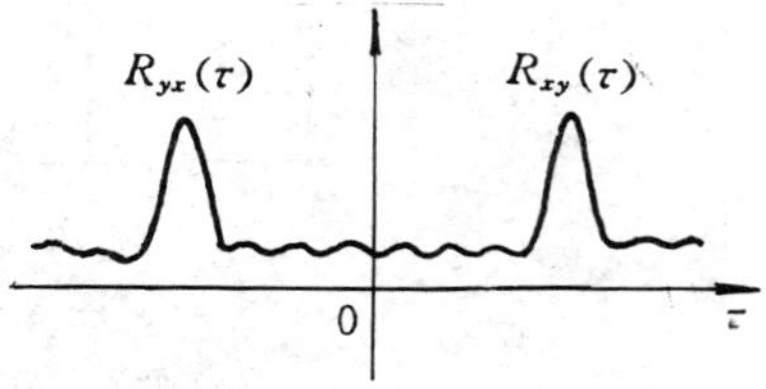

图 1-15　互相关函数对称性

互相关系数反映了两个随机信号之间的相关性，且 $|\rho_{xy}(\tau)|\leqslant 1$。若 $x(t)$ 和 $y(t)$ 之间没有同频的周期成分，那么当 τ 很大时就彼此无关，即 $\rho_{xy}(\infty)=0$。

（4）频率相同的两个周期信号的互相关函数仍是周期函数，其周期与原信号相间。例如设两个周期信号为$x(t)=A\sin(\omega t+\theta_x)$和$y(t)=B\sin(\omega t+\theta_y)$，则其互相关函数为

$$R_{xy}(\tau)=\frac{AB}{2}\cos[\omega t+(\theta_y-\theta_x)$$

由此可见，互相关函数保留了两个信号的共同频率分量的频率、幅值和相位差的信息。

由于互相关函数有上述性质，因此在检测技术中得到了广泛的应用。最常见的应用有以下几种：

（1）确定时间延迟。假如某信号从A点传播到另一点B，那么在两点拾取的信号$x(t)$和$y(t)$之间的互相关函数$R_{xy}(\tau)$，将在相当于两点之间时间延迟τ的位置上出现一个峰值，利用确定延迟时间的方法可以测量物体的运动速度。例如图1-16为测定钢板运动速度的相关分析测量原理图。利用两个距离为d的光电传感器A和B，得到钢板表面反射光强度变化的光电信号$x(t)$和$y(t)$，经互相关分析，确定时移τ，当τ等于钢板通过两个测点间的时间τ_d时。两信号的互相关函数为最大值，则运动物体的速度为

$$v=\frac{d}{\tau_d}$$

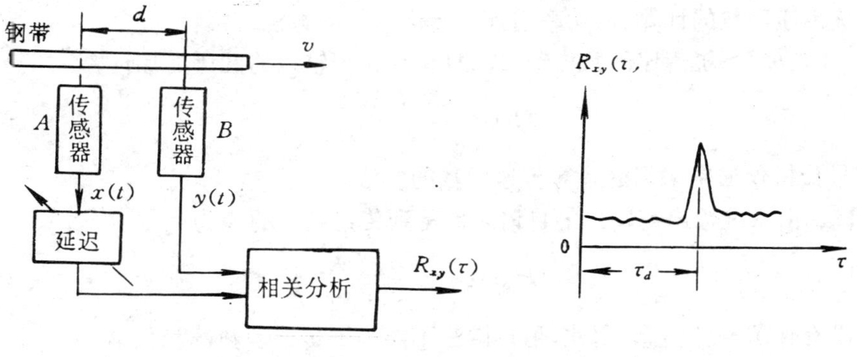

图 1-16　运动速度测量

（2）识别传输路径。假如信号从A点到B点有几个传输路径，则在互相关函数中就有几个峰值，每个峰值对应于延迟了时间τ_n的一个路径。例如用于声源和声反射路径的识别。

（3）检测淹没在外来噪声中的信号。假如信号$s(t)$受到外界的干扰形成复合信号$a(t)$，$b(t)$，即$a(t)=s(t)+n(t)$，$b(t)=s(t)+m(t)$，（$s(t)$是有用信号，可以是确定性的或者随机的，而$n(t)$和$m(t)$是不相关），那么互相关函数$R_{ab}(\tau)$将仅含有$a(t)$和$b(t)$中的相关部分$s(t)$的信号，而排除了外来噪声的干扰。

（4）系统脉冲响应的测定。在随机激励试验中，假如以随机白噪声作为试验信号输入被测系统，则输入信号与输出信号的互相关函数$R_{xy}(\tau)$就是被测系统的脉冲响应。这种测量方法的优点是可以在系统正常工作过程中测量。测量时，其他信号都与试验信号无关，因而对互相关函数没有影响，不影响脉冲响应的测量。

和自相关函数一样，对互相关函数也可以进行傅里叶变换，得到互功率谱，用$S_{xy}(\omega)$表示。

$$\left.\begin{aligned} S_{xy}(\omega) &= \int_{-\infty}^{+\infty} R_{xy}(\tau)\mathrm{e}^{-\mathrm{j}\omega\tau}\mathrm{d}\tau \\ R_{xy}(\tau) &= \frac{1}{2\pi}\int_{-\infty}^{+\infty} S_{xy}(\omega)\mathrm{e}^{\mathrm{j}\omega\tau}\mathrm{d}\omega \end{aligned}\right\} \tag{1-32}$$

互功率谱简称互谱，它反映了两个信号中共同的频率成份。互谱为复频谱，包括模和相角两部分，模的大小等于两个信号中共同频率分量幅值乘积的$\frac{1}{2}$，相角等于它们的相位差。

六、自功率谱、互功率谱的应用

自功率谱和互功率谱在随机信号分析中有着十分广泛的应用，成为现代信号分析的中心和主要方法。其主要应用有如下几种：

(1) 随机信号频域结构分析。由自功率谱可确定信号的频率结构及信号频宽，并由此将随机信号分为宽带或窄带随机信号或白噪声信号。

(2) 相关函数的测量。自相关函数、互相关函数可以由定义式在时域内计算得到，但计算速度较慢。后来由于快速傅里叶变换的出现，功率谱分析速度很高，目前都采用先计算自功率谱或互功率谱，然后经反变换计算相关函数的办法测量。

(3) 系统传递函数的计算。由功率谱计算传递函数的方法有两种。

① 自谱互谱法。系统传递函数由输出的自谱与输出输入的互谱之比计算

$$H_1(\omega) = \frac{S_{yy}(\omega)}{S_{yx}(\omega)} \tag{1-33}$$

这是目前信号分析仪通常采用的计算传递函数的方法。

② 自谱法。由系统输出与输入的自谱之比得到传递函数的模为

$$|H(\omega)|^2 = \frac{S_{yy}(\omega)}{S_{xx}(\omega)} \tag{1-34}$$

由于自谱中没有保留相位信息，因此，用自谱法不能得到传递函数的相位谱。

(4) 测量中噪声干扰的评定及相干函数计算。若测量中存在噪声的干扰，则被测信号 $x(t)$ 与 $y(t)$ 将存在测量误差，从而影响到传递函数的测量。干扰的大小通常用相干函数 $\gamma^2(\omega)$ 评价

$$\gamma^2(\omega) = \frac{|S_{xy}(\omega)|^2}{S_{xx}(\omega)\cdot S_{yy}(\omega)} \tag{1-35}$$

相干函数和相关系数(式1-31)的平方是相似的。在存在噪声干扰时，$S_{xx}(\omega)$ 和 $S_{yy}(\omega)$ 将大于真实输入输出信号的功率谱，而 $S_{xy}(\omega)$ 则只包含了输入输出信号的同用频率分量，排除了干扰。因此，噪声干扰越大，相干函数值越小。用相干函数可以检测到非相关噪声的存在。

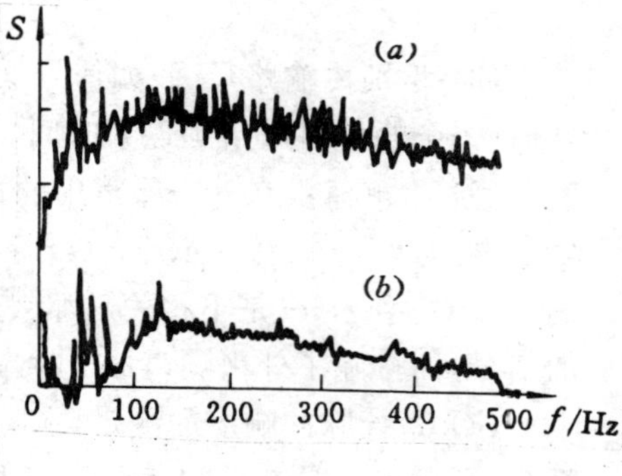

图 1-17　卡车齿轮箱在正常(b)与异常(a)状态下的功率谱

(5) 功率谱在状态监测与机械故障诊断中的应用。利用功率谱的变化可以发现机械设备工作状态的异常。如图1-17为卡车齿轮箱振动信号在正常与异常状态的功率谱，由图可见，当齿轮箱异常时，功率谱发生明显的变化。若由此制定维修标准谱，就可实现状态监测与状态维修。当监测中发现功率

谱超过允许范围后就应对机器进行维修。

若功率谱图上某些特征频率(如转轴旋转频率或啮合频率)处出现突变,还可以由此判断出故障部位或故障类型。例如滚动轴承内圈、外圈或钢球的故障将在不同的频率处表现出来,从而实现故障诊断。而为了更明显地揭示故障部位和类型,有时还需要采用更精细的信号分析方法,例如倒频谱图、瀑布图以及近几年来提出来的小波变换等方法。

习 题 一

1. 说明下列函数是周期性的还是非周期性的。若是周期性的,求其周期。

(a) $a\sin t - b\sin 3t$;　　(b) $a\sin 4t + b\cos 7t$;

(c) $a\sin 3t + b\cos \pi t$;　　(d) $4\sin 1.5t + 2\sin 4.5t$。

2. 求图 1-18 所示三角波的三角傅里叶级数,画出频谱图。

3. 试计算信号 $x(t)=e^{-at}(a>0,\ \ t>0)$ 的傅里叶变换,并画出幅频图。

4. 如何确定信号的频带宽度?某周期信号的周期为 2 ms,信号上升边较陡,能否选用频带宽度为 1 200 Hz 的光线示波器振子记录该信号?

5. 计算图 1-19 所示方波与正弦波的互相关函数。

6. 信号 $x(t)$ 是幅值为 3、频率为 40 Hz 的正弦函数,试写出其自相关函数。

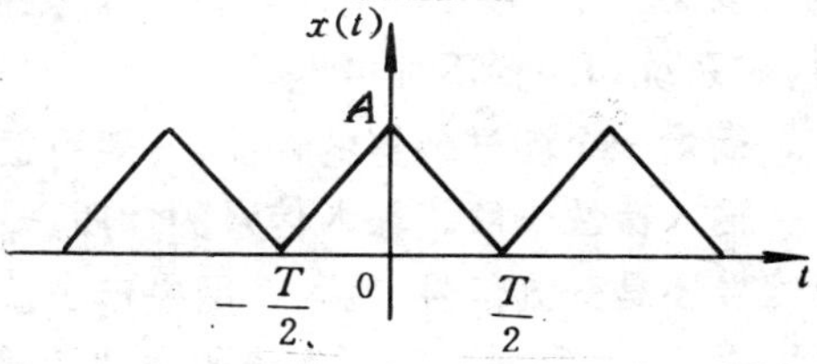

图 1-18

7. 已知信号的自相关函数为 $3\cos 20t$,试根据自相关函数的性质计算其均方根值。

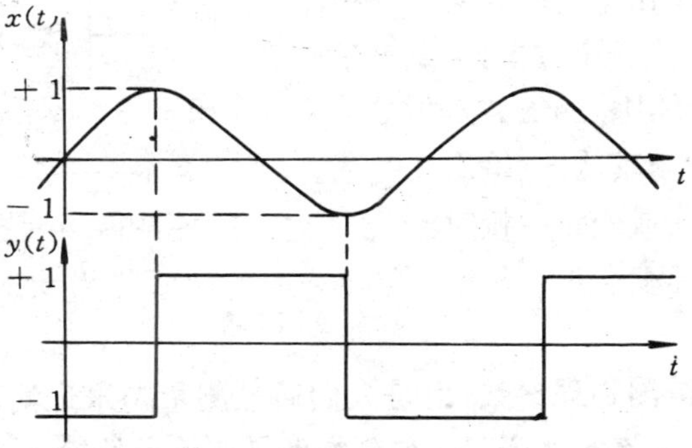

图 1-19

8. 若信号 $y(t)=Kx(t)$,K 为常数。$x(t)$ 的自相关函数为 $A^2\cos\omega\tau$,试计算它们的互相关函数及互相关系数。

第二章　测试系统的特性

由于测试的目的和要求不同，测量对象又千变万化，因此组成的测试系统也各不相同。由传感器、信号调理器和记录显示器组成的系统一般称为测试系统，如图 2-1 所示。

图 2-1　测试系统框图

通常把测试系统中能够完成一定功能的部件称为测试装置，它可以是系统中的一个环节，也可以是一个小系统。对于任何一个系统或装置，由于研究方法是完全相同的，所以下面讨论时，对系统和装置不加区别。

衡量一个测试装置的性能，一般可根据其输入特性、输出特性和传递特性进行评价。

输入特性一般指输入信号的性质、输入范围、输入阻抗。输入信号是电量还是非电量，是直流信号还是交流信号；输入范围决定了输入信号的上下限，下限常由测试装置的灵敏度和噪声电平决定，上限则取决于系统的非线性或机械上的原因；输入阻抗的大小决定了输入能量。若输入为电压信号，则要求输入阻抗大；若为电流信号，则要求输入阻抗小。这样方可使测试装置对被测信号的干扰最小。

输出特性与输入特性一样，包括输出信号的性质、输出范围和输出阻抗等。

传递特性指测试装置输出量与输入量之间的关系。如果把测试装置简化成一个方框，用 x 表示输入量，y 表示输出量，则可用图 2-2 表示传输过程。本章主要讨论测试装置与其输入、输出的关系。

图 2-2　测试装置、输入和输出

当被测量不随时间变化或变化缓慢时，y 与 x 之间的关系称为静态特性，可以用代数方程表示。当被测量随时间迅速变化时，输出 y 与 x 之间的关系称为动态特性，可以用微分方程表示。

测量是为了准确了解被测物理参数，但是人们通过测量是永远测不到被测物理参数的真值的，只能观测到经过测试系统各个环节对被测物理量传输后的输出量。研究系统的特性就是为了能使系统尽可能准确、真实地反映被测物理量；同时也为现有的测试装置提供客观评价。

§2-1　测试系统的静态特性

测试装置处于静态工作条件下，输入 x 和输出 y 不随时间变化，则输出与输入之间的关系可以用代数方程 $y = Sx$ 表示。若以 x 为横坐标，y 为纵坐标，则图 2-3 曲线称为测试装置的静态特性曲线。描绘特性曲线的方程式 $y = Sx$ 称为静态特性方程，静态特性指标均反映在这条曲线上。

一、静态特性指标

（一）灵敏度

灵敏度是指测试装置在静态测量时，输出增量 Δy 与输入增量 Δx 之比，即

$$S=\frac{\Delta y}{\Delta x} \tag{2-1}$$

线性测试装置的灵敏度 S 为常数，特性曲线是一条直线。

非线性测试装置的灵敏度随输入量的变化而变化，特性曲线是一条曲线。这说明不同的输入量对应的灵敏度大小是不相等的，通常用一条参考直线代替实际特性曲线，把参考直线的斜率作为测试装置的平均灵敏度。

灵敏度的量纲是输出的量纲和输入的量纲之比。若输出和输入的量纲相同，则称放大倍数。

灵敏度愈高，测量范围往往愈小，稳定性愈差。

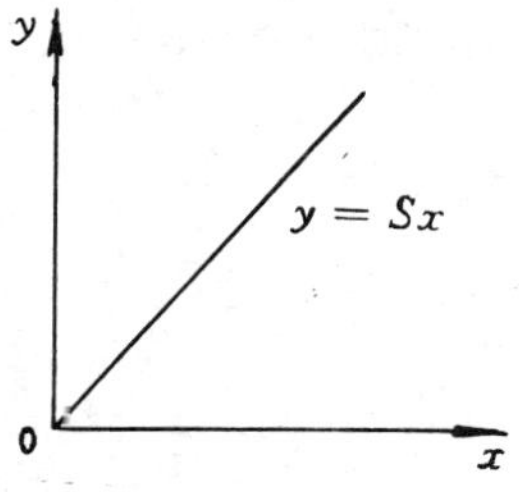

图 2-3　静态特性曲线

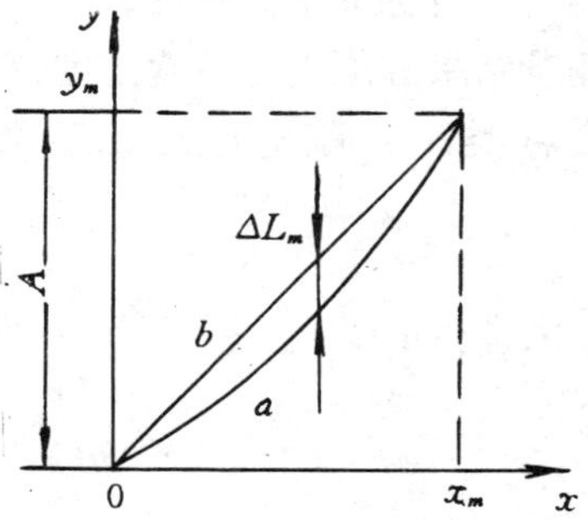

图 2-4　特性曲线的线性化

（二）线性度

理想的测试装置静态特性曲线是一条直线，但实际上大多数测试装置的静态特性曲线是非线性的，如图 2-4 中 a 线所示。为了使输出与输入之间呈线性关系，在一定范围内把曲线用一条参考直线代替，如图 2-4 中 b 线。实际特性曲线与参考直线偏离的程度称为线性度，用非线性误差 δ_L 表示，即在标称输出范围 A 内，实际特性曲线与参考直线之间的最大偏差 ΔL_m 与 A 之比，用下式表示

$$\delta_L=\frac{\Delta L_m}{A}\times 100\% \tag{2-2}$$

应当注意，量程越小，线性化带来的误差越小，因此要求线性化误差小的场合可以采取分段线性化。

确定线性度的主要问题是参考直线的确定。参考直线确定的方法不同会有不同的线性度定义。目前推荐使用的是最小二乘线性度，这种线性度的参考直线是根据实测的曲线找出一条拟合直线，拟合的原理是使参考直线上的所有点与拟合曲线的残差之和最小。

（三）不确定度*

不确定度的定义为：与测量结果相联系的参数，表征合理地赋予被测量值的分散性。被测量是受测量的具体量，我们要知道该量以测量单位和数相乘所表示的值。合理赋予被测量的值不只一个，而是多个，其分散性就是不确定度。表征分散性的参数，可以是标准差 σ，也可以是标准差的给定倍数 $k\sigma$（k 取 2 ～ 3），还可以是具所设置信水准的区间半宽度 $\frac{1}{2}(a_+ - a_-)$，区间宽度为 $a_+ \sim a_-$。

标准不确定度　以标准差表示的测量结果不确定度为标准不确定度。由观测数列统计分布所做的不确定度评定法为标准不确定度 A 类评定；由不同观测数列统计分布所做的不确定度评定法为标准不确定度 B 类评定。

合成标准不确定度　当结果根据其它量值得来时，测量结果按其它量值的标准不确定度合成而得的标准不确定度，它等于各项和的正平方根。

标准不确定度除以测量结果，称为相对标准不确定度；合成标准不确定度除以测量结果，称为相对合成标准不确定度。

测量结果必须进行不确定度评定，才能知道它的质量，以便合理地利用测量结果。标准不确定度 A 类评定是：对输入量 X_i 做独立测量，得到 $x_{i1}, x_{i2}, \cdots, x_{in}$，故 X_i 的最佳值为

$$x_i = \frac{1}{n}\sum_{k=1}^{n} x_{ik} \tag{2-3}$$

其标准不确定度为

$$u(x_i) = \sqrt{\frac{1}{n(n-1)}\sum_{k=1}^{n}(x_{ik} - x_i)^2} \tag{2-4}$$

这种计算标准不确定度的办法称贝塞尔法。按最小二乘法，也可以做出标准不确定度的 A 类评定。

测量工作中，有时无法取得观测数列并作统计分析。如不能进行或不需重复测量，这时不确定度无法由 A 类评定得到，而只能由 B 类评定得到。取得 B 类标准不确定度数值的情况有：

(1) 输入估计值 x_i 取自制造说明书、检定或校准证书、手册或其它来源，且其不确定度为标准差的 k 倍，则 x_i 的标准不确定度 $u(x_i)$ 取为该不确定度除以 k。

(2) 若输入量 X_i 出现值的分布未加说明，一般可取正态分布。

若 x_i 的不确定度区间具有的置信水准为 95%（或 90%，99%），则 x_i 的标准不确定度 $u(x_i)$

---

* 不确定度习惯上称为精度。通常所说的精度，一般理解为精确度的简称。精确度表示随机误差和系统误差的综合评定指标。

精度常用误差的大小表示，测量误差有如下表示方法：

绝对误差　测量值 y（亦称仪器示值）与真值 A_0 之差，即

$$\Delta = y - A_0$$

相对误差　绝对误差 Δ 与真值 A_0 之比，常用百分数表示，即

$$\delta_A = \frac{\Delta}{A_0} \times 100\%$$

引用误差　绝对误差 Δ 与仪器满刻度值 y_m 之比的百分数，即

$$\delta_m = \frac{\Delta}{y_m} \times 100\%$$

全量程内的最大绝对误差 Δ_m 与满量程 y_m 之比称为最大引用误差，常用它来确定仪表的精度等级。由于引用误差与仪表的测量上限有关，因此在使用以“引用误差”表示精度的测试仪器时，量程选择应尽可能使指针在满刻度值附近工作。因为真值无法求得，只有理论意义，所以被测真值常用标准器的标称值（如砝码）或用高一级精度仪器的示值代替。

取为该不确定度除以 1.96(或 1.64,2.58)。

若 X_i 在区间 a_- 至 a_+ 的机会为 50%,则 X_i 的最佳值 $x_i=(a_+ + a_-)/2$,其标准不确定度为

$$u(x_i)=1.48(a_+ - a_-)/2 \tag{2-5}$$

若 X_i 在区间 a_- 至 a_+ 的机会为 68%,则取最佳值 $x_i=(a_+ + a_-)/2$,其标准不确定度为

$$u(x_i)=(a_+ - a_-)/2 \tag{2-6}$$

(四) 回差

在输入量增加和减少的过程中,对于同一输入量会得到大小不等的输出量,在全部测量范围内,这个差别的最大值与标称输出范围之比称回差(或滞差、滞后)(见图 2-5)。用百分数表示,即

$$\delta_h=\frac{h_m}{y_m}\times 100\% \tag{2-7}$$

回差是由运动部件之间的摩擦、间隙、变形材料的内摩擦及磁性材料的磁滞现象等引起的。

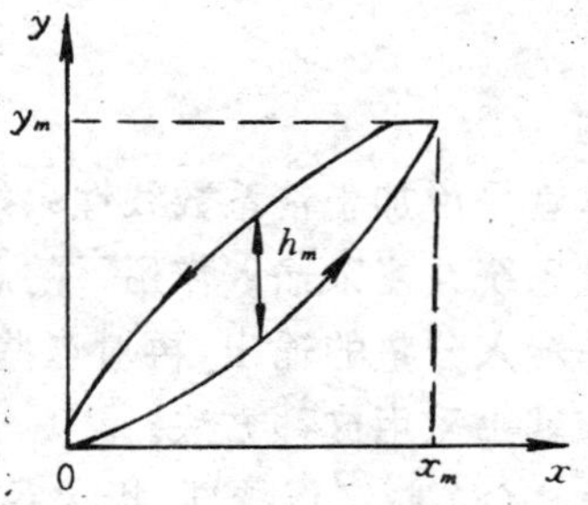

图 2-5　回差

(五) 漂移

漂移是指输入量不变时,经过一定的时间后输出量产生的变化。由于温度变化而产生的漂移称温漂。

(六) 分辨力

仪器可能检测出的输入信号最小变化量。分辨力除以满量程称分辨率。例如电压表量程为 100 V,分辨力为 1 V,则分辨率为 1/100。

二、静态特性参数的测定

用实验方法测定测试装置的静态特性参数时,一般是用经过校准的标准量作为输入,由测试装置读出相应的输出值,作出静态特性曲线,根据此曲线便可确定装置的静态特性参数。

当测试装置本身存在某些随机因素时,对于某一确定的输入值,得到的输出值是随机的。这时可在相同条件下进行多次重复测量,求出同一输入条件下输出的平均值,并以此画出静态特性曲线。

有回差的测试装置,正行程和反行程组成一个循环。在相同条件下进行多次循环测量,求出平均值,便可得到正反行程的静态特性曲线。

§2-2　测试系统的动态特性

动态测量时,被测信号是随时间迅速变化的,此时,输出将受到测试装置动态特性的影响,因此必须了解测试装置的动态特性。当输入信号随时间迅速变化时,测试装置的特性就不能用代数方程描述,而必须用微分方程描述。理想的测试装置应该具有单值、确定的输入 — 输出关系,当然是线性关系最好。

一、线性系统的主要特性

线性系统微分方程的一般形式为

$$a_n\frac{d^n y}{dt^n}+a_{n-1}\frac{d^{n-1}y}{dt^{n-1}}+\cdots+a_1\frac{dy}{dt}+a_0 y$$
$$=b_m\frac{d^m x}{dt^m}+b_{m-1}\frac{d^{m-1}x}{dt^{m-1}}+\cdots+b_1\frac{dx}{dt}+b_0 x \tag{2-8}$$

式中　$a_n, a_{n-1}, \cdots a_0$ 和 $b_m, b_{m-1}, \cdots b_0$ 是与测试装置结构参数有关的系数。若这些系数为常数，该方程就是常系数微分方程，所描述的是时不变线性系统。

常系数线性系统有如下主要特性：

(1) 叠加特性。指同时加在测量系统的两个输入量之和所引起的输出，它等于该两个输入量分别作用时所得输出量之和，即若

$$x_1(t) \rightarrow y_1(t)$$
$$x_2(t) \rightarrow y_2(t)$$

则
$$[x_1(t) \pm x_2(t)] \rightarrow [y_1(t) \pm y_2(t)]$$

这就是说加于常系数线性系统的各输入分量所引起的输出是互不影响的。因此，分析常系数线性系统在复杂输入作用下的总输出时，可以先将输入分解成许多简单的输入分量，求出每个简单输入分量的输出，再对这些输出求和。这就给试验工作带来很大的方便，测试装置的正弦试验就是采用这种方法。

(2) 频率保持性。指常系数线性系统稳态输出信号频率与输入信号的频率相同。这说明如果系数处于线性工作范围内，输入信号频率已知，是输出信号与输入信号有相同的频率分量。如果输出信号中出现与输入信号频率不同的分量，说明系统中存在着非线性环节或超出了系统的线性工作范围。

(3) 比例特性。指输入 $x(t)$ 增大 C 倍（C 为任意常数），那么输出等于输入为 $x(t)$ 时对应输出 $y(t)$ 的 C 倍，即若

$$x(t) \rightarrow y(t)$$

则
$$Cx(t) \rightarrow Cy(t)$$

常系数线性系统是一种理想系统，不过一般的测试装置在一定条件下（例如电路的电阻、电感、电容或机械结构的尺寸、形状、位置等），在研究的时间范围内无明显的变化，都可看作是常系数线性系统，这样便于研究、分析和解决问题。下面讨论的测试装置都看作是常系数线性系统。

用什么方法来研究测试系统的动态特性呢？通常是用一些易于实现、又具有明确函数关系的信号作为输入信号，研究测试系统在这些典型输入信号作用下的响应，从而了解系统的特性。常用的输入信号有正弦信号、阶跃信号和脉冲信号等。

二、频率响应

初始条件为零时，输出、输入及其各阶导数为零，对式(2-8)进行拉普拉斯变换，将输出和输入两者的拉普拉斯变换之比定义为传递函数 $H(s)$，即

$$H(s)=\frac{Y(s)}{X(s)}=\frac{b_m s^m+b_{m-1}s^{m-1}+\cdots+b_1 s+b_0}{a_n s^n+a_{n-1}s^{n-1}+\cdots+a_1 s+a_0} \tag{2-9}$$

分母中 s 的幂次 n 代表了系统微分方程的阶数。如 n 为 1 或 2，则分别称为是一阶系统或二阶系统的传递函数。

若系统是稳定的（一般测试装置总是稳定的），那么将 $s=j\omega$ 代入式(2-9)，得

$$H(j\omega)=\frac{Y(j\omega)}{X(j\omega)}=\frac{b_m(j\omega)^m+b_{m-1}(j\omega)^{m-1}+\cdots+b_1(j\omega)+b_0}{a_n(j\omega)^n+a_{n-1}(j\omega)^{n-1}+\cdots+a_1(j\omega)+a_0} \tag{2-10}$$

$H(j\omega)$ 称为系统的频率响应函数，简称频率响应，从数学形式上看，$H(j\omega)$ 是以 $s=j\omega$ 代入传递函数 $H(s)$ 得到的。频率响应函数 $H(j\omega)$ 是传递函数的特例，是系统初始条件为零时输出傅里叶变换与输入傅里叶变换之比。它是一个复数，有相应的模和相角。

对于稳定的常系数线性系统，若输入为一正弦函数，则稳态时的输出也是与输入为同一频率的正弦函数，但幅值和相角通常会发生变化。输出、输入的幅值比和相位差是输入频率的函数，反映在频率响应函数 $H(j\omega)$ 的模和相角上。

因为 $H(j\omega)$ 是复数，将 $H(j\omega)$ 的实部和虚部分开，用代数式和指数式分别表示为

$$H(j\omega)=\mathrm{R}(\omega)+j\mathrm{I}(\omega) \tag{2-11}$$

$$H(j\omega)=A(\omega)e^{j\varphi(\omega)} \tag{2-12}$$

式中　$\mathrm{R}(\omega)$ ——$H(j\omega)$ 的实部；

$\mathrm{I}(\omega)$ ——$H(j\omega)$ 的虚部；

$A(\omega)$ ——$H(j\omega)$ 的模，

$$A(\omega)=|H(j\omega)|=\sqrt{\mathrm{R}^2(\omega)+\mathrm{I}^2(\omega)}\ ; \tag{2-13}$$

$\varphi(\omega)$ ——$H(j\omega)$ 的相角，

$$\varphi(\omega)=\angle H(j\omega)=\mathrm{arctg}\frac{\mathrm{I}(\omega)}{\mathrm{R}(\omega)}\ 。 \tag{2-14}$$

式(2-13)表示输出与输入的幅值比随频率 ω 变化的关系，称为系统的幅频特性。

式(2-14)表示输出与输入的相位差随频率 ω 变化的关系，称为系统的相频特性。

频率响应反映了测试系统在稳定状态下，输出与输入的幅值比和相位差随频率 ω 变化的规律。因为 $H(j\omega)$ 仅仅是 ω 的函数，与时间 t 无关，所以频率响应是从频域描述系统的动态特性的，是系统对正弦输入信号的稳态响应。

（一）*频率响应的图形表示法*

为了直观和分析使用方便，频率响应常用图形表示。

(1) 幅频特性曲线和相频特性曲线。以 ω 为自变量，以 $A(\omega)$ 和 $\varphi(\omega)$ 为因变量画出的曲线称为幅频特性曲线和相频特性曲线，它表示输出与输入的幅值比和相位差随频率 ω 的变化关系。

(2) 波特图。若对自变量 ω 取对数 $\lg\omega$ 作为横坐标，以 $20\lg A(\omega)$ 和 $\varphi(\omega)$ 作纵坐标，画出的曲线合称波特图，如图 2-6 所示。波特图把 ω 轴按对数进行了压缩，便于对较宽频率范围的信号进行研究，观察起来一目了然，绘制容易，使用方便。

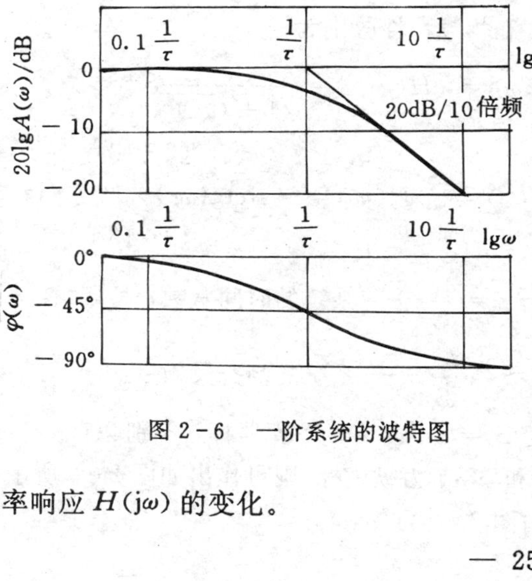

图 2-6　一阶系统的波特图

(3) 奈奎斯特图。如果将 $H(j\omega)$ 的虚部和实部分别作为纵横坐标，画出的图形称为奈奎斯特图，图 2-7 为一阶系统的奈奎斯特图。它反映了频率变化过程中系统频率响应 $H(j\omega)$ 的变化。

（二）常见测试装置的频率响应

许多物理本质完全不同的系统，可以用完全相同形式的微分方程来描述，这种具有完全相同形式微分方程的系统称为相似系统，以相同微分方程表示的不同物理量称为相似量。根据相似概念，只要是相似系统就具有相似的动态特性，因此研究系统的动态特性时，可以不必考虑他们在物理本质上的差异，只研究其一般形式。例如图 2－8 所示的质量、弹簧、阻尼系统和 RLC 电路系统，都可以用二阶微分方程描述。在这个机 — 电相似系统中，力 F 与电压 u 相似，质量 m 与电感 L 相似，粘性阻尼系数 c 与电阻 R 相似，刚度 k 与 $1/c$ 相似。有了这种相似关系，就可以用电气模拟的方法来研究机械、热工、流体等系统。

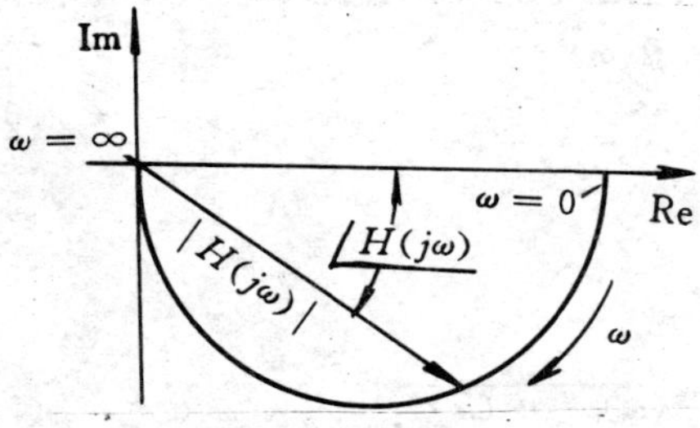

图 2－7　一阶系统的奈奎斯特图

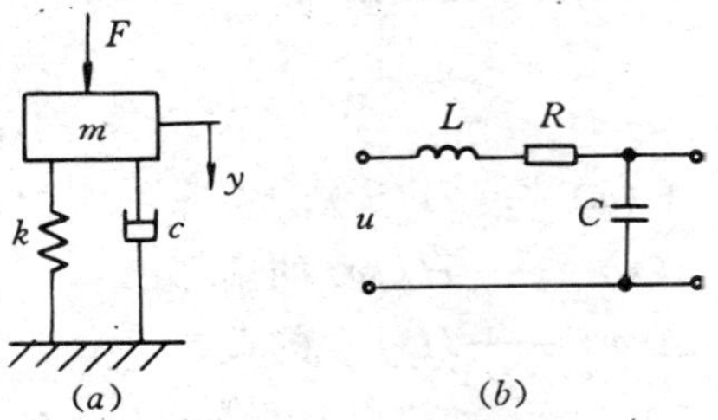

图 2－8　典型二阶系统

（a）弹簧质量阻尼系统　（b）RLC 系统

常见的测试装置是一阶和二阶系统。

（1）一阶系统的频率响应。一阶系统的微分方程为

$$a_1 \frac{\mathrm{d}y}{\mathrm{d}t} + a_0 y = b_0 x \qquad (2-15)$$

式(2－15) 对应的传递函数 $H(s)$ 为

$$H(s) = S \frac{1}{1 + s\tau} \qquad (2-16)$$

令式(2－16) 中 $s = \mathrm{j}\omega$，则得一阶系统的频率响应函数 $H(\mathrm{j}\omega)$ 为

$$H(\mathrm{j}\omega) = S \frac{1}{1 + \mathrm{j}\omega\tau} \qquad (2-17)$$

其幅频和相频特性分别为

$$A(\omega) = |\ H(\mathrm{j}\omega)\ | = \frac{1}{\sqrt{1 + (\omega\tau)^2}} S \qquad (2-18)$$

$$\varphi(\omega) = \angle H(\mathrm{j}\omega) = -\operatorname{arctg}(\omega\tau) \qquad (2-19)$$

式中　$\tau = \dfrac{a_1}{a_0}$ —— 系统的时间常数；

$S = \dfrac{b_0}{a_0}$ —— 系统的静态灵敏度。

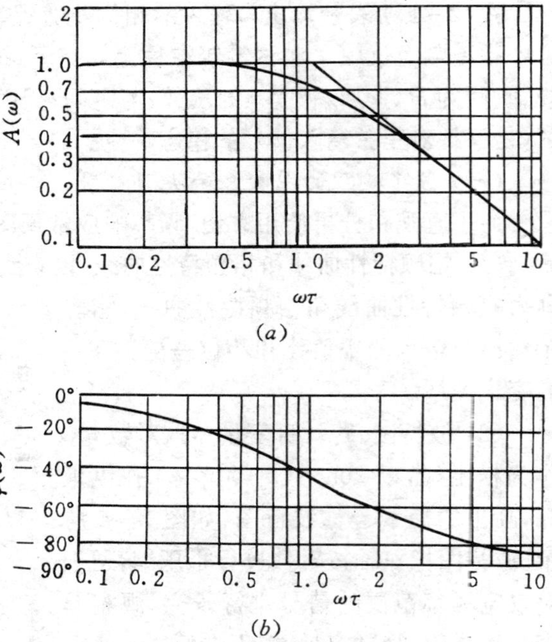

图 2－9　一阶系统的频率响应

（a）幅频特性曲线　（b）相频特性曲线

若 $S = 1$，以 $\omega\tau$ 为横坐标，分别以 $A(\omega)$ 和 $\varphi(\omega)$ 为纵坐标，则可作出如图 2－9 所示的幅频特性曲线（a）和相频特性曲线（b）。

由图 2－9 可知：

① 幅值比 $A(\omega)$ 随 ω 的增大而减小。当 $\omega\tau \leqslant 1$ 时，$A(\omega) \approx 1$；相位差 $\varphi(\omega)$ 随 ω 的增大而增大，当 ω 从 $0 \to \infty$ 时，$\varphi(\omega)$ 从 $0 \to -90°$，在 $\omega\tau = 1$ 处，$\varphi(\omega) = -45°$。

$A(\omega)$ 和 $\varphi(\omega)$ 的变化表示输出与输入之间的差异，称为稳态响应动态误差。

② 系统的工作频率范围取决于时间常数 τ。在 $\omega\tau$ 较小时，幅值和相位的失真都较小。当 $\omega\tau$ 一定时，τ 越小，测试系统的工作频率范围越宽。例如在 $\omega\tau = 0.3$ 处，当 $\tau = 0.3$ 时，对应的频率 $\omega = 1$ rad/s，系统的工作频率范围为 $0 \sim 1$ rad/s；当 $\tau = 3$ 时，对应的频率 $\omega = 0.1$ rad/s，在相同稳态响应误差条件下，系统的工作频率范围减小为 $0 \sim 0.1$ rad/s，可见时间常数 τ 越小，工作频率范围越宽，反之越窄。

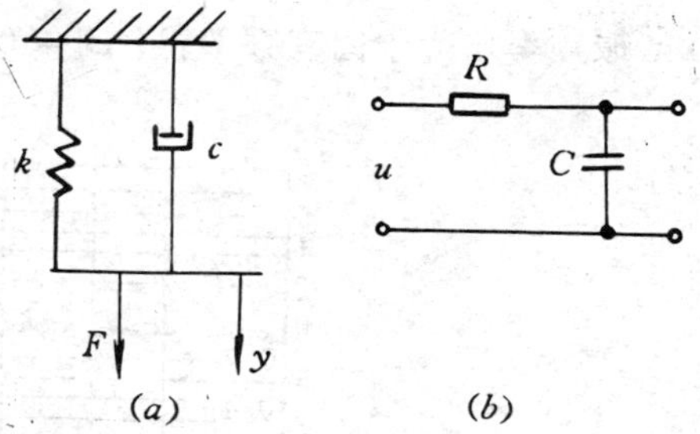

图 2-10　典型一阶系统
(a) 弹簧阻尼系统　(b) RC 电路

因此为了减小一阶测试系统的稳态响应动态误差，增大工作频率范围，应尽可能采用时间常数 τ 小的测试系统。

RC 电路、弹簧 k 和阻尼器 c 组成的机械系统，以及热电偶测温系统都是一阶系统，见图 2-10。

(2) 二阶系统的频率响应。二阶系统的微分方程为

$$a_2 \frac{d^2y}{dt^2} + a_1 \frac{dy}{dt} + a_0 y = b_0 x \tag{2-20}$$

对应的传递函数为

$$H(s) = \frac{\omega_0^2}{s^2 + 2D\omega_0 s + \omega_0^2} S \tag{2-21}$$

频率响应为

$$H(j\omega) = \frac{1}{1 - \left(\frac{\omega}{\omega_0}\right)^2 + 2jD\left(\frac{\omega}{\omega_0}\right)} S \tag{2-22}$$

则幅频特性和相频特性为

$$A(\omega) = \frac{1}{\sqrt{\left[1 - \left(\frac{\omega}{\omega_0}\right)^2\right]^2 + 4D^2\left(\frac{\omega}{\omega_0}\right)^2}} S \tag{2-23}$$

$$\varphi(\omega) = -\operatorname{arctg} \frac{2D\left(\frac{\omega}{\omega_0}\right)}{1 - \left(\frac{\omega}{\omega_0}\right)^2} \tag{2-24}$$

式中　$\omega_0 = \sqrt{\frac{a_0}{a_2}}$ —— 系统的固有频率；

$D = \frac{a_1}{2\sqrt{a_0 a_2}}$ —— 系统的阻尼率。

令 $S = 1$，则幅频特性和相频特性曲线如图 2-11 所示。

由图可知：

① 频率响应和阻尼率 D 有关。不同的阻尼率 D，其幅频和相频特性曲线不同。

从幅频特性曲线可知，当 $D > 0.7$ 时，幅值比 $A(\omega) \leqslant 1$；当 $D < 0.7$ 时，在 $\frac{\omega}{\omega_0} \approx 1$ 处产生谐振，$A(\omega)$ 有峰值，峰值对应的频率称为谐振频率 ω_r，即

$$\omega_r = \omega_0 \sqrt{1 - 2D^2} \tag{2-25}$$

式(2-25)表明，对于欠阻尼系统，其谐振频率 ω_r 都低于固有频率 ω_0，只有 $D = 0$ 的无阻尼系统，谐振频率才等于固有频率；当 $D = 0$ 时，在 $\frac{\omega}{\omega_0} = 1$ 处，$A(\omega) = \infty$，出现共振。

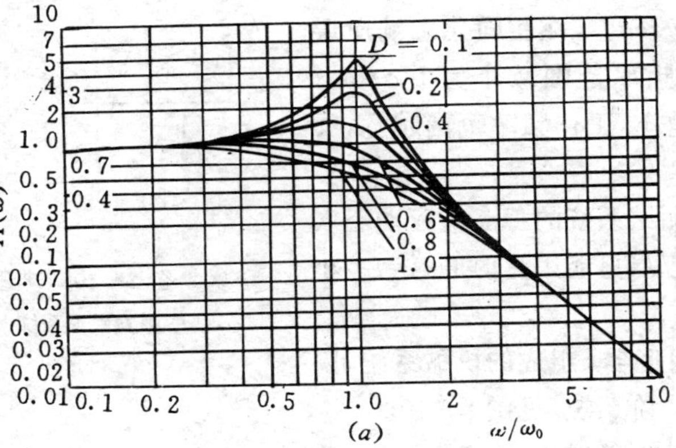

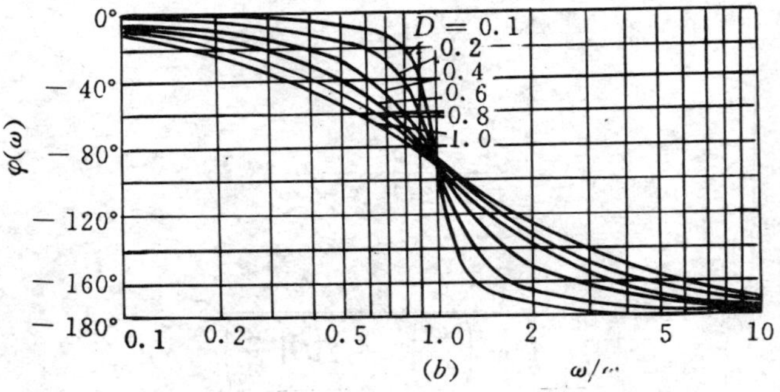

图 2-11　二阶系统的频率响应

(*a*) 幅频特性曲线　(*b*) 相频特性曲线

从相频特性曲线可知，ω 从 $0 \to \infty$ 时，相位差 $\varphi(\omega)$ 从 $0 \to -180°$，$\varphi(\omega)$ 的变化情况与阻尼率 D 有关，但在 $\frac{\omega}{\omega_0} = 1$ 时，对所有的 D 来讲都有 $\varphi(\omega) = -90°$。

② 频率响应与 ω_0 有关。系统的频率响应不但随阻尼率 D 而变，同时随固有角频率 ω_0 而不同。如将图 2-11 的横坐标 $\frac{\omega}{\omega_0}$ 换成 ω，则原刻度都需乘以 ω_0，那么在原来 $\frac{\omega}{\omega_0} = 0.5$ 处，当 $\omega_0 = 1\,000$ rad/s 时，对应的频率 $\omega = 500$ rad/s；而当 $\omega_0 = 100$ rad/s 时，对应的频率 $\omega = 50$ rad/s。由此可见，固有角频率 ω_0 越高，稳态动误差小的工作频率范围越宽，反之越窄。

图 2-8 所示 *RLC* 电路和质量 — 弹簧 — 阻尼系统均属二阶系统。

三、单位阶跃响应

如前所述，测试装置的动态特性可以用频率响应描述，这是在频域对装置动态特性的描

述，它是对正弦输入信号作用下装置的输出处于稳定状态下的稳态响应。工程中除用正弦信号作为输入外，还常用单位脉冲信号、单位阶跃信号和单位斜坡信号的响应描述装置的动态特性，这种输入方式既简单易行，又能充分揭示测试装置的动态特性，故被广泛应用。

单位阶跃响应是在时域对测试装置动态特性的描述。单位阶跃信号的波形如图 2－12 所示。其方程为

$$x(t)=\begin{cases}0 & t<0\\ 1 & t\geqslant 0\end{cases}$$

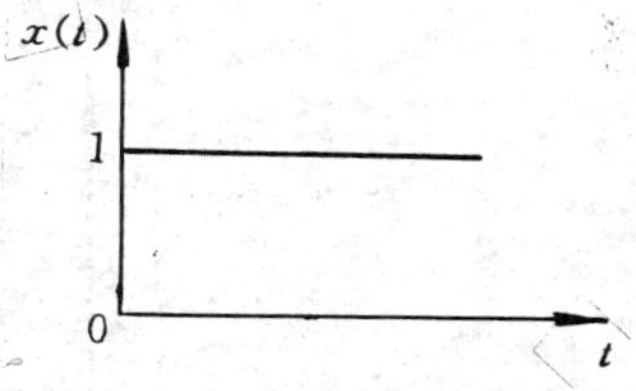

图 2－12　单位阶跃信号

初始状态为零的系统输入单位阶跃信号时，其输出信号称为单位阶跃响应。

（一）一阶系统的单位阶跃响应

一阶系统若静态灵敏度 $S=1$，输入单位阶跃信号时，则可以根据输出的拉氏变换等于输入的拉氏变换与系统传递函数的乘积这一关系求出单位阶跃响应函数为

$$y(t)=1-\mathrm{e}^{-t/\tau}\tag{2－26}$$

式中第一项为常数，是系统的稳态响应；第二项是时间 t 的指数衰减函数，当 $t\to\infty$ 时趋于零，是系统的瞬态响应。单位阶跃响应曲线如图 2－13 所示。

由图 2－13 可知：

① 一阶系统的单位阶跃响应函数是一条曲线。当 $t=0$ 时，输出为零，随着 t 的增加，输出按指数规律增大，最终趋于稳态值。

② 指数曲线的变化率取决于时间常数 τ。起始点的斜率为 $1/\tau$。当 $t=\tau$ 时，输出量为稳态值的 63.2%；当 $t=4\tau$ 时，则达 98.2%。显然测试系统的时间常数 τ 越小，响应速度越快，达到稳态的时间越短。例如图2－13中曲线Ⅱ比曲线Ⅰ的时间常数大，即 $\tau_2>\tau_1$，所以输出 $y(t)$ 达到相同值，曲线Ⅱ所需要的时间就长。一般把输出达到稳态值的 98% 所需的时间（4τ）作为响应速度的指标。

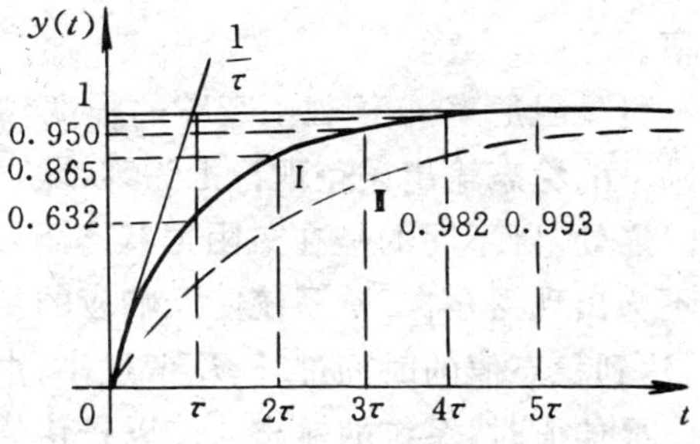

图 2－13　一阶系统的单位阶跃响应

输出信号稳态值与响应曲线在垂直方向的差值为测试系统的动态误差。它与时间 t 有关，当 $t\to\infty$ 时，动态误差趋于零。显然时间常数越小，在相同时刻，输出与输入之间的差异也越小，所以应尽可能采用时间常数 τ 值小的测试系统。

（二）二阶系统的单位阶跃响应

对二阶系统来讲，阻尼率 D 不同时阶跃响应函数也不同。设静态灵敏度 $S=1$，当 $D<1$ 时，单位阶跃响应函数为

$$y(t)=1-\left[\frac{\mathrm{e}^{-D\omega_0 t}}{\sqrt{1-D^2}}\sin\left(\sqrt{1-D^2}\,\omega_0 t+\arcsin\sqrt{1-D^2}\right)\right]\tag{2－27}$$

不同阻尼率的阶跃响应曲线如图 2－14 所示。

由图 2－14 可知：

① 响应速度与阻尼率 D 有关。当 $D\geqslant 1$ 时，阶跃响应曲线的振幅不会超过稳态值，不产生振荡。$D>1$ 称为过阻尼，$D=1$ 时称为临界阻尼；当 $D<1$ 时，称为欠阻尼。由图 2－14 可知，

此时系统的响应曲线在稳态值附近作衰减的正弦振荡，振荡频率为

$$\omega_d = \omega_0 \sqrt{1 - D^2} \tag{2-28}$$

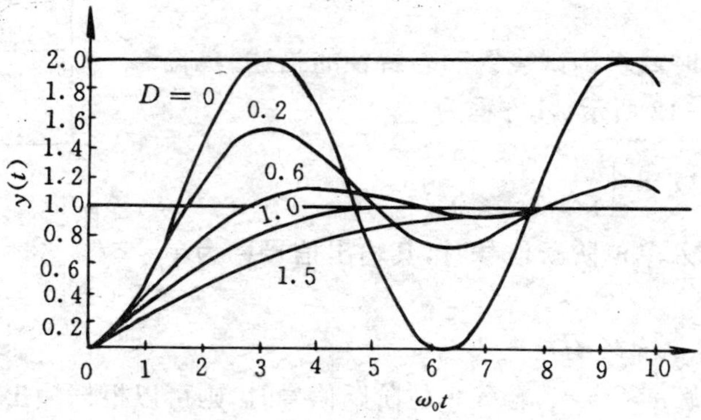

图 2-14　二阶系统的单位阶跃响应

若 ω_0 固定不变，则 ω_d 随着阻尼率 D 的增大而减小；当 $D = 0$ 时，为无阻尼状态，输出量 $y(t)$ 围绕稳态值无衰减的等幅振荡，振荡频率为 ω_0，所以 ω_0 为无阻尼固有频率，ω_d 为有阻尼衰减振动频率。

可见阻尼率 D 体现了衰减的程度，故又称衰减比。由图 2-14 可知，二阶系统在单位阶跃激励下的稳态输出误差理论上为零，即 $t \to \infty$ 时，动态误差趋于零，这是与一阶系统阶跃响应相同之处。所不同的是在欠阻尼状态下，二阶系统的阶跃响应产生衰减的正弦振荡，而一阶系统不会出现振荡。二阶系统阶跃响应的快慢取决于给定的误差范围和阻尼率 D 的大小，D 值过大，达到稳态值的时间过长，D 值过小，由于产生振荡，达到稳态值的时间仍然很长，只有 D 为某一最佳值时，系统的输出才能以较快的速度达到给定的误差范围。

② 响应速度与固有频率 ω_0 有关。测试装置阶跃响应的速度随着固有频率 ω_0 的不同而变化。例如在图 2-14 中，横坐标 $\omega_0 t = 1$ 对应的输出值若为 y_a，则

当 $\omega_0 = 0.5$ rad/s 时，输出达到 y_a 需要 2 s；

当 $\omega_0 = 1$ rad/s 时，输出达到 y_a 需要 1 s；

当 $\omega_0 = 2$ rad/s 时，输出达到 y_a 需要 0.5 s。

由此可见，阻尼率 D 一定时，固有频率 ω_0 越高，响应速度越快，反之越慢。

四、测试系统动态特性参数及其测定

前面讨论了利用系统的运动方程获得系统的频率响应和阶跃响应。然而对于复杂系统的特性很难用理论方法分析，因此用试验方法测定和分析系统的特性就显得很重要了。另外要使测试系统精确可靠，不仅对所制造的测试装置应当精确定度，而且还应对使用中的测试装置定期校准。定度和校准就其试验内容来说，就是对测试装置特性参数的测定。

(一) 动态特性参数

一阶系统的动态特性参数主要是时间常数 τ。对一阶系统来说，输入正弦信号时，τ 越小，工作频率范围越宽；输入阶跃信号时，τ 越小，达到稳态的时间越短，所以原则上 τ 值越小越好。

二阶系统的动态特性参数主要是阻尼率 D 和固有频率 ω_0。阻尼率 D 一定时，固有频率越高，工作频率范围越大，响应速度越快。阻尼率 D 的取值与给定的误差范围大小和输入信号的形式有关。例如对阶跃输入信号，若幅值误差为 $\pm 5\%$ 时，$D=0.7$ 的响应速度最快，若幅值误差为 $\pm 10\%$ 时，$D=0.6$ 的响应速度最快。对正弦输入信号，$D=0.6\sim0.7$ 时，在较宽的频率范围内，频率特性曲线接近于直线，产生的失真较小。为了增大工作频率范围和提高响应速度，工程上一般选取 $D=0.6\sim0.7$。

（二）动态特性参数的测定

在测试装置基本参数已知的情况下，τ、D、ω_0 可用公式计算。例如由弹簧—阻尼组成的一阶机械系统，时间常数为

$$\tau=\frac{c}{k} \tag{2-29}$$

由弹簧—质量—阻尼组成的二阶机械系统，阻尼率和固有频率为

$$D=\frac{c}{2\sqrt{mk}} \tag{2-30}$$

$$\omega_0=\sqrt{\frac{k}{m}} \tag{2-31}$$

式中　k —— 弹簧刚度；

m —— 系统质量；

c —— 阻尼系数。

然而许多实际测量系统的基本参数常常是未知数，这时欲求系统的 τ、D、ω_0 就需用试验方法测定。常用的方法是正弦试验和阶跃试验。

（1）正弦信号试验。试验系统如图 2-15 所示。通过信号发生器给被测装置施加经过精确标定的正弦信号，在输出达到稳态后，由记录显示器得到输出信号的幅值和相位。输出信号幅值保持不变，改变信号发生器的输出频率，依次逐点进行测量，从而做出被测装置的幅频特性曲线和相频特性曲线。

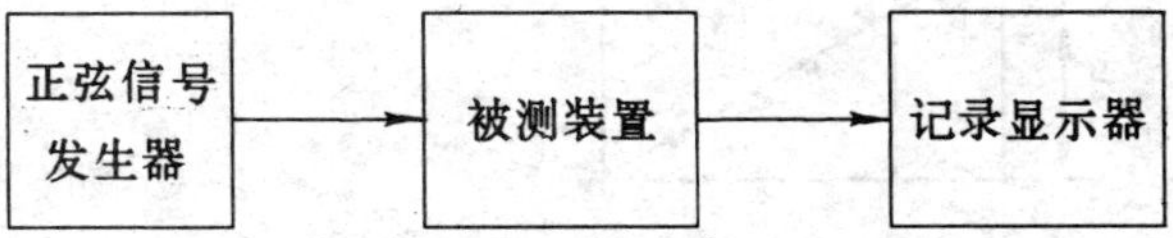

图 2-15　正弦试验系统框图

一阶装置幅频特性曲线幅值在 -3 dB 处或幅值下降 30% 处对应的频率 $\omega=\frac{1}{\tau}$（见图 2-9(a)），由此求出时间常数 τ。

二阶装置的动态特性参数 D 和 ω_0 可以从相应的幅频特性曲线和相频特性曲线求出。因为对于二阶装置，在 $\omega=\omega_0$ 处，相位差 $\varphi(\omega)=-90^\circ$，所以相位差 $\varphi(\omega)=-90^\circ$ 对应的频率就是固有频率 ω_0，该点斜率则反映了阻尼率 D 的大小。对 $D<1$ 的欠阻尼系统，幅频特性曲线的峰值 $A(\omega)|_{\max}=\frac{1}{2D\sqrt{1-D^2}}$，由此求出阻尼率 D，再由该点对应的谐振频率 $\omega_r=\omega_0\sqrt{1-2D^2}$ 求出固有频率 ω_0。

因为输入的正弦信号是可以长时间持续的周期信号，能方便而准确的观察记录其稳态输出，所以这种方法准确可靠，但需要的试验时间较长。

（2）阶跃信号试验。用阶跃信号激励测试装置，得到阶跃响应曲线，然后对该曲线进行测量，从而计算出 τ、D 和 ω_0 为了得到准确的结果，阶跃信号的时间常数应远小于被测装置的时

间常数。

① 一阶测试系统 τ 的测定。根据时间常数 τ 的定义，从阶跃响应曲线上取输出达到稳态值的 63.2% 所需的时间便是时间常数 τ。需要指出的是，这种方法没有考虑到阶跃响应全过程的影响，所得 τ 值仅取决于个别点的瞬时值，因此准确性不高。采用下述方法可以得到较满意的结果。

根据式(2-26)，一阶装置的阶跃响应函数式为

$$y(t) = 1 - e^{-t/\tau}$$

移项后两边取对数

$$\ln[1 - y(t)] = \ln e^{-t/\tau}$$

令

$$z = \ln[1 - y(t)]$$

得

$$z = -\frac{t}{\tau} \tag{2-32}$$

式(2-32)表明 z 和 t 成线性关系，$z-t$ 曲线如图 2-16 所示，根据其斜率便可求出 τ 值，即

$$\tau = \frac{\Delta t}{\Delta z}$$

如果测试系统是一个典型的一阶系统，则 z 和 t 为线性关系，$z-t$ 曲线为一条严格的直线，所有的点都落在直线上或靠近直线。所以由 $z-t$ 曲线与直线拟合的程度，就可以判断被测装置与一阶系统的符合程度。这种方法是考虑了响应的全过程，所以比前一种方法可靠。

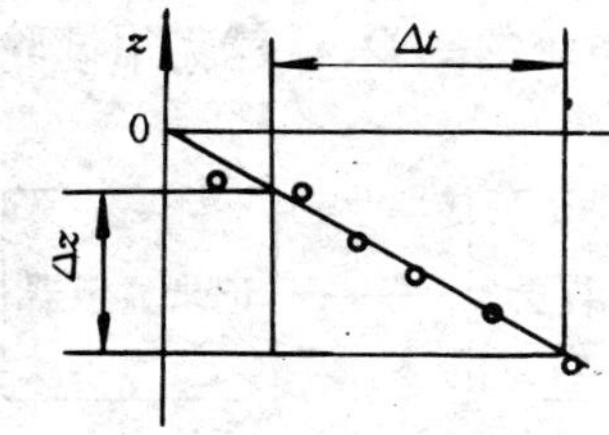

图 2-16　一阶系统 $z-t$ 曲线

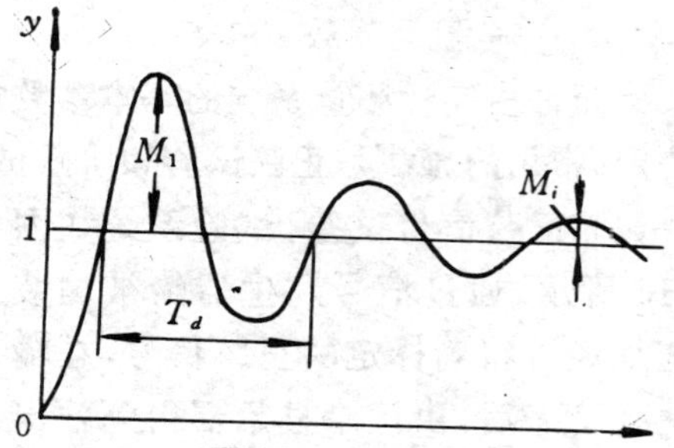

图 2-17　欠阻尼二阶系统的阶跃响应

② 二阶测试系统 D、ω_0 的测定。二阶测试系统一般都是阻尼率 $D=0.6\sim0.7$ 的欠阻尼系统，它的阶跃响应是一条衰减的正弦曲线，如图 2-17 所示。图中输出最大值 $y_m(t)$ 与稳态值 $y(\infty)$ 之差称为最大过冲量 M_1，而输出最大值与稳态值之差对稳态值之比的百分数称为超调量 $\sigma_p = \frac{y_m(t) - y(\infty)}{y(\infty)} \times 100\%$。最大过冲量 M_1 出现的时间为半个周期，即 $t = \frac{T_d}{2} = \frac{\pi}{\omega_d}$，代入式(2-27)，得最大过冲量为

$$M_1 = e^{-\pi D/\sqrt{1-D^2}} \tag{2-33}$$

所以

$$D = \sqrt{\frac{1}{\left(\frac{\pi}{\ln M_1}\right)^2 + 1}} \tag{2-34}$$

由式(2-28)知，振荡频率 $\omega_d=\omega_0\sqrt{1-D^2}$，振荡周期 $T_d=\dfrac{2\pi}{\omega_d}$，所以固有频率为

$$\omega_0=\frac{\omega_d}{\sqrt{1-D^2}}=\frac{2\pi}{T_d\sqrt{1-D^2}} \tag{2-35}$$

因此在二阶测试装置阶跃响应曲线上测取最大过冲量 M_1，代入式(2-34)便可求出阻尼率 D。从二阶装置阶跃响应曲线上测取周期 T_d，再把 T_d 和 D 代入式(2-35)便可求出装置的固有频率 ω_0。

如果衰减过程较长，可从阶跃响应曲线上测取相隔 n 个周期的任意两个过冲量 M_i 和 M_{i+n} 代入下式

$$D=\frac{\delta_n}{\sqrt{\delta_n^2+4\pi^2n^2}} \tag{2-36}$$

式中

$$\delta_n=\ln\left(\frac{M_i}{M_{i+n}}\right)$$

便可求出阻尼率 D。应用几个周期的平均值计算比取一个周期计算更准确。

若测试系统是二阶系统，式(2-36)严格成立，即 D 值与 n 的取值大小无关，n 取任意整数，计算出的 D 应该相等。如果计算出的 D 值不同，说明不是二阶系统，D 值间差别越大，说明与二阶系统相差愈远。

§2-3 不失真测试的条件

一般来说，大多数被测信号都含有基波和高次谐波分量，即信号占有一定的频带宽度，因此被测量通过测试系统后都会产生不同程度的失真。若要信号在传输过程中不失真，测试系统的输出和输入必须满足

$$y(t)=Kx(t-t_0) \tag{2-37}$$

式中 K、t_0 均为常数。

上式表明，若输出 $y(t)$ 与输入 $x(t)$ 的波形相似，输出 $y(t)$ 只是在幅值上放大了 K 倍、相位上延迟了 t_0，这样的系统称为不失真测试系统，其关系式(2-37)表示了测试系统时域描述的不失真测试条件，见图2-18。

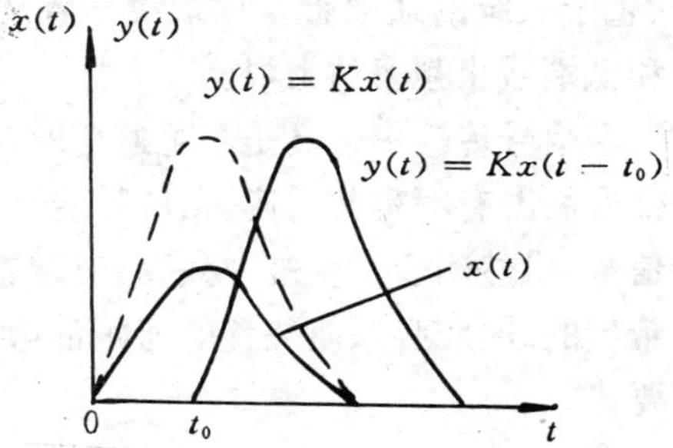

图2-18 不失真测试的波形

根据傅里叶变换的时延特性，即时延函数 $x(t-t_0)$ 的傅里叶变换等于 $x(t)$ 的傅里叶变换与 $e^{-j\omega t_0}$ 的乘积，对上式取傅里叶变换得

$$Y(j\omega)=KX(j\omega)e^{-j\omega t_0}$$

则

$$H(j\omega)=\frac{Y(j\omega)}{X(j\omega)}=Ke^{-j\omega t_0} \tag{2-38}$$

因此输出波形要不失真地再现输入波形，测试装置的幅频特性和相频特性应分别满足

$$\left.\begin{aligned} A(\omega) &= K \\ \varphi(\omega) &= -\omega t_0 \end{aligned}\right\} \tag{2-39}$$

此式即为测试系统不失真测试的条件。其物理意义是：输入信号中各频率成分的幅值通过此系统所乘的常数相同，即幅频特性具有无限宽的通频带，如图 2-19(a) 所示；输入信号中各频率成分的相位角在通过此系统时做与频率成正比的滞后移动，滞后的时间都相同，即相频特性是通过原点向负方向发展的直线，如图 2-19(b) 所示。

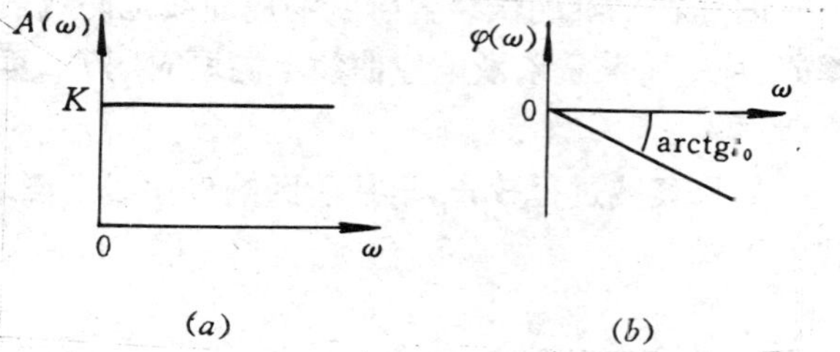

图 2-19　不失真测试装置特性曲线

对于多频率成分的输入信号，测试系统也同样应遵循不失真测试条件，否则会产生严重失真。例如一方波信号，其频率结构包含无穷奇次谐波的频率成分，这一信号若输入到一个无限带宽的幅频特性为常值、相频特性为通过原点的直线的测试系统后仍可得到一个正确的方波，则对原信号进行了无畸变的传输，如图 2-20(a) 所示。这一方波若输入到一个如图 2-20(b) 所示的测试系统，尤其在幅频特性较窄时，输出高频成分幅值有较大衰减，并有不与频率成比例的相移，则造成输出方波有较大的畸变，如图 2-20(b) 所示。

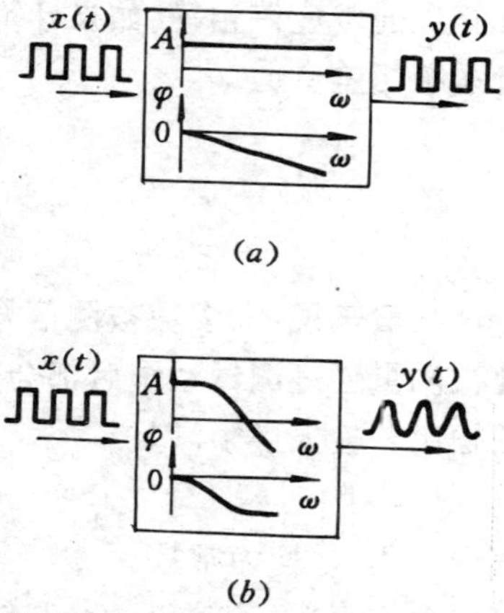

图 2-20　方波信号通过两种系统的波形变化

实际的测试系统往往难以做到完全符合不失真测试条件，被测信号也不可能包含所有的频率分量。根据测试精度的要求，只要被测信号的频带宽度处于测试装置的工作频率范围内，满足不失真测试条件，便认为是不失真测试装置。

一个实际的测试装置，通过做其幅频特性图和相频特性图，可得到其低端截止频率 f_1 和高端截止频率 f_2，宽度为 f_2 与 f_1 之差的频率被称为是测试装置的通频带。为了进行不失真测量，要求信号占有频带应小于测试装置的通频带，且处于工作频率范围 $f_1 \sim f_2$ 之内。对由几个串联环节组成的测试系统，整个系统的通频带宽度取决于各环节高端截止频率的下限和低端截止频率的上限。

在信号传输中失真是不可避免的，为了使失真限制在允许范围内，要求测试装置的通频带与信号的占有频带相适应。用窄带装置去测量宽带信号会带来过大失真；用宽带装置去测量窄带信号，虽然不会产生过大失真，但装置的选择性下降，同时会带来干扰与噪声的增加，这也是不希望的。因此必须使装置的通频带与信号的占有频带相适应，这一点在选择测试仪器时尤为重要。

习　题　二

1. 某压力传感器静态标定的结果如表 2-1，试计算其灵敏度、非线性及回差。

2. 独立测得一静态信号的幅值为 1 000.3，1 000.6，1 000.4，1 000.0，1 000.8，1 000.2，1 000.1，1 000.9，1 000.7，求其标准不确定度。

表 2-1

压力 /Pa 输出 /mV	0	10	20	30	40	50
正　行　程	0	39.2	79.6	120	160.2	200
反　行　程	0.1	39.9	79.7	119.9	160.1	200

3. 某仪器校证书上说明，标称 1 kg 重的砝码质量 m 为 1 000.000 325 g，该值的不确定度按三倍标准差计为 240 μg，其标准不确定度为多少？

4. 某温度测试系统由电阻温度计、直流电桥、电压放大器和笔式记录仪组成，其灵敏度分别为 0.30 Ω/℃、0.01 V/Ω、120 V/V 和 0.1 cm/V。试求①测试系统的灵敏度；②当记录笔移动 3 cm 时对应的温度变化量。

5. 玻璃水银温度计的热量是通过玻璃温包传导给水银的，其特性可用微分方程 $3\frac{dy}{dt}+2y=1\times10^{-3}x$ 表示，试确定温度计的时间常数 τ 和静态灵敏度 S。式中 y 为水银柱高度(m)，x 为输入温度(℃)。

6. 某热电偶的时间常数为 0.5 s，试计算幅频特性幅值下降不大于 5% 时的最高工作频率。

7. 一阶测量装置的时间常数为 0.2 s，用来测量周期为 0.5 s 和 1 s、幅值为 1 的正弦信号，试计算输出幅值大小？

8. 用传递函数为 $H(s)=\frac{1}{0.01s+1}$ 的装置测量信号 $x(t)=0.6\sin10t+0.6\sin(100t-30°)$，试求稳态输出 $y(t)$。

9. 为什么二阶测试装置的阻尼率一般取值近似为 0.7？

10. 某测力传感器的传递函数为 $H(s)=\frac{\omega_0^2}{s^2+2D\omega_0 s+\omega_0^2}$，已知其固有频率为 $f_0=1\,000$ Hz，阻尼率 $D=0.7$，试问用它分别测量频率为 600 Hz 和 400 Hz 的正弦交变力时，此时幅频特性的幅值比各是多少？

11. 测定某二阶测试系统的频率特性时发现谐振发生在频率为 300 Hz 处，最大幅值比为 2.5，试计算该系统的阻尼率 D 和固有频率 ω_0 的大小。

第三章 电阻应变式传感器

传感器是测试系统的一个环节，担负着信号转换任务，如将位移、力、应变、加速度和振动等被测量转换成与之对应的、容易处理和传输的电量。由于工作原理、测量方法和被测对象不同，传感器的分类方法亦不同。

在非电量电测法中有一大类是通过电阻参数的变化来实现电测非电量的目的，它们统称为电阻式传感器。电阻应变式传感器作为其中之一，常用来测量物体的受力情况和机械变形等。

电阻应变式传感器由电阻应变片、弹性元件和测量电路等部分构成。电阻应变片又称电阻应变计，一般由敏感元件1、基底2、引线3和覆盖层4组成(图3-1)。敏感元件也叫敏感栅，根据其材料不同，应变片可分为金属电阻应变片和半导体电阻应变片两大类。应用时将应变片用粘结剂牢固地粘结在被测试件表面上，当试件受力变形时，应变片的敏感栅也随之变形，引起应变片电阻变化，通过测量电路将其转换为电压或电流信号输出。

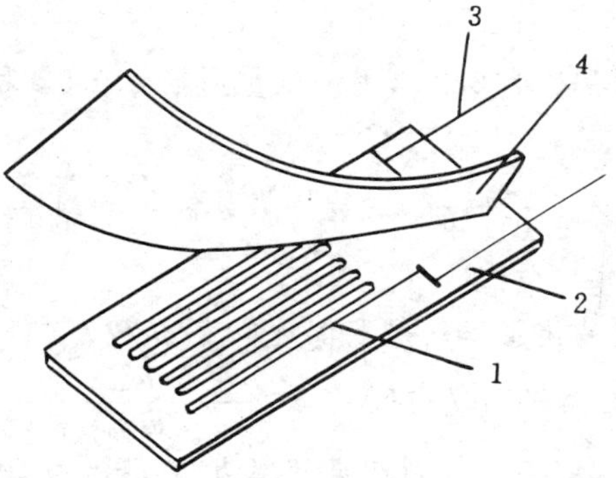

图3-1 丝式电阻应变片

1—敏感元件 2—基底 3—引线 4—覆盖层

电阻应变式传感器已成为目前非电量电测技术中非常重要的检测手段，广泛地应用于工程测量和科学实验中。这主要是由于它具有如下一些优点：

(1) 由于应变片的尺寸小，重量轻，因而具有良好的动态特性，而且应变片粘贴在试件上对其工作状态和应力分布基本上没有影响。适用于静态测量和动态测量。

(2) 测量应变的灵敏度和精确度高，可测1～2微应变，误差小于1%。

(3) 测量范围大，既可测量弹性变形，也可测量塑性变形，变形范围从1%～20%。

(4) 能适应各种环境，可在高(低)温、超低压、高压、水下、强磁场以及辐射和化学腐蚀等恶劣环境下使用。

但是，电阻应变式传感器也存在着一定的缺点，如在大应变状态中具有较明显的非线性，输出信号微弱等。这样，就使电阻应变式传感器在某些高精度、远距离传输场合的应用受到限制。尽管电阻应变式传感器存在着上述缺点，但由于可采取一定的补偿措施，因此它仍不失为非电量电测技术中应用最广和最有效的敏感元件。

§3-1 金属电阻应变片

一、金属电阻应变片的结构原理

（一）电阻应变效应

金属电阻应变式传感器的核心元件是金属电阻应变片，它可将试件的应变变化转化为电阻变化。应变片的工作是建立在敏感元件电阻应变效应原理上的。所谓电阻应变效应，即金属导线由于受力产生变形（伸长或缩短）而发生电阻变化的一种物理现象。

设有一根长度为 L、截面积为 A、电阻率为 ρ 的金属丝，其电阻值可以用下式表示为

$$R=\rho\frac{L}{A} \tag{3-1}$$

当电阻丝受到拉伸或压缩时，其几何尺寸和电阻值同时发生变化，通过对式(3-1)两边取对数后再微分，即可求得电阻的相对变化为

$$\frac{\mathrm{d}R}{R}=\frac{\mathrm{d}L}{L}-\frac{\mathrm{d}A}{A}+\frac{\mathrm{d}\rho}{\rho} \tag{3-2}$$

式中 $\frac{\mathrm{d}L}{L}=\varepsilon$ 为电阻丝的纵向应变；$\frac{\mathrm{d}A}{A}$ 为截面积的相对变化。由于 $A=\pi r^2$（r 为金属丝的半径），因此 $\mathrm{d}A=2\pi r\cdot\mathrm{d}r$，$\frac{\mathrm{d}A}{A}=2\frac{\mathrm{d}r}{r}$，$\frac{\mathrm{d}r}{r}=\varepsilon_1$ 为电阻丝的横向应变。

由《材料力学》知道，在弹性范围内金属丝沿长度方向伸长时，径向尺寸缩小，反之亦然。即纵向应变 ε 与横向应变 ε_1 存在下列关系

$$\varepsilon_1=-\mu\varepsilon \tag{3-3}$$

式中 μ—— 电阻丝材料的泊松比。

电阻率的相对变化量 $\mathrm{d}\rho/\rho$ 与电阻丝轴向应力 σ 的大小有关，即

$$\frac{\mathrm{d}\rho}{\rho}=\pi_L\sigma=\pi_L E\varepsilon \tag{3-4}$$

式中 π_L —— 压阻系数，与敏感栅的材质有关；

E —— 电阻丝材料的弹性模量。

将有关公式代入式(3-2)中可得

$$\frac{\mathrm{d}R}{R}=(1+2\mu)\varepsilon+\pi_L E\varepsilon \tag{3-5}$$

由此可知，电阻的相对变化量受两个因素影响：一个是由电阻丝几何尺寸变化引起的 $(1+2\mu)\varepsilon$ 项；另一个是电阻丝电阻率发生变化而引起的 $\pi_L E\varepsilon$ 项。对金属电阻丝来讲后一项数值很小，可忽略不计，则式(3-5)简化为

$$\frac{\mathrm{d}R}{R}\approx(1+2\mu)\varepsilon$$

所以应变片的灵敏度为

$$S=\frac{\mathrm{d}R/R}{\varepsilon}=1+2\mu \tag{3-6}$$

因为金属材料在弹性范围内泊松比 μ 为常数，所以灵敏度 S 为常数，则

$$\frac{dR}{R} = S\varepsilon \tag{3-7}$$

上式表明金属电阻丝的电阻相对变化量与纵向应变呈线性关系。

（二）金属电阻应变片的结构及参数

1. 结构形式

常见的金属电阻应变片有丝式和箔式两种，都是由敏感栅、基底和引线、粘结剂等组成。由于这些组成部分所选用的材料将直接影响应变片的性能，因此，应根据使用条件和使用要求合理地加以选择。

（1） 敏感栅。敏感栅是应变片最重要的组成部分，它用来感受应变并转换为电阻的变化。丝式电阻应变片的敏感栅是用直径为 0.015 ～ 0.05 mm 的金属电阻丝制成的，根据敏感栅的形状，丝式电阻应变片又有丝绕式和短接式之分，见图 3－2。

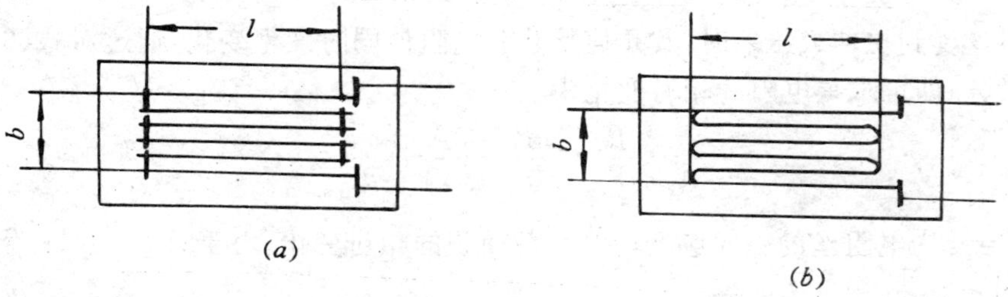

图 3－2 金属丝式应变片

（a）短接式 （b）丝绕式

从式（3－7）知电阻增量 $\Delta R = SR\varepsilon$，式中 S 为常数。通常应变 ε 很小，为了得到较大的 ΔR 值，就必须增大 R 值。因为 $R = \rho\frac{L}{A}$，所以要么增加电阻丝的总长度 L，要么减小其横截面积 A。但金属电阻丝的直径受拉丝工艺和应变片制造工艺的限制不能太细，所以电阻丝的长度就不能太短。为了增大 L 而使敏感栅的尺寸又不致太大，所以将电阻丝来回盘绕做成栅状。丝绕式制造方便，但它的横向效应大；短接式虽然克服了丝绕式横向效应的弊病，但制作工艺复杂，故应用较少。现在应用较多的是箔式应变片。

箔式应变片的敏感栅是用 0.001 ～ 0.01 mm 厚的金属箔按事先绘制好的放大图形，经照像制板、光刻、腐蚀等工艺制作而成。基底和盖片为胶膜，其外形如图 3－3 所示。由于采用光刻技术，所以线栅形状的几何尺寸准确，可以根据需要制成各种形状和大小的敏感栅；由于箔片扁平，所以接触面积大，传递应变好；由于表面积与截面积之比大，散热条件得到改善，所以允许通过较大的工作电流；由于箔片很薄，柔性好，因而可以贴附在形状复杂的零件表面；由于敏感栅的横向部分较宽，因此横向效应小；因为焊点少、线栅很薄，所以疲劳寿命高；由于采用印刷电路制造技术，生产效率高、成本低，因此箔式应变片在测试领域中得到广泛使用。

表 3－1 为金属应变片敏感栅常用材料及主要性能。

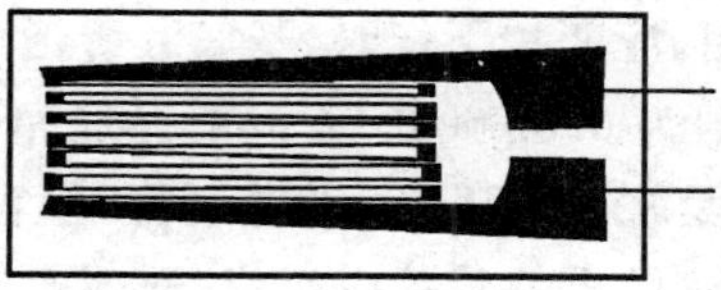

(a)

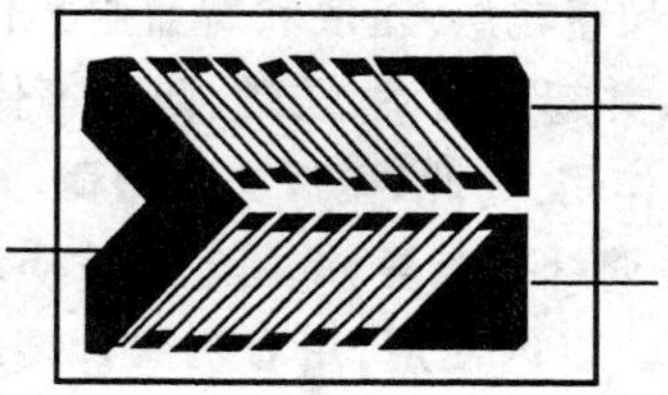

(b)

(c)

图 3-3　箔式应变片

(a) 一般箔式应变片　(b) 测量剪切应变、扭矩的应变片

(c) 测受压圆膜片的应力的特殊应变片(应变花)

表 3-1　常用敏感栅材料及主要性能

材料名称	成　　分	灵敏系数 S	电阻率 ρ /($\Omega\cdot mm^2/m$)	电阻温度系数 α /(1/℃)	线膨胀系数 β /(1/℃)	最高工作温度 /℃
康　铜	Ni 45% Cu 55%	1.9～2.1	0.45～0.52	$\pm20\times10^{-6}$	15×10^{-6}	300(静态) 400(动态)
镍铬合金	Ni 80% Cr 20%	2.1～2.3	1.0～1.1	(110～130)$\times10^{-6}$	14×10^{-6}	450(静态) 800(动态)
卡玛合金(6J22)	Ni 74% Cr 20% Al 3% Fe 3%	2.4～2.6	1.24～1.42	$\pm20\times10^{-6}$	13.3×10^{-6}	450(静态)
伊文合金(6J23)	Ni 75% Cr 20% Al 3% Cu 2%					800(动态)
铁铬铝合金	Fe 70% Cr 25% Al 5%	2.8	1.3～1.5	(30～40)$\times10^{-6}$	14×10^{-6}	700(静态) 1 000(动态)
铂钨合金	Pt 92% W 8%	3.5	0.68	227×10^{-6}	(8.3～9.2)$\times10^{-6}$	800(静态) 1 000(动态)

(2) 基底和覆盖层。基底和覆盖层的作用是保持敏感栅的几何形状及敏感栅与被测试件之间的电绝缘，并起着防潮、防蚀、防损等作用。应变片工作时，基底起着把试件应变准确地传递 给敏感栅的作用。为此，基底必须很薄，一般为 0.02 ～ 0.04 mm。基底和覆盖层常用的材料有纸、胶膜和玻璃纤维布等。纸基应变片质地柔软，易于贴粘，价格低廉，但容易受潮，工作温度低，主要是 60℃ 以内使用。用有机聚合物胶膜做成的胶基应变片，透明柔软，防潮，绝缘强度高，工作温度取决于胶膜的类型， 一般可在 60 ～ 300℃ 范围内使用，但粘接剂应和基底材料相配。用玻璃纤维布做基底的应变片，强度高，耐热耐湿性好， 可在 400 ～ 500℃ 工作，但柔韧性较差。

(3) 引线。引线起着敏感栅与测量电路之间过渡连接和引导的作用。通常取直径为 0.1 ～ 0.15 mm 的低阻镀锡铜线，并用钎焊与敏感栅端连接。对引线材料性能的要求是：电阻率低；电阻温度系数小；抗氧化性能好；易于焊接。大多数敏感栅材料都可制作引线。

(4) 粘结剂。制造应变片时，用粘结剂分别把覆盖层和敏感栅固结于基底上。使用时，把应变片基底再粘贴在试件表面的被测部位。常用的粘结剂分为有机和无机两大类。有机粘结剂用于低温、常温和中温，常用的有聚丙烯酸酯、酚醛树脂、有机硅树脂、聚酰亚胺等；无机粘结剂用于高温，常用的有磷酸盐、硅酸盐、硼酸盐等，选用时应根据实际情况合理加以选择。

2. 金属应变片的主要参数

基长 l—— 又称标距，即敏感栅的纵向长度。一般在 2 ～ 30 mm，箔式应变片的基长可小到 0.2 mm，大者可达 100 mm。基长小的应变片横向效应较大，传递变形差，粘贴和定位也较困难，主要用在应变变化梯度大的地方，如应力集中处。

基宽 b—— 敏感栅的横向宽度。一般在 10 mm 以内。阻值相同时基宽小可使整体尺寸减小，但过小时线间距变小会影响散热。

电阻值 R—— 指应变片未经安装也不受外力情况下于室温时所测定的电阻值。推荐的电阻值为 60 Ω、120 Ω、200 Ω、350 Ω、1 000 Ω。因为常用的应变仪，其测量电桥的桥臂电阻一般是按 120 Ω 设计的，所以 120 Ω 的应变片最常用。

灵敏度 S—— 即单位应变引起的电阻相对变化，是应变片的重要技术参数。由于敏感栅转折端的横向效应、基底和胶层对变形传递的影响，使应变片的实际灵敏度与计算值之间存在差异，因此常用实验方法测定 S 值，并标注在产品包装袋上。金属电阻应变片 S 值一般在 2 左右。

允许电流 —— 应变片在使用时要接入电桥进行测量，为了增大电桥的灵敏度，希望增加通过应变片的电流，而通过应变片的电流受到温升的限制，大电流会使应变片过热，引起热输出 误差，因此必须限制通过应变片的最大工作电流。其值与敏感栅的几何形状、尺寸、截面形状、大小以及基底、粘结剂、被测试件及外界情况有关。短时间工作可适当大些，动态工作可高于静态工作，箔式大于丝式，外部有保护罩或试件为导热性能差的材料可适当减小。

使用应变片时，要根据测试对象、测量精度、环境条件和应变片的特性参数，进行正确的选用、安装，才能得到预期的效果。

二、应变片的测量电路

应变片用来感受弹性元件的变形并转换为电阻的变化，由于应变量及其电阻的变化一般都很微小，既难以直接精确测量，又不便直接处理，因此必须采用转换电路，把电阻的变化转换成电压或电流的变化，具有这种转换功能的电路称为测量电路。电阻的变化可用电桥电路进行测量，电阻应变片的测量电路多采用交流电桥(配交流放大器)，其原理和直流电桥相似。

直流电桥原理如图 3-4 所示。图中电阻 R_1、R_2、R_3、R_4 称桥臂电阻，在电桥的一组对角线上接直流电源 U_I，供给电路工作时所需电能。另一组对角线是输出端，根据需要可接检流计，毫伏计或放大器。

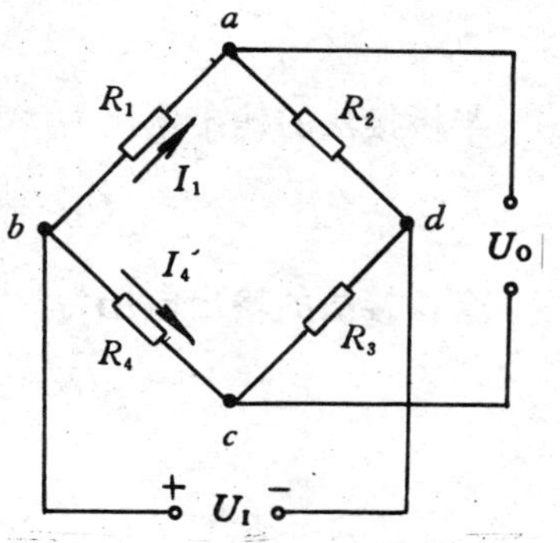

图 3-4　直流电桥

输出端开路时电桥的输出电压为 a 点和 c 点的电位差，即

$$U_O = U_a - U_c$$

因为通过 R_1 和 R_4 的电流 I_1 和 I_4 在 R_1 和 R_4 上产生的压降分别为

$$U_a = I_1R_1 = \frac{R_1}{R_1 + R_2}U_I$$

$$U_c = I_4R_4 = \frac{R_4}{R_3 + R_4}U_I$$

所以

$$U_O = \frac{R_1R_3 - R_2R_4}{(R_1 + R_2)(R_3 + R_4)}U_I \tag{3-8}$$

当电桥输出电压 $U_O = 0$ 时，电桥平衡，则

$$R_1R_3 = R_2R_4 \tag{3-9}$$

即电桥平衡时相对桥臂电阻的乘积相等，此时 a、c 两点电位相等，电桥输出电压为零。

当桥臂电阻发生变化时，电桥失去平衡，电桥输出电压 U_O 可按式(3-8)计算。

应变片感受弹性元件的变形并转换为电阻的变化，而电阻的变化可以通过电桥转换成输出电压的变化。应变片在电桥中的连接有 3 种基本线路，如图 3-5 所示。其中图(a)桥路中一个桥臂为随试件变形的应变片，称为工作应变片，这种接法称为单臂接法。图(b)中两个桥臂为工作应变片，称为半桥接法。图(c)为 4 个桥臂均为工作应变片，称为全桥接法。

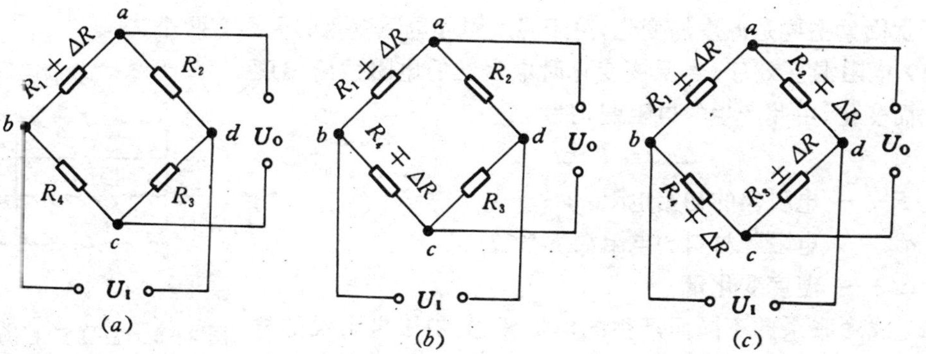

图 3-5　应变片在电桥中的联接方式

(a) 单臂接法　(b) 半桥接法　(c) 全桥接法

实际应用中大多采用等臂电桥，即 $R_1 = R_2 = R_3 = R_4 = R$。设 ΔR 为工作应变片感受应变后产生的电阻增量，一般 $\Delta R \ll R$，且 $\Delta R = SR\varepsilon$，因此据式(3-8)有

单臂接法的输出电压为

$$U_O = \frac{1}{4}U_I\frac{\Delta R}{R} = \frac{1}{4}U_I S\varepsilon \tag{3-10}$$

半桥接法的输出电压为

$$U_O = \frac{1}{4}U_I\left(\frac{\Delta R_1}{R} - \frac{\Delta R_4}{R}\right) = \frac{1}{4}U_I S(\varepsilon_1 - \varepsilon_4) \tag{3-11}$$

全桥接法的输出电压为

$$\begin{aligned} U_O &= \frac{1}{4}U_I\left(\frac{\Delta R_1}{R} - \frac{\Delta R_2}{R} + \frac{\Delta R_3}{R} - \frac{\Delta R_4}{R}\right) \\ &= \frac{1}{4}U_I S(\varepsilon_1 - \varepsilon_2 + \varepsilon_3 - \varepsilon_4) \end{aligned} \tag{3-12}$$

以上公式表明：

(1) 当 $\Delta R \ll R$ 时，输出电压与应变呈线性关系；

(2) 若相邻桥臂的应变极性相同(即同为拉应变或同为压应变)时，电桥的输出电压与两应变之差有关；若相邻桥臂的应变极性相反时，输出电压与两应变之和有关；

(3) 相对桥臂的应变与输出电压的关系和相邻桥臂正好相反，即相对桥臂应变极性相同，输出电压与两应变之和有关；相对桥臂的应变极性相反时，输出电压与两应变之差有关。

这就是电桥的和差特性。在实际测量中，常利用上述特点提高测量的灵敏度和进行温度补偿。例如采用半桥或全桥接法，使用两个或 4 个应变片，有选择地安排在受拉区或受压区，以便增大电桥的输出电压，提高测量灵敏度；同时由于应变片处在同一温度场中，也可起到温度补偿的作用。

三、温度误差及其补偿

(一) 温度误差

用作测量应变的金属应变片，希望其电阻值仅随应变变化，而通常应变引起的电阻变化很小，因此必须排除其它干扰因素的影响，才能准确地利用电阻的变化测量试件的应变。

干扰因素主要是温度的变化，由于温度引起电阻变化的原因有两个：

(1) 电阻温度效应。当温度变化时电阻丝的电阻值随温度的变化而变化。由此产生的电阻变化为

$$\Delta R_a = R\alpha\Delta t$$

式中 R —— 电阻丝的初始电阻；

α —— 电阻丝材料的电阻温度系数；

Δt —— 温度变化量。

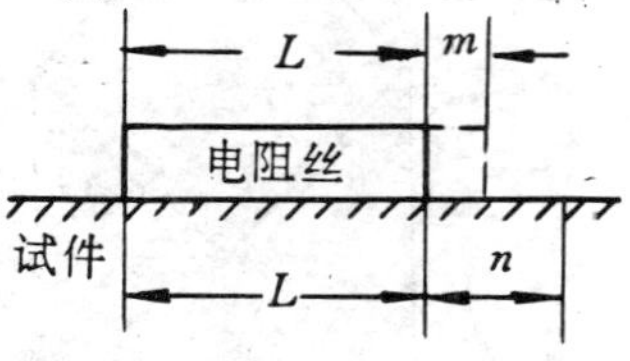

图 3-6　温度变化引起的伸长

(2) 线膨胀系数不同而产生的电阻变化。由于电阻丝的材料与被测试件材料的线膨胀系数不同，当温度变化 Δt 时，电阻丝的长度由 L 变到 $(L+m)$，而试件由 L 变到 $(L+n)$，见图 3-6。由此产生的电阻变化为

$$\Delta R_\beta = RS(\beta_1 - \beta_2)\Delta t$$

式中 β_1 —— 试件材料的线膨胀系数；

β_2 —— 电阻丝材料的线膨胀系数；

S —— 应变片的灵敏度。

所以温度变化 Δt 以后，电阻丝总的电阻变化为

$$\Delta R_t = \Delta R_\alpha + \Delta R_\beta = R[\alpha + S(\beta_1 - \beta_2)]\Delta t \tag{3-13}$$

由上式可知，由温度变化产生的附加电阻 ΔR_t，除与 Δt 有关外，还与应变片本身的性能参数 R、α、β_2 以及被测试件的线膨胀系数 β_1 有关。为了消除温度的影响，提高测量精度，必须进行温度补偿。

（二）温度补偿

1. 桥路补偿法

（1）补偿片法。根据电桥的和差特性，电桥中若 R_1 是粘贴在试件上的工作应变片，R_2 作为补偿片，粘贴在与试件材料相同、温度相同但不受力的补偿块上，补偿片和工作应变片具有相同的灵敏系数和阻值，在电桥中接成邻臂。当试件不承受应变只有温度变化时，由于两个应变片处于同一温度场中，产生的电阻增量大小相等、符号相同，由式(3-10)可知，电桥输出电压 $U_O = 0$。当试件承受应变时，因为只有工作应变片感受应变，所以电桥的输出电压只与被测试件的应变有关，而与温度无关，从而达到温度补偿的目的。

（2）热敏电阻法。由于应变片的灵敏系数随温度的升高而减小，因此在桥路中接入热敏电阻 R_t，并与应变片处于相同温度下，如图 3-7 所示。当温度升高时 R_t 的阻值减小，供桥电压随着温度的升高而增加，从而使电桥的输出电压增加。适当选择分流电阻 R_0 值，可以使供桥电压随着温度增加的速率与应变片灵敏系数下降的速率相同，达到温度补偿目的。

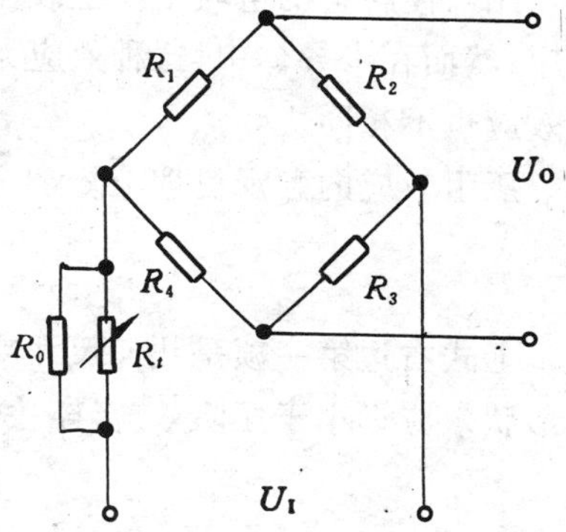

图 3-7　热敏电阻补偿法

2. 自补偿法

由式(3-13)知，要消除温度的影响，必须使 $\alpha + S(\beta_1 - \beta_2) = 0$，即使温度变化产生的电阻增量 ΔR_t 为零，满足这个条件的应变片称为自补偿应变片。

（1）选择式自补偿应变片。当电阻丝的电阻温度系数 $\alpha = S(\beta_2 - \beta_1)$ 时，就可达到温度补偿的目的。对一定的试件材料，线膨胀系数 β_1 为常数，只要适当选择敏感栅的材料，使二者配合适当，就可满足上述要求，使温度产生的电阻增量为零或限定在规定的范围内，实现温度自动补偿目的。

（2）组合式自补偿应变片。它的敏感栅是利用两种电阻温度系数极性相反的电阻丝 A 和 B 串联而成，如图 3-8 所示。适当调整二者之间的长度比，就可使温度变化产生的电阻增量大小相等、符号相反，实现温度自补偿。

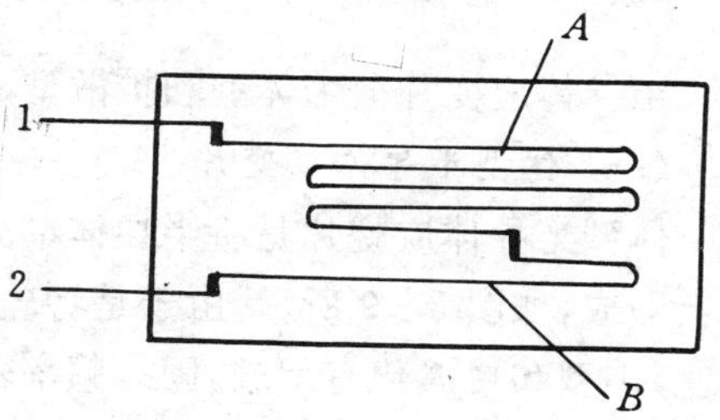

图 3-8　组合式自补偿应变片

采用桥路补偿，方法简便，能在较大的温度范围内进行有效的补偿。自补偿应变片使用方便，但只能在规定的试件上使用，试件材料改变时，必须另行制作。

§3-2 半导体应变片

金属应变片的性能稳定，精度较高，至今还在不断的改进和发展，并在一些高精度应变式传感器中得到了广泛的应用，但这类应变片的主要缺点是应变灵敏系数较小。为了改善这一不足，在 50 年代末出现了半导体应变片，半导体应变片的敏感元件是半导体材料，它是利用压阻效应原理工作的。

一、压阻效应

对半导体材料施加应力时，除了产生形变外，材料的电阻率也要发生变化，这种由于应力的作用而使材料的电阻率发生改变的现象称为压阻效应。所有材料在某种程度上都呈现压阻效应，然而在半导体中，这种效应尤为显著，而且，不同类型的半导体，应力施加的方向不同，压阻效应也不相同。

压阻效应的微观机理较复杂，这里不做讨论。但就宏观而言，它仍可用式(3-5)来描述：

$$\frac{\Delta R}{R}=(1+2\mu)\varepsilon+\frac{\Delta\rho}{\rho}$$

上式右边第一项是几何尺寸变化对电阻的影响，第二项为压阻效应的影响，半导体应变片的形状效应远小于压阻效应。略去第一项得

$$\frac{\Delta R}{R}\approx\pi_L E\varepsilon \tag{3-14}$$

所以半导体应变片的灵敏度为

$$S=\pi_L E \tag{3-15}$$

可见，半导体应变片的灵敏度 S 主要取决于半导体材料压阻系数 π_L 的大小，而压阻系数 π_L 又受半导体类型、半导体掺入杂质的浓度、半导体受力方向、大小及半导体材料的电阻率等诸多因素的影响，其数值比金属应变片大几十倍至上百倍。

用于制造半导体电阻应变片的半导体材料有硅、锗、锑化铟、磷化铟、磷化镓等，其中最常用的是硅和锗。

二、半导体应变片的结构特点

半导体应变片分为体型和扩散型两大类。

(一) 体型半导体应变片

体型半导体应变片是将半导体单晶硅或锗加工成条状，在两端焊上引线后粘贴在胶膜基底上即成，如图 3-9 所示。由于是将硅条粘贴在弹性元件或试件上，所以存在着较大的滞后和蠕变，小型和集成化有困难，固有频率较低，传递应变不理想。

(二) 扩散型半导体应变片

扩散型半导体应变片是在电阻率很大的单晶硅支持片上，定域扩散一层P型或N型杂质，形成极薄的导电层，焊上电极即成。它克服了体型半导体应变片的缺点，其特点是频率响应高，易于微型化和批量生产，机械滞后和蠕变小，所以精度高，但制造工艺复杂，成本高。若用硅支持片作弹性元件，在它上面直接扩散P型或N型半导体组成电桥，制成的整体式压力传感器如

图 3-10 所示。

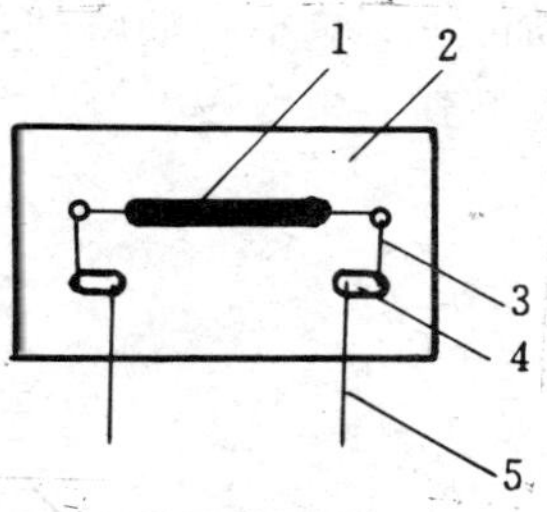

图 3-9 体型半导体应变片

1— 单晶硅条 2— 基底 3— 内引线

4— 焊接电极 5— 引线

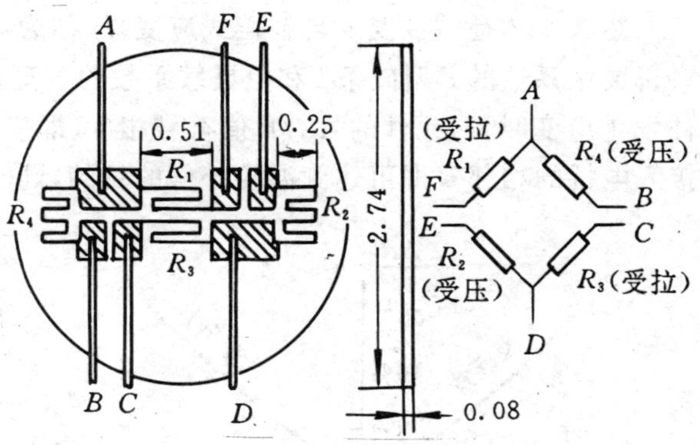

图 3-10 微型应变式压力传感器

体型半导体应变片和金属应变片几项特性比较见表 3-2。

表 3-2 体型半导体应变片和金属应变片几项特性比较

敏感栅材料	灵敏系数	弹性模量 /MPa	电阻温度系数 $/(℃)^{-1}$	线膨胀系数 $/(℃)^{-1}$	粘贴在钢上的热应变 ε 输出 $/(℃)^{-1}$	灵敏系数的温度 $/(℃)^{-1}$	线性度 1% 的应变 ε 范围
P 型硅	100 ~ 170	1.89×10^6	$(700\sim7\,000)\times10^{-6}$	3.2×10^{-6}	$(15\sim50)\times10^{-6}$	$(-1.4\sim-4.0)\times10^{-3}$	$\pm300\times10^{-6}$
N 型硅	−100 ~ −140	1.26×10^6	$(700\sim7\,000)\times10^{-6}$	3.2×10^{-6}	$(15\sim50)\times10^{-6}$	$(-1.1\sim-4.5)\times10^{-3}$	$\pm110\times10^{-6}$
镍铬合金 $Ni_{80}Cr_{20}$	2.1 ~ 2.3	1.41×10^6	$(110\sim130)\times10^{-6}$	14×10^{-6}	$(20\sim50)\times10^{-6}$	100℃ 以下 S 不变	$\pm10\,000\times10^{-6}$
康铜	~ 2.0	1.68×10^6	$\pm20\times10^{-6}$	15×10^{-6}	$(-10\sim+10)\times10^{-6}$	100℃ 以下 S 不变	$\pm10\,000\times10^{-6}$

半导体应变片的突出优点是灵敏度高，可测微小应变。同时，由于它体积小，结构简单，机械滞后小，耗电少，因而在航空、航天和自动控制方面受到普遍重视。其不足之处是：电阻温度系数大，对环境温度的变化敏感；测量大应变时灵敏度的非线性严重。硅应变片的电阻变化与应变关系如图 3-11 所示。

因此，在使用半导体应变片时，必须进行温度补偿和非线性补偿，为此研制成了相应的补偿型半导体应变片。

（三）补偿型半导体应变片

1. 温度自补偿式半导体应变片

图 3－12 是一种温度自补偿式应变片，称为双元件半桥温度补偿式半导体应变片。它由具有正灵敏系数的P型硅条1和负灵敏系数的N型硅条2并列布置在一个基底上构成。当被测试件发生应变时，两元件的$\Delta R/R$值符号相反（即一个电阻增加，一个减小），如将硅条1和2分别接入电桥的相邻臂即可达到温度补偿的目的，同时非线性也得到一定改善。

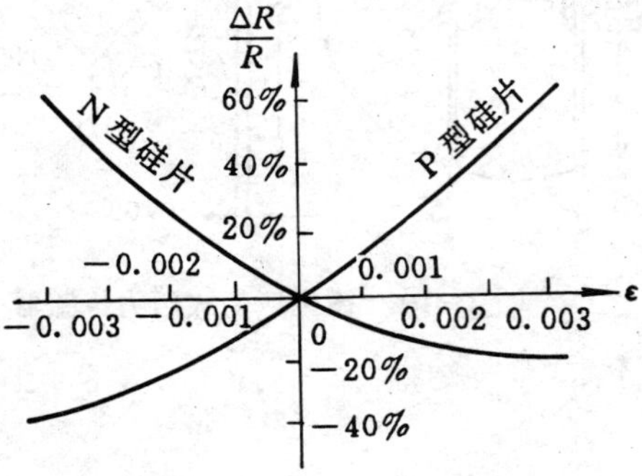

图 3－11　硅应变片的电阻变化与应变关系

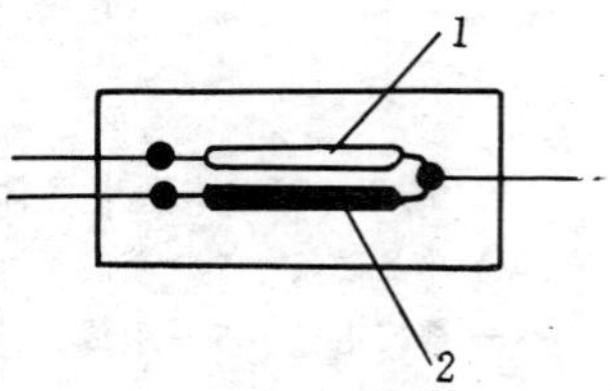

图 3－12　双元件半桥温度补偿半导体应变片

2. 灵敏系数补偿式应变片

测量线路用恒流源供电，设流过应变片的电流为 I，应变片的电阻为 R，受力后电阻增加 ΔR，则输出电压

$$U_O = I\Delta R = IRS\varepsilon$$

式中 $R = R_0(1+\alpha_t\Delta t)$，$S = S_0(1+S_t\Delta t)$，$\alpha_t$ 和 S_t 分别是应变片的电阻温度系数和灵敏度的温度系数，R_0 和 S_0 分别是标定温度下应变片的阻值和灵敏度系数，由此可得

$$U_O = IR_0S_0\varepsilon(1+\alpha_t\Delta t+S_t\Delta t+\alpha_t\cdot S_t\cdot\Delta t^2) \tag{3-16}$$

因 $\alpha_t>0$，$S_t<0$，适当选择 α_t 和 S_t 的数值可使括号中数值接近于常数，据此即制成灵敏系数补偿型应变片。

§3－3　电阻应变式传感器及其应用

电阻应变片除了可直接粘贴在试件上用来测量试件的应变以外，还可制成应变式传感器来测量力、扭矩、位移、压力和加速度等。

应变式传感器的基本组成部分是弹性元件和应变片。弹性元件的作用是将被测力、扭矩等转换成应变，再通过应变片变成电阻的变化。为了增大电桥的灵敏度，根据公式 $U_O = U_IS(\varepsilon_1-\varepsilon_2+\varepsilon_3-\varepsilon_4)/4$，利用电桥的和差特性将应变片贴在弹性元件正、负应变区应变大的地方，接成半桥或全桥。

一、电阻应变式测力传感器

（一）电阻应变式测力传感器的结构

电阻应变式测力传感器是目前使用最广泛的一种测力传感器。它不仅灵敏度高，而且可用以测量力的瞬时值，另外，还可应用合理布置应变片的位置及接桥方式消除切削分力的相互干扰，从而使其结构简化。近年来，由于半导体应变片的出现，使灵敏度可以提高到150～200，这样测力传感器的刚度就可大大地提高。如果设计得当，其固有频率可达数千赫，而最大负荷时的变形只有零点几微米。

电阻应变式测力传感器视弹性元件结构形式的不同，可分为柱式、环式、梁式等数种，如图3-13所示。柱式弹性元件的特点是结构简单，承载能力大，最大可达 10^7 N；截面形状有方形、圆形和空心等，其中空心截面的弹性元件(筒式)抗偏心和侧向力的能力强。环式弹性元件刚度大，固有频率高，沿环周应力分布变化大，且有正有负，便于接成差动电桥，提高灵敏度，一般可用于测量 10^5 N 以上的大载荷。梁式弹性元件结构简单，加工容易，应变片粘贴方便，灵敏度高，故适用于测量小载荷($1 \sim 10^3$ N 左右)。

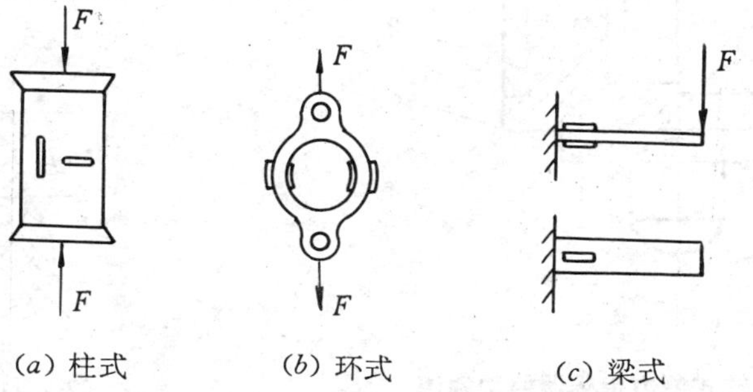

图 3-13　弹性元件结构形式

(a) 柱式　(b) 环式　(c) 梁式

1. 柱式力传感器

柱式力传感器分圆筒形和柱形两种，其结构是在圆筒或圆柱上按一定方式贴上应变片，如图3-13(*a*)。实心圆柱可以承受较大的载荷，但灵敏度较低，为了提高灵敏度，特别是在小集中应力测量时常采用空心圆筒。

测量时，在轴向布置一个或几个应变片，在圆周方向布置同样数目的应变片，两者感受的是极性相反的应变，从而构成了差动对。测量电路采用全桥接线，即可排除非轴向载荷的干扰。

柱式力传感器主要用来测量拉力和压力(荷重)。采用柱式结构的传感器其测量范围从几千牛顿到几兆牛顿，精度可达 ±(0.3%～0.5%)，其中高精度的拉压力传感器精度可达0.1%。图3-14为GYF-4F型空心柱式传感器结构图。被测力通过压头1直接作用在粘贴有电阻应变片的弹性体7上，使弹性元件产生形变，粘贴在其上的电阻应变片6阻值发生相应的变化，致使电桥失去平衡，电桥输出与被测力成正比的信号。

2. 环式力传感器

环式弹性元件的结构见图3-13(*b*)。环式弹性元件受力后产生弯曲变形，根据变形情况画出弯矩图(图3-15)。当弹性元件的材料和结构尺寸确定后，弯矩 M 和应变 ε 成正比，弯矩最大的地方应变最大。由弯矩图可知，在外力作用下环上各点的应力差别较大。在径向力 F_y 的作用下，A、B、C、D 处应变最大，与作用力 F_y 的夹角 φ 处(图3-15的 Q 点)的应变为零，该点称为应变节点。角度 φ 的大小和圆环厚度与平均半径之比 h/r 有关，当比值 $h/r = 0.4$ 时，φ 为45°。

如果将圆环的下端固定，在上部施加水平力 F_x，A 点不能转动只能平移，则应变节点处于 A、B、C、D 点，而 Q 点应变最大。因此测量径向力 F_y 和水平力 F_x 时，应变片的粘贴位置是不同的；另外，由于环的内外表面产生的应变极性相反，在连接电桥时必须注意。

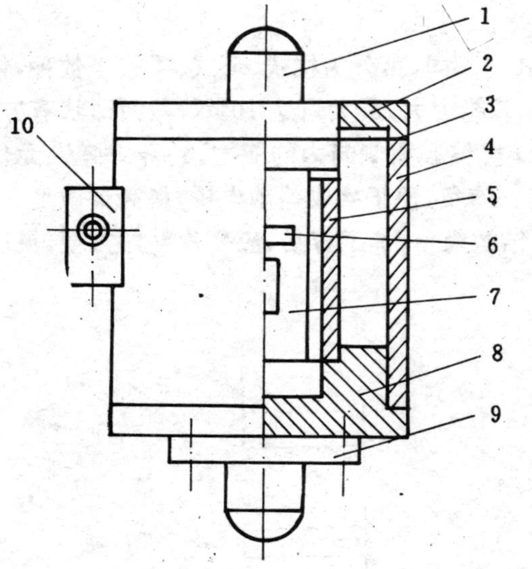

图 3-14 柱式测力传感器的结构图

1— 压头 2— 上盖 3— 膜片 4— 外套 5— 过载保护套

6— 电阻应变片 7— 弹性体 8— 底座 9— 下压头 10— 接线盒

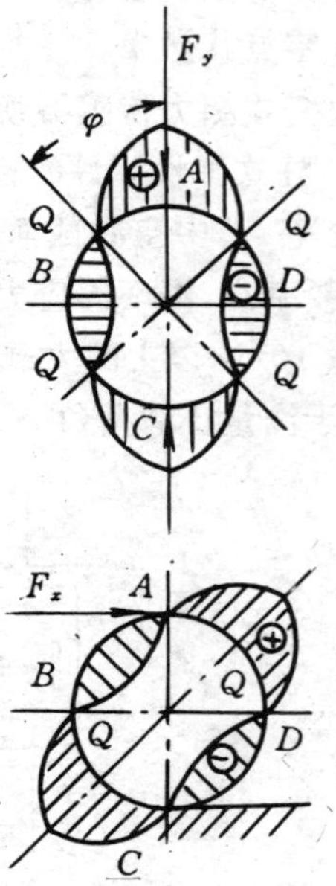

图 3-15 环的弯矩图

图 3-16 为环式测力传感器的结构图。这种结构的传感器精度高，稳定性好，可拉压两用，其载荷范围可由几百牛顿到零点几兆牛顿， 精度为 0.05%。但这种传感器使用时上下受力必须是线接触，如果是面接触，将产生非线性误差。

3. 梁式力传感器

梁式弹性元件的结构有两种，一种是等截面梁，一种是等强度梁，如图 3-17 所示。

等截面梁就是梁的横截面处处相等的悬臂梁，设梁的宽度为 b，长度为 l，厚度为 h。当载荷 F 作用在自由端时，梁产生弯曲变形，梁的固定端的应变最大，因此贴片应靠近固定端，贴片处的应变为

$$\varepsilon = \frac{6Fl_0}{bh^2E} \tag{3-17}$$

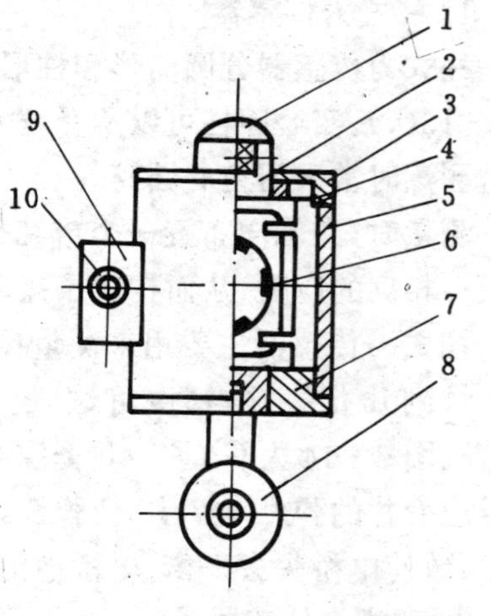

图 3-16 环式测力传感器结构图

1— 压头 2— 弹性体 3— 保护盖

4— 膜片 5— 外套 6— 电阻应变片

7— 底座 8— 拉环 9— 接线盒

10— 电缆

等强度梁是一种特殊形式的悬臂梁，其特点是截面沿梁长度方向按一定规律变化。设梁的固定端宽度为 b_0，自由端宽度为 b，长度为 l，厚度为 h，当载荷 F 作用在自由端时，距作用力任何距离的截面上应变相等，因此在长度方向上贴片的位置要求不严格，其应变值为

$$\varepsilon = \frac{6Fl}{b_0 h^2 E} \tag{3-18}$$

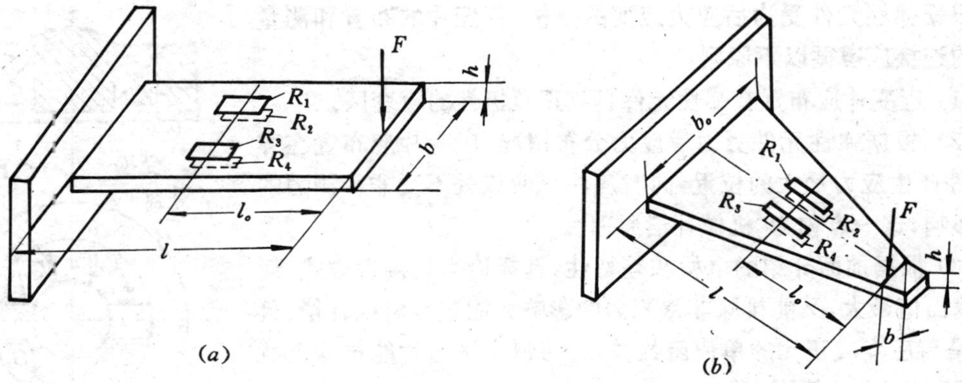

图 3-17　梁式弹性元件结构图

(a) 等截面梁　(b) 等强度梁

图 3-18 所示为 CYB-1 型梁式测力传感器的结构图。这种传感器具有结构简单，加工容易，应变片粘贴精度高，稳定性好等特点，并具有极强的过载保护能力，适用于测量 5×10^3 N 以下的载荷，最小可测零点几牛顿的力。

4. 剪切轮辐式力传感器

这种传感器的基本原理是将载荷传递到一个轮辐式的弹性元件上，通过测量轮辐上的剪应力来间接测量载荷。它的优点是精度高，滞后小，重复性好，线性好，抗偏心载荷和侧向力的能力强，结构紧凑，外形尺寸小，重量轻，输出灵敏度高，因此得到越来越广泛的应用。

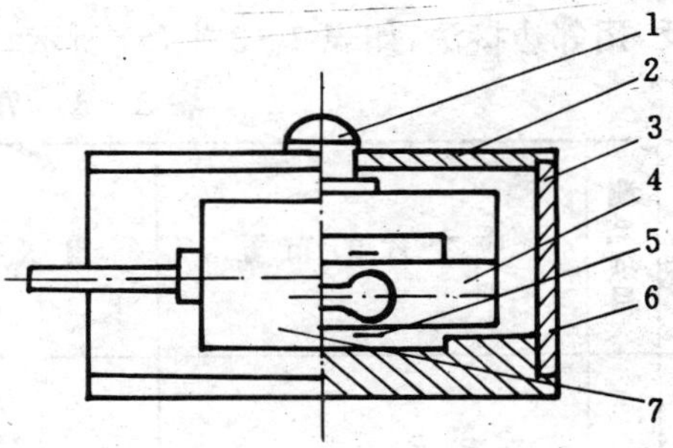

图 3-18　梁式测力传感器结构图

1—压头　2—上盖　3—外壳　4—弹性体

5—电阻应变片　6—底座　7—接线盒

如图 3-19 所示为剪切轮辐式传感器结构示意图。4 根轮辐上承受的剪力等于载荷 F 的 1/4，对于矩形截面的轮辐，剪应力 τ 呈抛物线形分布，在中性面上剪应力最大，其值为与中性面成 45° 方向的正应力 σ_{45°，即

$$\sigma_{45^\circ} = \tau_{\max} = \frac{3F}{8bh} \tag{3-19}$$

式中　b、h—— 轮辐截面的宽和高，一般 $h=(2.5\sim3)b$。

由受力情况可知，应变片应粘贴在各轮辐侧面中间与中性轴线成 45° 的方向上（在正负 45° 方向，受力性质不同，分别受拉、压应力）。为了消除偏心载荷对输出的影响，相对轮辐的两个受拉应变片串联组成一个桥臂，两个受压应变片串联组成相邻的另一个桥臂，从而提高了灵敏度。

（二）应变片的合理布置和桥路联接

电阻应变式测力传感器是利用应变片作为变换器来测量弹性元件的变形量从而确定载荷的大小的，因此应变片粘贴位置是否合理，接桥方式是否恰当等都是影响能否获得预期测量结果的关键。

根据弹性元件受力后应力应变的分析，应变片的布置和测量电桥的连接应遵循以下原则：

(1) 应变片应布置在弹性元件具有正负极性的应变区；

(2) 根据弹性元件受力后应力分布情况，应变片应布置在弹性 元件产生应力最大的位置，同时应注意使该处不受非待测力的干扰影响，这一点称为"机械补偿原理"。

(3) 根据前面介绍的电桥和差特性，选择恰当的接桥方式，使电桥输出值最大，又能排除非待测力的影响和能进行温度补偿，且输 出是与应变成正比的单值函数关系。习惯上把这种能排除干扰的作用称为"电补偿原理"。

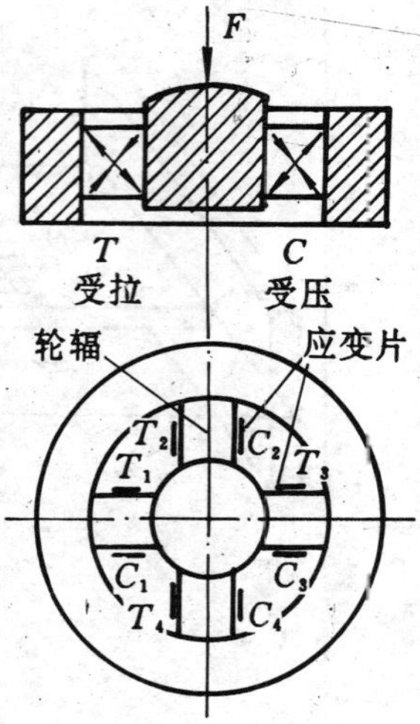

图 3-19 剪切轮辐式传感器结构示意图

表 3-3 给出了常用测量电桥的连接方式。

当构件只受拉伸或压缩力时，应变片的位置可以用表 3-3 中 (*a*) 所示的方法，也可采用单臂联接，即 R_1 为工作片，R_2 为补偿片（此时 R_1 与 R_2 为邻边接法）。

当构件受纯弯曲时，应变片的布置则要使两个应变片的极性相反，用邻边接法，如表 3-3 中(*b*) 所示，否则不能测到最大输出值。

表 3-3 常用测量电桥联接方式

受力情况	测试项目	应变片的布置	电桥简图	接桥方式	输出电压 U_O	桥臂系数	温度补偿
简单拉压	(*a*) 拉或压	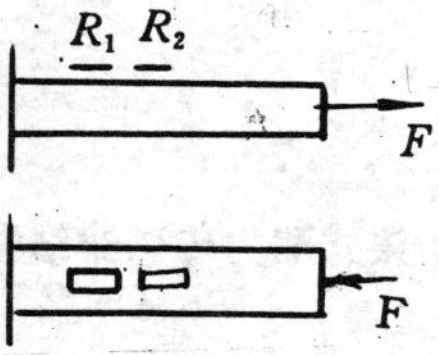	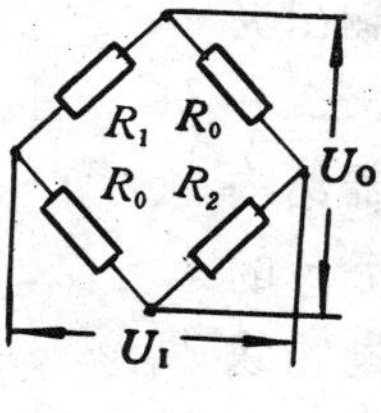	半桥联接	$\frac{2\Delta R}{4R}U_I$	2	不能
纯弯曲	(*b*) 弯曲	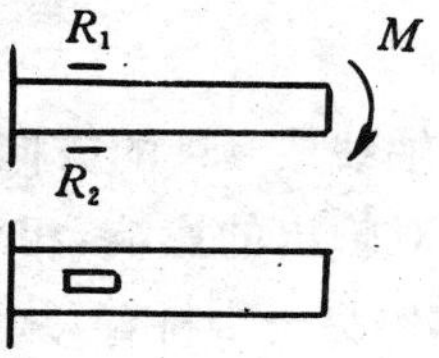	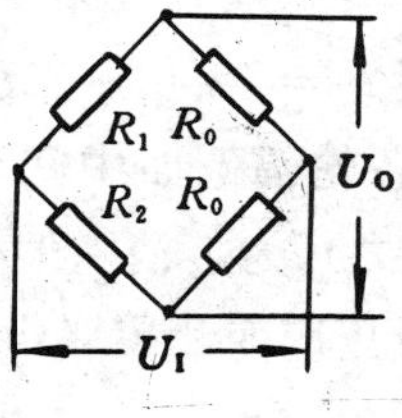	半桥联接	$\frac{2\Delta R}{4R}U_I$	2	能

续　表

受力情况	测试项目	应变片的布置	电桥简图	接桥方式	输出电压 U_o	桥臂系数	温度补偿
拉伸弯曲联合作用	(c) 测拉伸	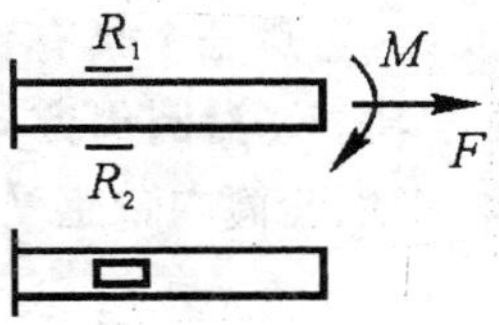	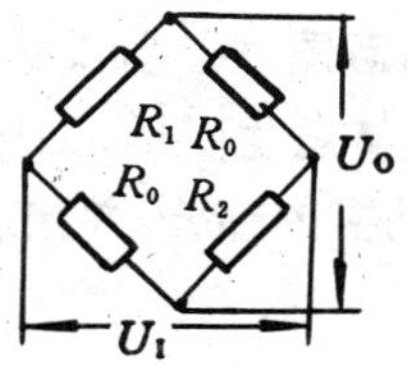	半桥联接	$\frac{2\Delta R}{4R}U_I$	2	不能
	(d) 测弯曲	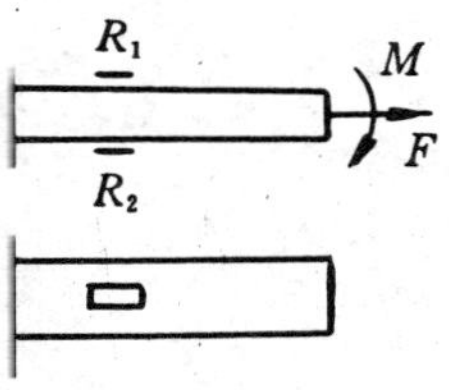	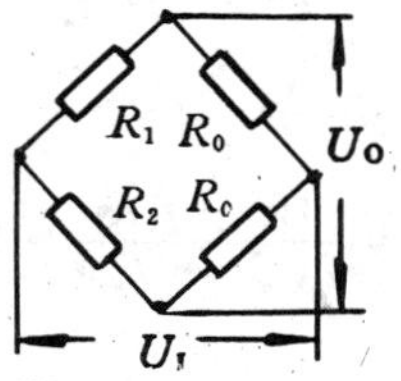	半桥联接	$\frac{2\Delta R}{4R}U_I$	2	能
扭矩弯曲联合作用	(e) 测扭矩	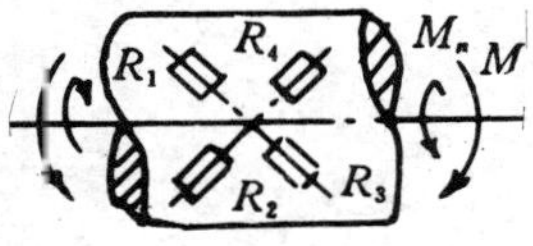		全桥联接	$\frac{4\Delta R}{4R}U_I$	4	能

当弹性元件同时作用着拉力和弯矩时，为了测出拉力，排除弯矩的干扰，应将上、下相对布置的两应变片接在电桥的相对两臂，如表 3 - 3 中(c) 所示。如果要测量弯矩时，则应变片在电桥中应接在电桥的相邻两臂上，如表 3 - 3 中(d) 所示，这样即可排除相互之间干扰的影响。

在测量扭矩时，应变片的排列如表 3 - 3 中(e) 所示。扭矩变形时主应力的方向在 45° 方向，所以 45° 方向上变形最大，应变片应倾斜粘贴，若同时存在着弯矩的作用，当 R_1、R_3 为拉伸变形时，R_2、R_4 为压缩变形，则 4 个桥臂的总输出使灵敏度增大 4 倍，而弯矩引起的变形影响在电桥中将相互抵消。

(三) 作用力之间干扰的消除及温度影响补偿

对于作用力之间干扰的消除常采用电补偿原理或机械补偿原理的办法。即用电桥输出的和差特性，选择合适的接桥方式，使电桥输出能自动消除非待测力的影响。或将两个应变片串联作为电桥的一臂，利用平均效应进行补偿。利用弹性元件变形的特点，将应变片布置在弹性元件受力后不变形的位置。例如梁受到弯曲变形时存在的中性面、圆环受力后的应变节点等处都可以布置应变片，只要选择恰当，都能起到消除作用力之间干扰的作用。

至于温度影响的补偿，也要按照电桥输出的和差特性，把应变片连接成相邻接法或全桥接法即可达到温度补偿的目的。

二、电阻应变式压力传感器

压力传感器主要用来测量气体和流体的压力，视其弹性元件的结构有筒式、膜片式、组合式等多种形式。

（一）筒式压力传感器

如图 3-20 所示，其中(*a*)为结构示意图，(*b*)为筒式弹性元件，它是一个具有盲孔的薄臂圆筒，当其内部受流体或气体压力时，筒体发生变形。工作应变片 R_1、R_3 沿圆周方向粘贴在空心筒壁上，补偿应变片 R_2、R_4 粘贴在盲孔实体部分，并接成全桥。当应变筒内臂感受压力 p 时，筒外臂的周向应变为

对厚壁筒

$$\varepsilon_t = \frac{(2-\mu)d^2}{(D^2-d^2)E} \cdot p \tag{3-20}$$

对薄壁筒($\frac{D-d}{D+d} < \frac{1}{40}$)

$$\varepsilon_t = \frac{(2-\mu)d}{2(D-d)E} \cdot p \tag{3-21}$$

式中 p —— 压力；

D、d —— 筒体的外径和内径；

E，μ —— 筒体材料的弹性模量和泊松比。

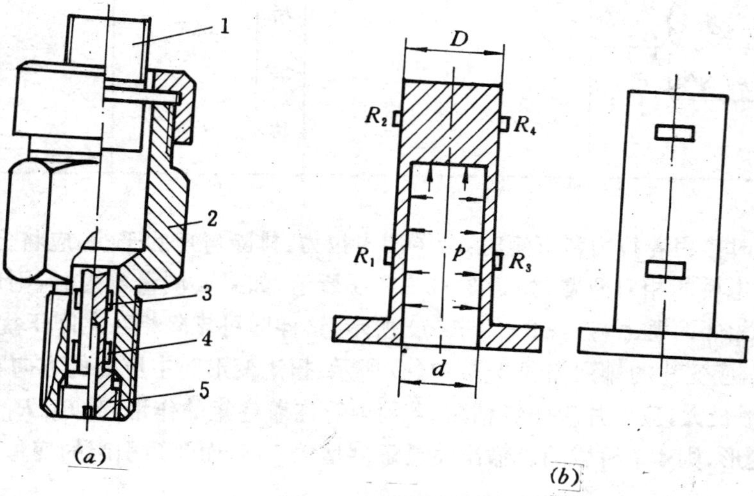

图 3-20 筒式压力传感器

(*a*) 结构示意图 (*b*) 筒式弹性元件

1—插座 2—基体 3—补偿应变片 4—工作应变片 5—应变筒

这种压力传感器结构简单，制造方便，常用于较大压力测量。BPR-10 型压力传感器采用这种结构，可测量(98～490) MPa 的压力，非线性、滞后误差都很小，输出灵敏度高。

（二）膜片式压力传感器

膜片式压力传感器结构示意图和膜片上的应力分布如图 3-21 所示。当膜片承受气体或流体压力 p 而变形时，膜片上各点的径向应变 ε_r 和切向应变 ε_t 分别为

$$\varepsilon_r = \frac{3p}{8h^2E}(1-\mu^2)(r^2-3x^2) \tag{3-22}$$

$$\varepsilon_t = \frac{3p}{8h^2E}(1-\mu^2)(r^2-x^2) \tag{3-23}$$

式中　r、h —— 膜片的半径和厚度；

μ、E —— 膜片材料的泊松比和弹性模量；

x —— 膜片中心到应变片测点的距离。

从以上公式可以看出：

(1) $x=0$ 时，在膜片中心位置处的应变为

$$\varepsilon_{r\max} = \varepsilon_{t\max} = \frac{3p}{8h^2E}(1-\mu^2)r^2$$

(2) $x=r$ 时，在膜片边缘处的应变为

$$\varepsilon_t = 0$$

$\varepsilon_{r\min} = -\dfrac{3p}{4h^2E}(1-\mu^2)r^2$，即边缘处的径向应变比中心处大1倍。

(3) $x = r/\sqrt{3} = 0.58r$ 时，$\varepsilon_r = 0$。

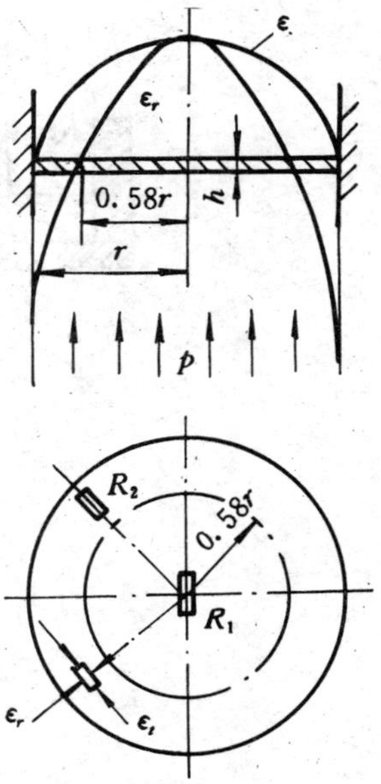

图 3-21　膜片式压力传感器

由应力分布规律可找到贴片方法：由于切应变均为正，且中间最大；径向应变沿半径分布，有正有负，在中心处与切应变相等，而在边缘处最大，为中心处的两倍；在 $x=r/\sqrt{3}$ 处 ε_r 为零，因此贴片时应避开 $\varepsilon_r=0$ 处。一般可在中心处沿切向贴一片，在边缘处沿径向贴一片，组成半桥接法；也可用 4 个应变片组成全桥以提高灵敏度并进行温度补偿，由电桥的输出可以反映压力的大小。现在已有专门用于膜片式传感器的箔式应变花(图 3-3(c))，它周边的辐射状敏感栅感受很大的负应变 ε_r，中间圆弧状敏感栅反映较大的正应变 ε_t，两者组成半桥或全桥。

应当指出，这种膜片式弹性元件的非线性有时比较严重，即应变值与压力不完全成比例。研究发现，当载荷因数 W 满足下式

$$W = \frac{p}{E}\left(\frac{r}{h}\right)^4 \leqslant 3.5 \tag{3-24}$$

时，非线性小于 3%，即选择 r/h 应满足下式

$$\frac{r}{h} \leqslant \left(\frac{r}{h}\right)_{W=3.5} = \sqrt[4]{3.5\frac{E}{p}} \tag{3-25}$$

(三) 组合式压力传感器

为了避免有害介质对应变片的影响，应变片可以不直接粘贴在压力感受元件上，而是由传力元件将感压元件的位移传递到贴有应变片的其他弹性元件(如悬臂梁或简支梁)上，构成组合式压力传感器。压力感受元件有膜片、波纹管、波纹膜片、弹簧管等；也可以用薄臂圆筒代替传力元件和悬臂梁以提高刚度。　如 BPR-2 和 BPR-3 型压力传感器采用膜片— 圆筒式结构。各种组合式压力传感器构造示意见图 3-22。

三、其他应变式传感器

利用应变片除可构成上述主要应变式传感器外，还可构成其他应变式传感器，如应变式位

移传感器、应变式加速度传感器、应变式扭矩传感器等。应变式传感器结构设计的关键是弹性元件型式的选择与计算以及应变片的合理布片与接桥。

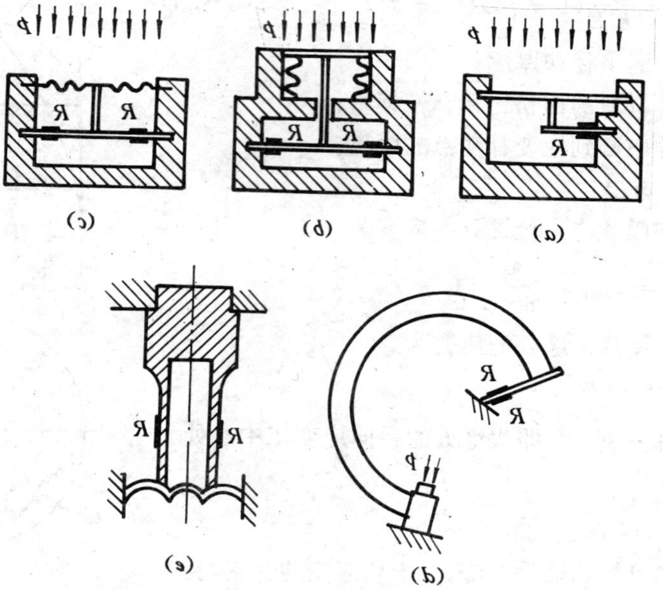

图 3-22　各种组合式压力传感器构造示意图

(*a*) 膜片　(*b*) 波纹管　(*c*) 波纹膜片　(*d*) 弹簧管　(*e*) 膜片 — 圆筒式

通过对以上应变片工作原理及典型传感器的了解，可以举一反三，进一步扩大其应用和发展新的结构形式。各种应变片的性能比较如表 3-4 所示，选用时可供参考。

表 3-4　各种应变片性能比较

种类 项目	纸基应变片(丝式)	聚酯应变片(丝式)	缩醛应变片(丝式)	箔式应变片	半导体应变片
应变片电阻常年变化	×	○	☆	☆	○
灵敏系数均匀性	○	○	○	☆	×
耐热性	×	○	☆	○	○
耐湿性	×	○	☆	○	○
保存期限	×	○	☆	☆	☆
粘贴难易程度	☆	○	○	○	×
允许电流	○	○	○	☆	○
横向灵敏度	○	○	○	☆	☆
应变测量范围	☆	×	○	☆	×
特殊形式制造可能性	×	×	×	☆	☆
耐久性	×	○	☆	☆	☆

续　表

种　类 / 项　目	纸基应变片（丝式）	聚酯应变片（丝式）	缩醛应变片（丝式）	箔式应变片	半导体应变片
高阻值制造可能性	×	×	×	○	☆
大的灵敏系数	×	×	×	×	☆
温度对灵敏度的影响	○	○	○	○	×
蠕变	○	○	○	☆	☆
应变片的刚性	☆	○	○	☆	×
小型化程度	×	×	×	☆	☆
价　格	☆	○	○	○	×

☆—好　○—较好　×—差

习　题　三

1. 设一弹性梁上贴有两个工作应变片 R_A 和 R_B，两应变片的应变值相等。若两应变片同时受拉(压)，当采用半桥接法时，R_A 和 R_B 应如何安排才能使输出电压为单臂接法时的两倍？若两个应变片一个受拉、一个受压，电桥应如何连接？画出电路图。

2. 应变式传感器为什么大都采用交流不平衡电桥作为测量电路？该电桥何以又都采用半桥和全桥两种形式？

3. 圆柱形弹性元件，在拉弯联合作用下，应变片应如何布片和接桥才能测定拉力 F 和弯矩 M，并消除弯矩和拉力相互之间的影响。

4. 有人在使用电阻应变仪时发现灵敏度不够，于是试图在工作电桥上增加电阻应变片数目以提高灵敏度。试问，在电桥双臂各串联一个应变片的情况下，是否可以提高灵敏度？为什么？

5. 有两个电阻应变片，想用它做一个测力传感器，请设计一简图，并说明其道理。

6. 金属电阻应变片与半导体应变片的工作原理有何区别？各有何优缺点？

第四章　电感式传感器

电感式传感器是利用电磁感应原理，通过线圈自感和互感的变化，实现非电量电测来进行工作的，它常用来测量位移、振动、压力、应变、流量、比重等物理参数。由于它具有结构简单、工作可靠、寿命长、适用范围广等特点，因此得到广泛的应用。当然，电感式传感器也有不足之处，如存在交流零位信号，不宜于高频动态测量等。

电感式传感器按工作原理可分为自感式、互感式和电涡流式三种。

§4－1　自感式电感传感器

一、工作原理

自感式电感传感器是一种改变自感系数（即电感）的传感器，它由线圈1、铁芯2和衔铁3组成，结构原理如图4－1所示。铁芯与衔铁之间留有空气间隙δ，衔铁与运动部分相连。当衔铁移动时，由于间隙δ的变化使磁路的磁阻发生变化，从而引起线圈电感量L的变化。当传感器与测量电路连接后，可将电感量的变化转换成电压、电流或频率的变化，实现由非电量到电量的转换。可见，这种传感器实质上是一个具有可变气隙的铁芯线圈。目前常用的自感式电感传感器有变气隙式、变面积式与螺管式三种，下面分别介绍。

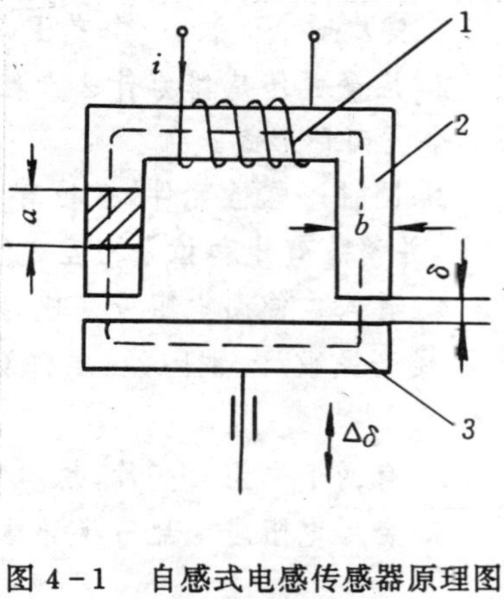

图4－1　自感式电感传感器原理图

1—线圈　2—铁芯　3—衔铁

（一）变气隙式自感传感器

变气隙式自感传感器的结构原理如图4－1所示。根据电磁感应原理，线圈的电感量为

$$L=\frac{W^2}{R_m} \qquad (4-1)$$

式中　W —— 线圈匝数；

R_m —— 磁路的总磁阻。

如果气隙δ较小，而且不考虑磁路的铁损时，总磁阻R_m由铁芯、衔铁的磁阻R_F和空气隙的磁阻R_δ组成，即

$$R_m=R_F+R_\delta=\frac{L_F}{\mu_F A_F}+\frac{2\delta}{\mu_0 A}$$

式中　L_F、A_F、μ_F —— 铁芯和衔铁的磁路长度、横截面积和导磁率；

δ、A、μ_0 —— 空气隙的厚度、横截面积和导磁率。

由于铁芯和衔铁通常是用导磁性能很好的纯铁或硅铁合金制成，而且一般工作在非饱和状态下，故$\mu_F \gg \mu_0$，略去R_F，则

$$R_m \approx \frac{2\delta}{\mu_0 A}$$

代入式(4-1)得

$$L = \frac{W^2}{R_m} = \frac{W^2 \mu_0 A}{2\delta} \tag{4-2}$$

由此可知，电感 L 仅与线圈和磁路的参数有关。当线圈匝数 W 确定后，电感 L 是气隙截面积 A 和气隙厚度 δ 的函数，若保持 A 不变，则电感 L 是 δ 的单值函数，这就是变气隙式自感传感器的工作原理。

对式(4-2)进行微分，可得变气隙式自感传感器的灵敏度，即

$$S = \frac{dL}{d\delta} = -\frac{W^2 \mu_0 A}{2\delta^2} \tag{4-3}$$

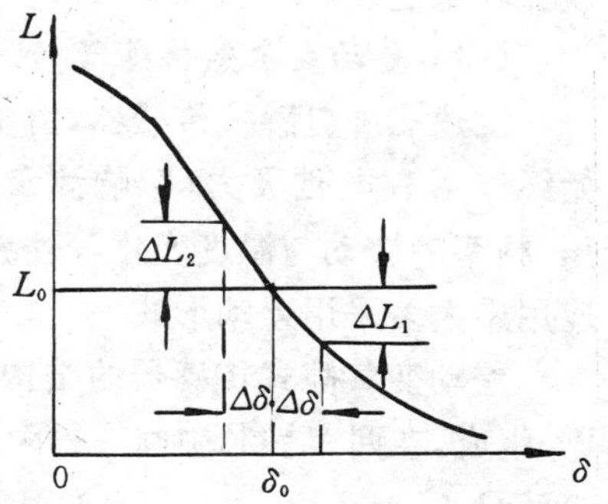

图 4-2　变气隙厚度自感传感器特性

可见，变气隙式自感传感器的输出特性是非线性的，如图4-2所示，式中负号表示灵敏度随着气隙的增大而减小。为了提高传感器的灵敏度，气隙的初始值 δ_0 不宜过大，否则工作区处于特性曲线的平直部分，气隙变化 $\Delta\delta$ 引起电感的变化 ΔL 很小，使灵敏度降低；但受工艺和结构的限制，δ_0 也不能过小，否则装配调整困难，对振动冲击等敏感，使稳定性降低。一般取 $\delta_0 = 0.1 \sim 0.5$ mm。由图4-2可见，当 δ_0 增加 $\Delta\delta$ 时，电感量减小 ΔL_1；而当 δ_0 减小 $\Delta\delta$ 时，电感量增大 ΔL_2。$\Delta\delta$ 的数值虽然相同，但电感量的变化值却不相等。$\Delta\delta$ 愈大，ΔL_1 与 ΔL_2 在数值上相差愈大，说明非线性愈大。因此，为了获得较好的线性关系，必须限制测量范围，使衔铁的位移在较小的范围内变化，因此工作范围较小，一般取 $\Delta\delta = (0.1 \sim 0.2)\delta_0$。这样，传感器的工作特性曲线是整个特性曲线中的很小一段，可以近似看作一条直线。

（二）变面积式自感传感器

若将图4-1所示传感器的气隙厚度 δ 保持不变，使气隙导磁截面积 A 随被测非电量而变，即构成变面积式自感传感器，其结构原理见图4-3。

将式(4-2)对 A 求微分可得其灵敏度为

$$S = \frac{dL}{dA} = \frac{W^2 \mu_0}{2\delta} = 常数 \tag{4-4}$$

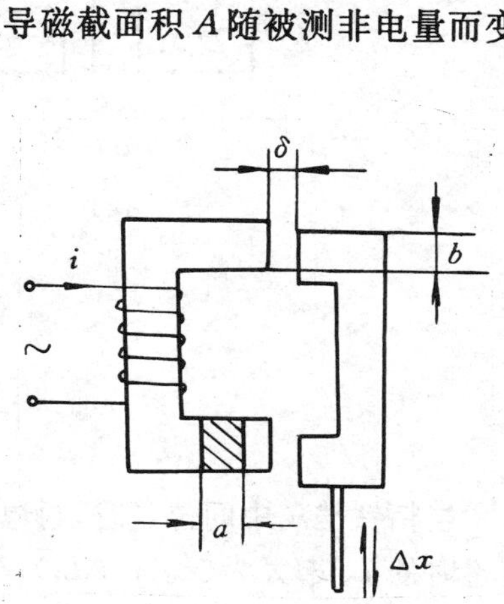

图 4-3　变面积式自感传感器原理图

可见，变面积式自感传感器输出特性呈线性，因此测量范围大。与变气隙式相比较，其灵敏度较低。欲提高灵敏度，初始气隙厚度 δ_0 不能过大，但同样受工艺和结构的限制，δ_0 的选取与变气隙式相同。

（三）螺管式自感传感器

螺管式自感传感器结构原理如图4-4所示，它由螺管线圈、衔铁等组成。随着衔铁插入深度的不同将引起线圈电感量发生变化。

螺管式自感传感器与前两种传感器相比，有以下

特点：

(1) 结构简单，制造装配容易；

(2) 由于空气隙大，磁路磁阻大，故灵敏度较前两种低，但线性范围大；

(3) 由于磁路大部分为空气，易受外部磁场干扰；

(4) 由于磁阻高，为了达到某一电感量，需要的线圈匝数多，因而线圈分布电容大；

(5) 要求线圈框架尺寸和形状必须稳定，否则影响其线性和稳定性。

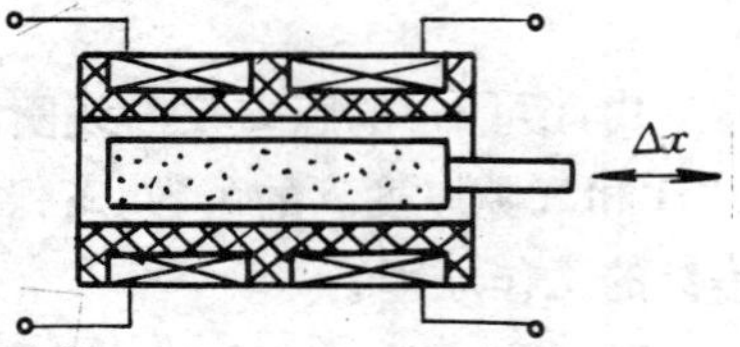

图 4-4 螺管线圈式自感传感器原理图

(四) *差动式自感传感器*

上述三种自感式传感器，由于线圈电流的存在，衔铁上始终作用有电磁吸力，影响测量准确度；而且易受电源电压、频率的波动与温度变化等外界干扰的影响，因此不适合精密测量。为了克服上述缺点，实际应用中大多采用差动形式。

差动变气隙式传感器的结构原理如图 4-5(a) 所示。它由两个完全相同的电感线圈 W_1 和 W_2 组成，在两个铁芯中间有一个公用衔铁。衔铁处在中间位置时，$\delta_1 = \delta_2 = \delta_0$，两边气隙相等，电感量 $L_1 = L_2 = L_0$，由于采用差动连接，传感器总的电感变化量为 $\Delta L = L_1 - L_2 = 0$，所以传感器输出电压为零，见图 4-5(b)。

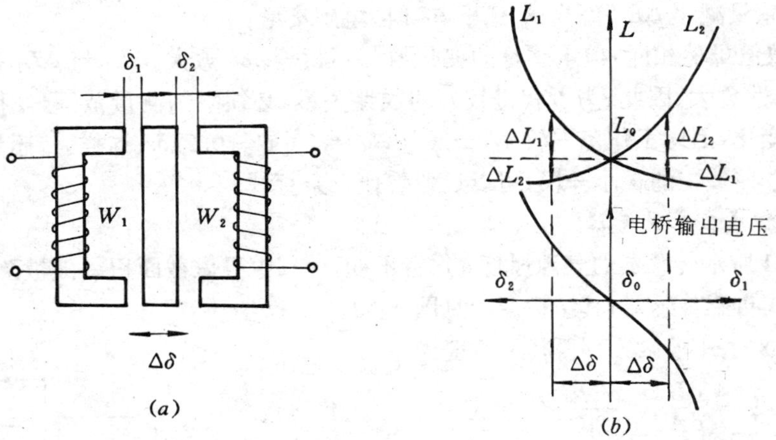

图 4-5 差动式自感传感器

(a) 结构原理 (b) 输出特性

当衔铁偏离中间位置时，两边气隙的大小改变使 $\delta_1 \neq \delta_2$；若位移使 L_1 线圈的电感从中间位置时的 L_0 增大为($L_0 + \Delta L_1$)，L_2 线圈的电感减小为($L_0 - \Delta L_2$)。则总的电感变化为

$$\Delta L = L_1 - L_2 = (L_0 + \Delta L_1) - (L_0 - \Delta L_2) = \Delta L_1 + \Delta L_2 \qquad (4-5)$$

若衔铁位移很小，则 $\Delta L_1 = \Delta L_2 = \Delta L_{单}$，故 $\Delta L = 2\Delta L_{单}$。可见差动式电感传感器的电感变化量比单线圈式增加 1 倍。若将这两个线圈接入电桥作为电桥的邻臂，则不仅灵敏度增加 1 倍，而且非线性得到改善(图 4-5(b))。

采用差动式结构，除了可以改善非线性、提高灵敏度外，对电源电压、频率的波动及温度变化等外界影响也有补偿作用；作用在衔铁上的电磁力，由于是两个线圈磁通产生的电磁力之差，所以对电磁吸力有一定的补偿作用，从而提高了测量的准确性。

二、测量电路

自感式电感传感器是将位移转换成电感（自感系数）的变化，为了便于测量，还必须通过测量电路将电感的变化变成电压（或电流），以便进行放大。为此，可以采用交流电桥或采用谐振电路进行处理。差动式自感传感器常采用交流电桥。

（一）交流电桥

交流电桥由交流电源供电（图 4-6(*a*)），四个桥臂可以是电阻，也可以是电容或电感，因而可以用来测量电阻、电容和电感。

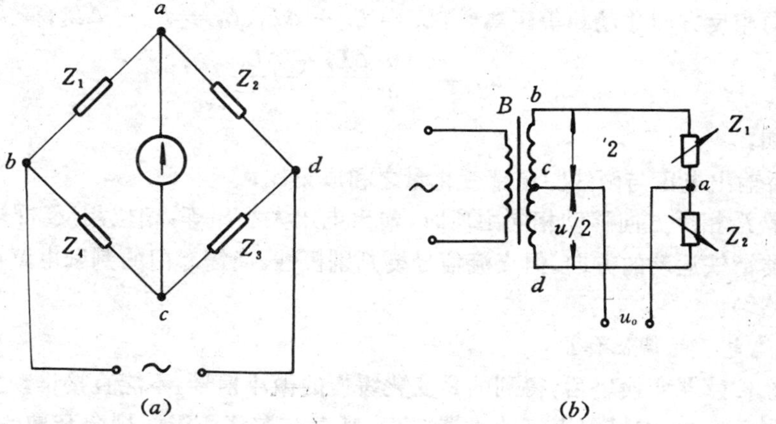

图 4-6　交流电桥

(*a*) 一般形式　(*b*) 变压器电桥

如果将直流电桥中的电阻 R 用阻抗 Z 来代替，则交流电桥的平衡条件为

$$Z_1Z_3 = Z_2Z_4$$

若阻抗用指数形式 $Z = ze^{j\varphi}$ 表示，代入上式得

$$z_1z_3e^{j(\varphi_1+\varphi_3)} = z_2z_4e^{j(\varphi_2+\varphi_4)} \tag{4-6}$$

要使式（4-6）成立，必须满足

$$\left.\begin{aligned} z_1z_3 &= z_2z_4 \\ \varphi_1+\varphi_3 &= \varphi_2+\varphi_4 \end{aligned}\right\} \tag{4-7}$$

式中　z_1、z_2、z_3、z_4 —— 各阻抗的模；

φ_1、φ_2、φ_3、φ_4 —— 各阻抗的阻抗角。

这就是说，交流电桥平衡的条件是：相对桥臂阻抗之模的乘积和阻抗角之和必须相等。因此电桥必须有两个可调参数，对幅值和相角进行平衡。

图 4-6 中(*b*)是(*a*)的变形，称为变压器电桥，它是从变压器次级中心抽头，把次级分为两个绕组接入电桥作为邻臂，另外两臂由差动式传感器两线圈阻抗 Z_1 和 Z_2 构成。因为次级绕组上下部分对称，故两部分电压相等，均为 $u/2$。若以 d 为参考点，负载阻抗为无穷大，则输出电压为 a、c 两点的电位差，即

$$u_O = u_a - u_c = \frac{Z_2}{Z_1 + Z_2}u - \frac{u}{2} = \frac{Z_2 - Z_1}{Z_2 + Z_1}\frac{u}{2} \tag{4-8}$$

电感线圈的复数阻抗为 $Z = r + j\omega L$，若 $r \ll \omega L$ 时，则上式近似为

$$u_O \approx \frac{L_2 - L_1}{L_2 + L_1}\frac{u}{2} \tag{4-9}$$

当衔铁处于中间位置时，$\delta_1 = \delta_2 = \delta_0$，所以 $L_1 = L_2 = L_0$，代入式(4-9)得

$$u_O = \frac{L_0 - L_0}{L_0 + L_0}\frac{u}{2} = 0$$

当衔铁偏离中间位置使 δ_1 增大、δ_2 减小时，$L_1 = L_0 - \Delta L_1$、$L_2 = L_0 + \Delta L_2$，代入式(4-9)考虑到 $L_0 \gg \Delta L$，得

$$u_O = \frac{(L_0 + \Delta L_2) - (L_0 - \Delta L_1)}{(L_0 + \Delta L_2) + (L_0 - \Delta L_1)}\frac{u}{2} = \frac{u}{4}\frac{\Delta L_2 + \Delta L_1}{L_0}$$

当衔铁向相反方向移动相等距离时，$L_1 = L_0 + \Delta L_1$、$L_2 = L_0 - \Delta L_2$，得

$$u_O = -\frac{u}{4}\frac{\Delta L_2 + \Delta L_1}{L_0}$$

由此可知：

(1) 电桥输出电压与两线圈电感变化量之和成正比；

(2) 衔铁沿相反方向移动相同距离时，输出电压大小相等，相位相反。即输出电压的极性反映了传感器衔铁运动的方向。但交流信号要判别极性，尚需专门的判别电路(参见本节"(三)相敏检波电路")。

(二) 交流电桥的调幅作用

被测量经传感器变换以后，得到的是变化缓慢的微小信号，不能直接推动指示仪表和记录仪器，需要进行放大。如果用直流放大器放大，则存在漂移和级间耦合衰减的问题，有一定难度，为此通常是把缓变微小信号先变成频率适当的交流信号，然后用交流放大器再进行放大。利用缓变信号控制高频振荡信号，使其随着缓变信号的变化规律而变化的过程称调制，这个高频振荡信号称载波，控制高频信号的缓变信号称调制信号，经过调制的高频信号称已调波。相反把调制成的交流信号还原成缓变信号的过程叫解调，即解调是调制的反过程。调制和解调的过程如图 4-7 所示。

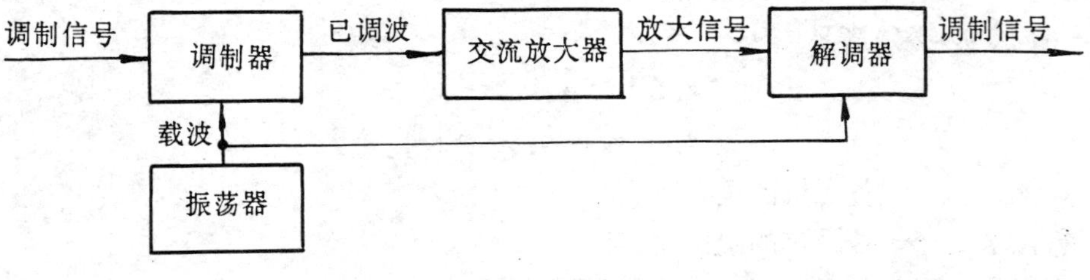

图 4-7　调制和解调过程框图

设载波的表示式为

$$u_c = U_c \cos(\omega_c t + \varphi_c)$$

式中　u_c、U_c —— 载波电压的瞬时值和振幅；

ω_c、φ_c —— 载波电压的角频率和初相角。

用调制信号控制载波的幅值 U_c，使其随着调制信号的变化规律而变化的过程称调幅，调制以

后得到的信号称调幅信号。同理，用调制信号控制载波的角频率 ω_c 或初相角 φ_c，则分别称调频和调相，调制后的信号称调频信号和调相信号。这里只讲调幅原理。

为了分析简单起见，设载波的初相角 $\varphi_c = 0$，则

$$u_c = U_c\cos\omega_c t \qquad (4-10)$$

其波形如图 4-8(*b*) 所示。

若调制信号为

$$u_s = U_s\cos\omega_s t \qquad (4-11)$$

式中 u_s、U_s —— 调制信号的瞬时值和振幅；

ω_s —— 调制信号的角频率，通常 $\omega_s \ll \omega_c$。

调制信号的波形如图 4-8(*a*) 所示。

经过调幅后载波的振幅已不是常值，而是时间的函数，调幅信号的表示式为

$$u_a = U_a\cos\omega_c t = U_c(1 + m\cos\omega_s t)\cos\omega_c t \qquad (4-12)$$

式(4-12)中的 m 称为调幅系数。调幅信号的波形如图 4-8(*c*) 所示。将式(4-12)展开得

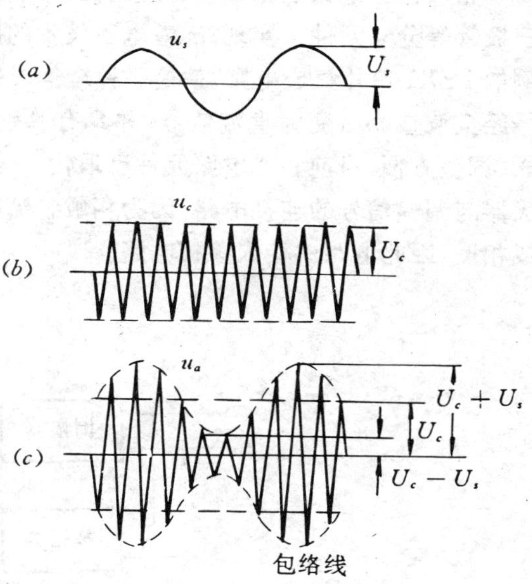

图 4-8 调幅波形

$$u_a = U_c\cos\omega_c t + mU_c\cos\omega_s t\cos\omega_c t$$
$$= U_c\cos\omega_c t + \frac{m}{2}U_c\cos(\omega_c + \omega_s)t + \frac{m}{2}U_c\cos(\omega_c - \omega_s)t \qquad (4-13)$$

式(4-13)表明调幅信号包含着三个频率分量，其频率分别为 ω_c、$(\omega_c + \omega_s)$、$(\omega_c - \omega_s)$。后两个频率分量位于载波频率 ω_c 的两边，分别称为上边频和下边频，频谱如图 4-9 所示。

由图 4-9 可知，调制信号为正弦信号时得到的调幅信号的频谱有如下特点：

(1) 频谱是离散的，谱线之间距离为调制信号的频率 ω_s。

(2) 两个边频分量的振幅相等。

(3) 实际包含调制信号成分的是边波。这就相当于把调制信号的频率从 ω_s 位置移动到 ω_c 两边，即从低频位置搬到了高频位置，且上下边频的位置对称。

(4) 调幅信号的频率变化范围 $\Delta\omega = (\omega_c + \omega_s) - (\omega_c - \omega_s) = 2\omega_s$，即调幅信号频谱的宽度为调制信号的两倍。所以为了得到理想的调幅波，载波频率必须远大于调制信号的频率 ω_s，一般 $\omega_c > 10\omega_s$。

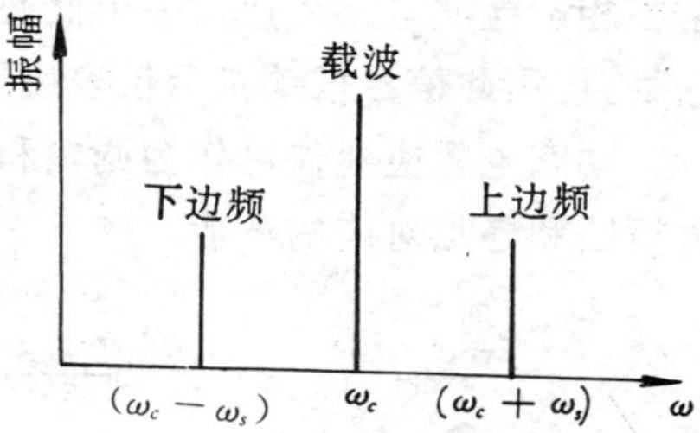

图 4-9 调幅波的频谱

产生调幅信号的器件称为调幅器，它实质上就是一个乘法器。交流电桥就是测试电路中常用的调幅器，若以高频振荡信号作为供桥电源，电桥的输出即为调幅波。

(三) 相敏检波电路

由前面分析可知，当差动电感传感器的衔铁向相反方向移动相同距离时，电桥的输出电压都为交流信号，从示波器上观察到的波形是一样的。也就是说，根据观察到的波形只能知道衔

铁偏离中间位置的大小,而无法知道偏离的方向。为了判别位移的方向,必须在后续电路中配置相敏检波电路。

相敏检波电路是调幅波的解调器。相敏检波电路的形式很多,过去常采用半导体二极管或三极管等分立元件来实现。随着电子技术的发展,相继出现了一些各种性能的相敏检波器件。例如 LZX1 单片集成电路,就是一种全集成化的全波相敏整流放大器,它能够把输入的交流信号经全波整流后变为直流信号,并具有鉴别输入信号的相位等功能,体积小、重量轻,性能可靠、调整方便。目前集成电路元件已取代了分立元件电路。图 4-10 为 LZX1 型全波相敏整流放大器与调幅信号的连接电路。因为相敏整流电路要求参考电压和调幅信号频率相同、相位相同或相反,因此电路中接入移相电路。

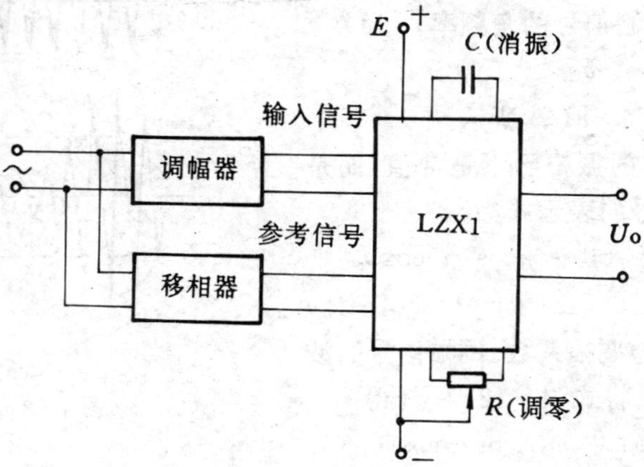

图 4-10 LZX1 型全波相敏整流放大器连接电路

从以上分析可知,通过相敏检波电路可以得到一个大小和极性随被测信号的幅值和极性变化的电压,从而达到解调目的。但相敏检波电路的输出信号包含着被测信号和载波。为此,通常在相敏检波电路后边加一个低通滤波器,把调幅时引入的载波滤掉,从而得到放大后的被测信号,再用此信号推动指示仪表或用记录仪器把信号记录下来。

动态电阻应变仪可作为调幅和解调的典型实例。图 4-11 为 Y6D-2 型动态电阻应变仪的方框图和各点对应的波形。

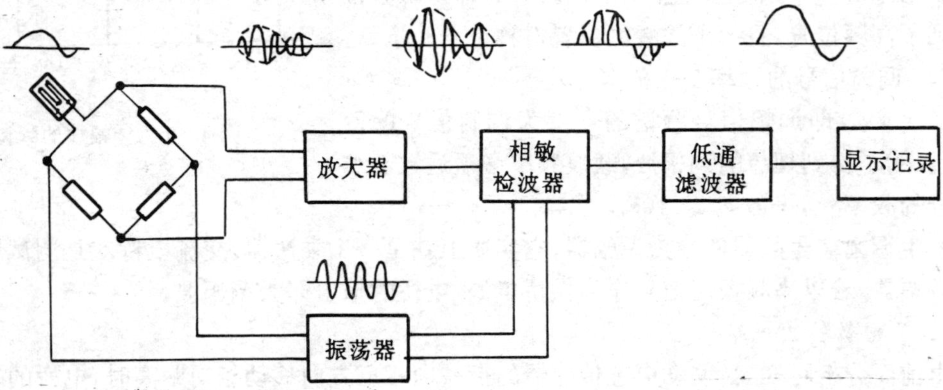

图 4-11 动态电阻应变仪方框图

§4-2　互感式传感器(差动变压器)

互感式传感器是利用线圈的互感作用将位移转换成感应电势的变化,它实际上是一个具有可动铁芯和二个次级线圈的变压器。初级线圈接入交流电源时,次级线圈因互感作用产生感应电势,当互感变化时,输出电势亦发生变化。这种传感器通常都是采用差动形式,故称为差动变压器。差动变压器的结构形式分为变隙式和螺管式两种。变隙式由于行程很小,结构也较复杂,因此已很少使用,下面以目前广泛采用的螺管式差动变压器进行讨论。

一、工作原理

螺管式差动变压器主要由线圈框架 A、绕在框架上的一组初级线圈 W 和两个完全相同的次级线圈 W_1、W_2 及插入线圈中心的圆柱形铁芯 B 组成,如图 4-12(a) 所示。当初级线圈 W 加上一定的交流电压时,次级线圈 W_1 和 W_2 由于电磁感应分别产生感应电势 e_1 和 e_2,其大小与铁芯在线圈中的位置有关。把感应电势 e_1 和 e_2 反极性串联(见图 4-12(b)),则输出电势为

$$e_O = e_1 - e_2 \tag{4-14}$$

次级线圈产生的感应电势为

$$e = -M\frac{\mathrm{d}i}{\mathrm{d}t} \tag{4-15}$$

式中　M —— 初级线圈与次级线圈之间的互感;

　　　i —— 流过初级线圈的激磁电流。

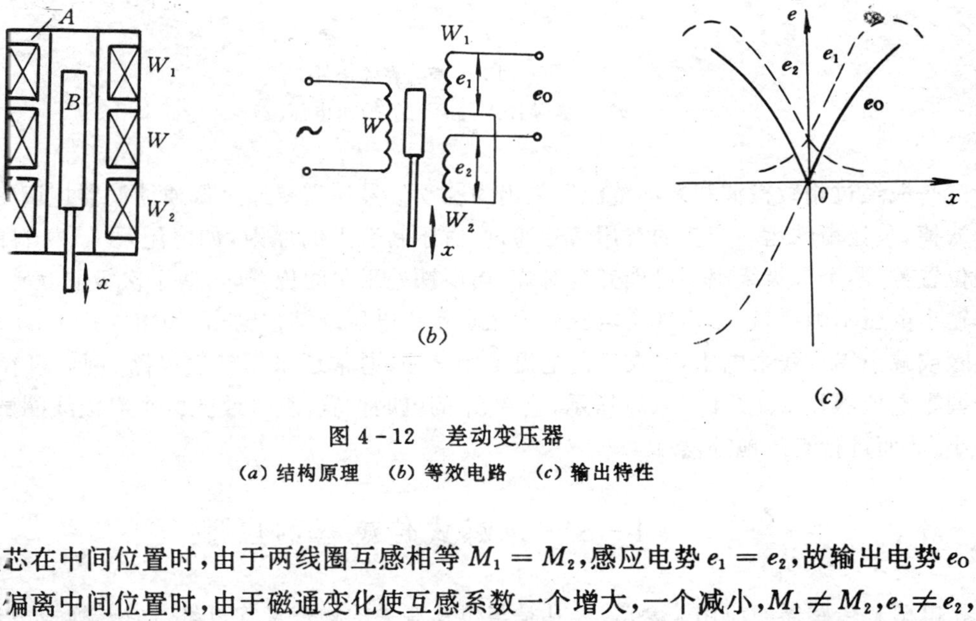

图 4-12　差动变压器

(a) 结构原理　(b) 等效电路　(c) 输出特性

当铁芯在中间位置时,由于两线圈互感相等 $M_1 = M_2$,感应电势 $e_1 = e_2$,故输出电势 $e_O = 0$;当铁芯偏离中间位置时,由于磁通变化使互感系数一个增大,一个减小,$M_1 \neq M_2$,$e_1 \neq e_2$,所以 $e_O \neq 0$。若 $M_1 > M_2$,则 $e_1 > e_2$,反之 $e_1 < e_2$。随着铁芯偏离中间位置,e_O 逐渐增大,其输出特性如图 4-12(c) 所示。

以上分析表明,差动变压器输出电压的大小反映了铁芯位移的大小,输出电压的极性反映

了铁芯运动的方向。从特性曲线看出，差动变压器输出特性的非线性得到很大改善。

二、测量电路

差动变压器的输出是一个调幅波，为了判别衔铁移动的大小和方向，必须进行解调和滤波。常用的解调电路是相敏检波电路和差动整流电路。相敏检波电路前已述及，这里不再赘述。

差动整流电路如图 4-13 所示，它是将差动变压器两个次级电压分别整流后，以它们的差作为输出，这样次级电压的相位和零点残余电压都不必考虑。图 4-13 中，(*a*) 是全波差动整流电路，(*b*) 是输出电压波形图。这种电路比较简单，不需要参考电压，也不需要考虑相位调整。此外，由于经差动整流后变成直流输出，便于远距离输送，因此应用广泛。

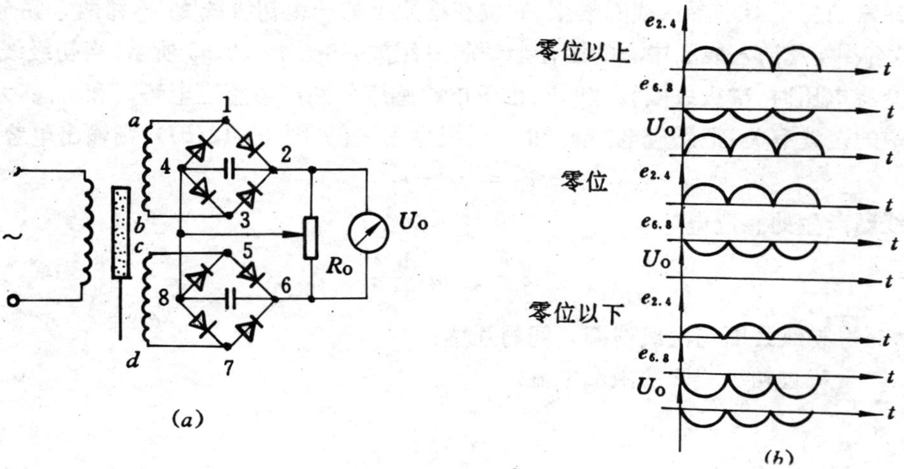

图 4-13　差动整流电路

(*a*) 全波整流电路　(*b*) 输出电压波形

一般经过相敏检波和差动整流后输出为脉动信号还需要通过低通滤波器把调制的高频成分滤掉，只让衔铁运动产生的有用信号通过。由于制造上的原因，如绕组尺寸、材料的选择、安装位置等，两个次级绕组不可能完全对称。当衔铁处于中间位置时，两个次级的互感系数不等，使输出电压不为零，这个不平衡电压称为零点残余电压或零位输出，如图 4-14(*a*) 所示。为了消除或减小零点残余电压，除在工艺上提出要求外，通常还采用补偿电路。例如可在次级加一个调零电位器 R_0，如图 4-14(*b*) 所示，改变 R_0 的电刷位置，就可改变两个次级线圈感应电势的大小，从而进行有效地补偿。

§4-3　电感式传感器的应用

电感式传感器的应用非常广泛，凡是与位移有关的物理量均可经过它转换成电量输出。常用来测量振动、厚度、应变、压力、加速度等各种物理量。这里仅介绍几种主要应用。

一、位移测量

位移测量包括位移和与位移相关的膨胀、伸长、尺寸变化等。

图 4－15 为轴向式电感测微仪用的轴向式差动电感传感器。测量时测头 10 与被测物体接触，当被测物体有微小位移时，测头通过测杆 8 带动衔铁 3 在电感线圈 4 中移动，使线圈电感值变化，通过引线接入测量电路。弹簧 5 产生的力，保证测头与被测物体可靠地接触。防转销 6 用来限制测杆转动。这类传感器的测量范围为毫米级，分辨力可达 0.1 ～ 0.5 μm，工作可靠，但动态性能差。

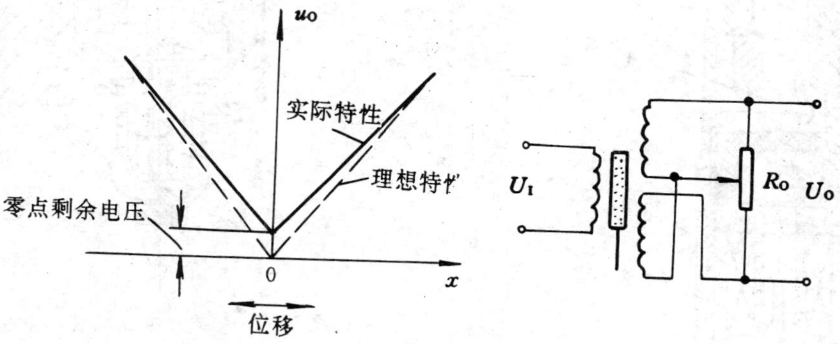

(a)　　　　(b)

图 4－14　零点残余电压

(a) 零点残余电压　(b) 补偿电路

图 4－16 是差动变压器式位移传感器。测头 1 通过轴套 3 与测杆 5 相连。测杆以圆片簧 4 为导轨，靠弹簧 9 产生测力。工作时，固定在测杆上的磁芯 7 在线圈 8 中移动。线圈及其骨架放在屏敝磁筒 6 内，并通过导线 10 接入电路。2 是防尘套，防止灰尘等进入传感器内部。

二、力、压力测量

自感和互感式电感传感器可进行力、压力和压力差的测量。图 4－17 为差动变压器式力传感器。在轴向力 F 作用下，筒状空心弹性元件变形，使铁芯 2 相对于线圈 3 移动，从而产生输出电压，其大小反映了受力的大小。

如果把传感器的活动铁芯或衔铁与膜盒、弹簧管、波纹管等弹性敏感元件相连，在压力作用下，通过弹性元件的变形带动铁芯或衔铁移动，使传感器的输出电压发生变化，这便是压力传感器。

电感式传感器的测量范围大、精度高，由于是接触式测量，所以频率响应低，动态性能差。

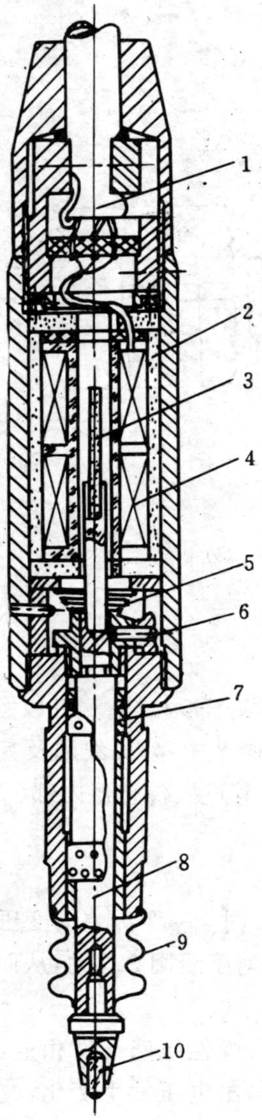

图 4-15　轴向式差动电感传感器

1— 引线　2— 固定磁筒　3— 衔铁　4— 线圈
5— 弹簧　6— 防转销　7— 钢球导轨
8— 测杆　9— 防尘套　10— 测头

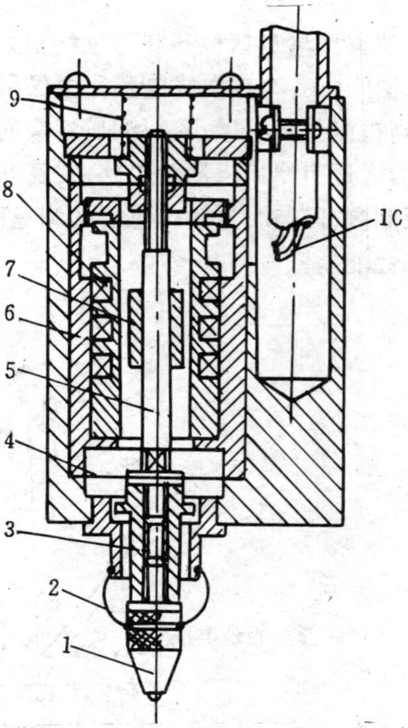

图 4-16　差动变压器式位移传感器

1— 测头　2— 防尘套　3— 轴套
4— 圆片弹簧　5— 测杆　6— 屏蔽磁筒
7— 磁芯　8— 线圈　9— 弹簧　10— 导线

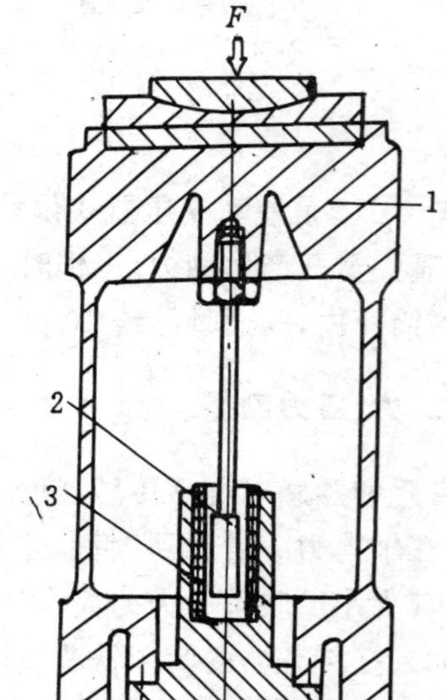

图 4-17　差动变压器式力传感器

1— 筒状空心弹性元件
2— 铁芯　3— 线圈

§4－4　电涡流式传感器

根据电磁感应原理，当金属导体置于变化着的磁场中或在磁场中作切割磁力线运动时，导体内就会产生呈涡旋状的感应电流，这一现象称为电涡流效应，涡流式传感器就是利用涡流效应工作的。按照电涡流在导体内的贯穿情况，此传感器可分为高频反射式与低频透射式两类，目前高频反射式电涡流传感器应用广泛，本节重点介绍此类传感器。

一、工作原理

把一个半径为 r 的扁平线圈放置在金属导体附近，线圈中通入频率为 f 的交变电流 i_1，在线圈的周围空间便产生一个交变磁场 H_1，H_1 在金属表面感应产生涡电流 i_2，如图 4－18 所示。此涡流又产生一个与 H_1 方向相反的交变磁场 H_2，由于 H_2 的反作用，必然削弱线圈的磁场 H_1，使线圈的阻抗 Z 发生变化。阻抗的变化取决于金属导体的涡流效应，而涡流效应与被测导体的电阻率 ρ、导磁率 μ、几何形状；线圈的几何参数、激磁电流频率以及线圈与导体间的距离 x 等参数有关。若保持其它参数不变，只改变其中一个参数，传感器线圈的阻抗 Z 就仅仅是这个参数的单值函数，通过测量电路就可实现非电量测量，这便是涡流传感器的基本工作原理。基于此原理可以制成各种用途的涡流式传感器。

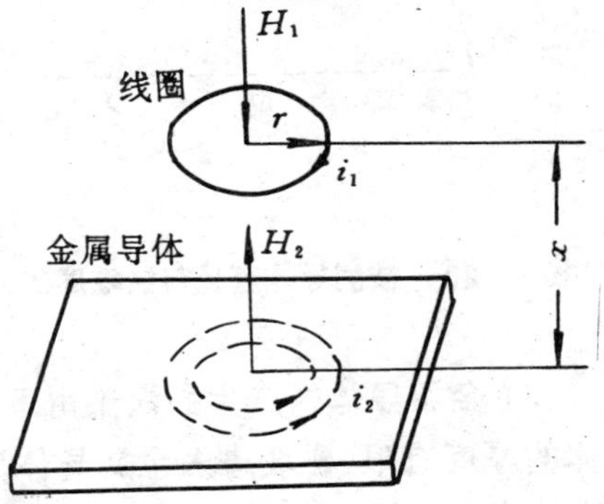

图 4－18　涡流传感器的原理

由于电涡流传感器的电磁过程十分复杂，难以用基本方法建立其数学模型，因而给理论分析带来极大困难。但是，为了说明传感器的工作原理与基本特性，一般采用如图 4－19 所示的涡流传感器的简化模型。模型中，把在被测金属导体上形成的电涡流等效成一个短路环，假设电涡流仅分布在环体之内。

根据涡流式传感器的简化模型，可以得出以下结论：

(1) 金属导体上形成的涡流有一定的范围，当线圈与导体间的距离 x 不变时，电涡流密度随着线圈外径 D 的大小而变化。在线圈中心的轴线附近，电涡流密度很小，可看作一个孔；在距离为线圈外径处，电涡流密度最大；而在距离为线圈外径的 1.8 倍处，电涡流密度则衰减为最大值的 5%（图 4－19）。由此可知，电涡流的径向形成范围大约在传感器线圈外径的 1.8～2.5 倍范围内，且分布不均匀。因此为了充分地利用涡流效应，被测导体的平面不应小于传感器线圈外径 D 的 2 倍，否则灵敏度将下降。若被测导体为圆柱体时，当其直径 D' 为线圈外径 D 的 3.5 倍以上时，则传感器的灵敏度 S 近似为常数；当 $D=D'$ 时，灵敏度仅为最大值的 70% 左

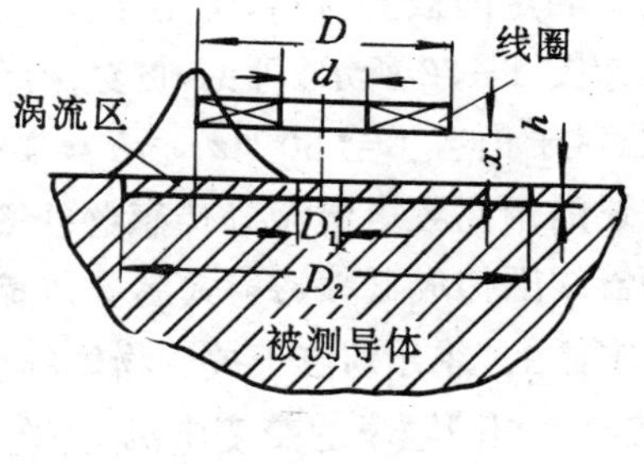

图 4－19　涡流传感器的简化模型

右，其关系如图 4-20 所示。

(2) 涡流强度随着距离 x 的增大而迅速减小，如图 4-21 所示。由图可知，涡流强度与距离 x 呈非线性关系，当距离 x 大于线圈外半径 R 时，产生的涡流强度已很微弱。为了获得较好的线性和较高的灵敏度，应使 $x/R \ll 1$，一般取 $x/R = 0.05 \sim 0.15$。

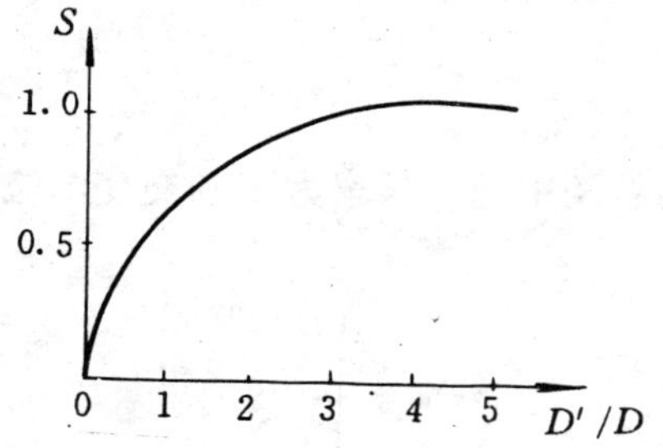

图 4-20　被测导体直径与灵敏度的关系

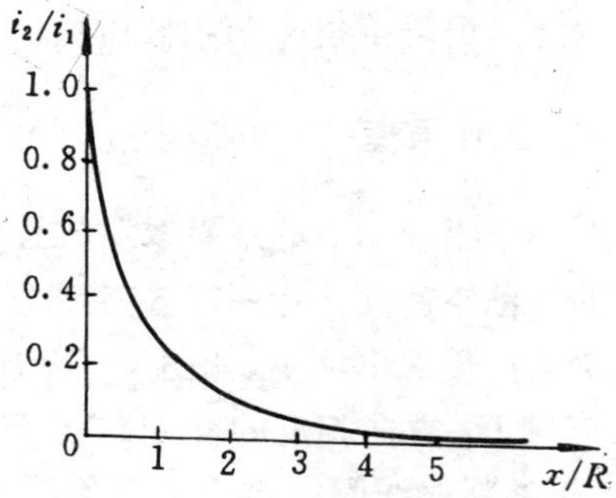

图 4-21　涡流强度与 x/R 的关系

(3) 金属导体内产生的涡流由于趋肤效应，电涡流不仅沿径向分布不均匀，而且贯穿金属导体的厚度有限。磁场进入金属导体后，其强度随距离表面的深度 h 的增大按指数规律衰减，故涡流密度沿深度方向亦按指数规律分布，在表面处涡流密度最大为 j_m，涡流贯穿的深度 h 与传感器线圈激励电流的频率 f 有关，可用下式表示

$$h = k\sqrt{\rho/(\mu f)} \tag{4-16}$$

式中　h —— 涡流贯穿深度，定义是该处的涡流密度等于 j_m 的 $1/e$；

ρ、μ —— 导体的电阻率和相对导磁率；

f —— 激励频率；

k —— 比例常数。

对于确定的被测材料，选用不同的激励频率时，贯穿深度是不同的，贯穿深度与激励频率的关系如图 4-22 所示。可见，贯穿深度 h 随激励频率 f 的升高而逐渐减小，频率越低、贯穿深度越大。对于钢当 $f = 50$ Hz 时，$h = 1 \sim 2$ mm，当 $f = 5$ kHz 时，$h = 0.1 \sim 0.2$ mm。所以除前面讲述的用高频电流激励传感器线圈制成高频反射式涡流传感器外，还可以用低频电流激励传感器线圈构成低频透射式涡流传感器，其原理如图 4-23 所示。发射线圈 L_1 和接收线圈 L_2 绕在胶木棒上，并分别位于被测物体的上下方。由振荡器产生的音频电压 u_1 加到 L_1 上后，线圈中流过一个相同频率的交变电流，并在其周围产生交变磁场。若两线圈之间无被测物体 M，则 L_1 的磁场就能直接贯穿 L_2，于是 L_2 的两端就会感生交变电势 u_2，u_2 的大小与 u_1 的幅值和频率、L_1 及 L_2 的匝数和结构以及两线圈的相对位置有关。若在 L_1 与 L_2 之间放置金属板 M 后，L_1 产生的磁力线必然透过 M 并在其中产生涡流 i，涡流 i 损耗了部分磁场能量，达到 L_2 上的磁力线减少，使 u_2 下降。M 的厚度越大，涡流产生的损耗就越大，u_2 就越小。由此可知 u_2 的大小间接反映了 M 的厚度，这就是利用涡流测厚的原理。

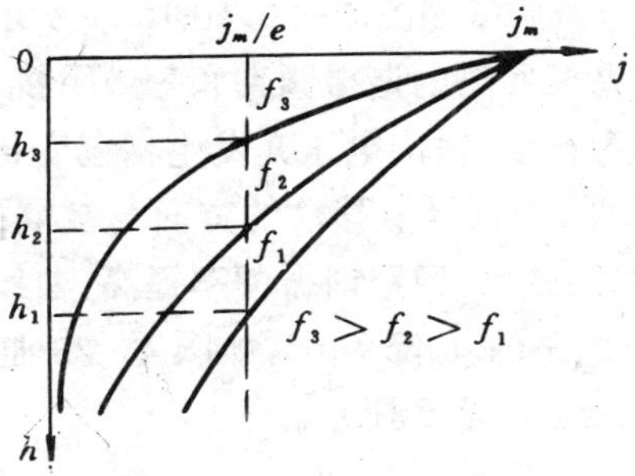

图 4-22　贯穿深度 h 与激励频率 f 的关系

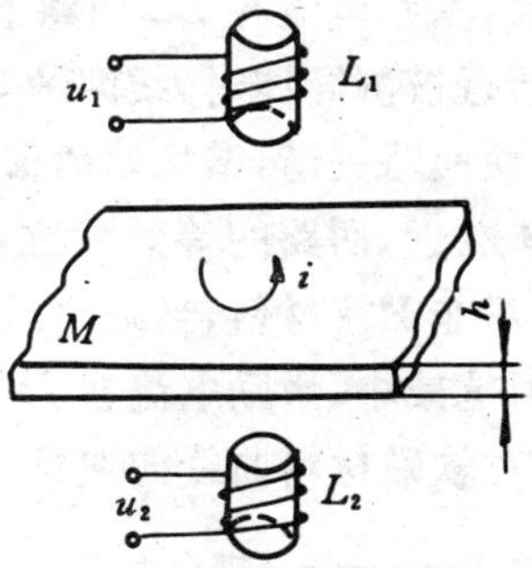

图 4-23　透射式涡流传感器原理

涡流式传感器的基本结构主要由线圈和固定线圈的框架组成，如图 4-24 所示。线圈可以绕制成扁圆形粘贴在框架上，也可在框架上开槽，线圈绕在槽内。不论采用哪种结构，涡流式传感器的主体是激磁线圈。由前面分析可知，涡流式传感器的线性范围大小和灵敏度高底，不仅与线圈的形状、大小密切相关，而且与被测导体的材料、尺寸等因素有关。线圈内径 d 对传感器的性能影响较小，外径 D 影响较大。在匝数不变情况下，外径小时灵敏度高，但线性范围小。若其他参数相同时，薄线圈比厚线圈的灵敏度高，因此线圈一般都做成薄的扁圆形。

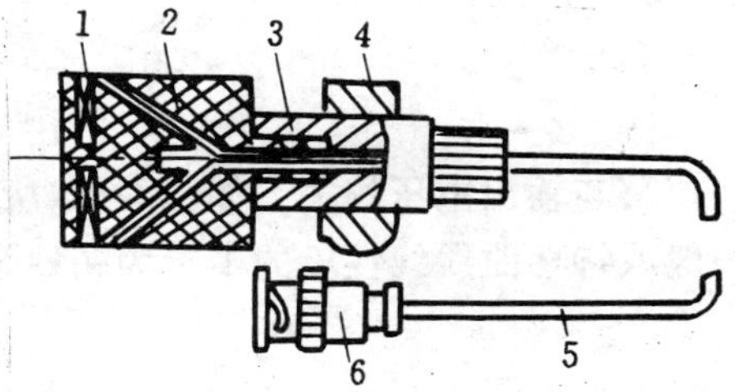

图 4-24　涡流传感器结构

1—线圈　2—框架　3—框架衬套　4—支架

5—电缆　6—插头

此外，若使用高频反射式涡流传感器，为了不产生涡流透射损耗，被测导体必须达到一定的厚度才能使传感器有较高的灵敏度。实践表明，对金属被测导体，当厚度大于 2 倍的涡流贯穿深度 h 时，传感器的灵敏度几乎不受影响；若被测体为非导电材料，为形成较强的涡流，可在靠近线圈的一面粘上金属片，金属片厚度取 $(1.5 \sim 2)h$，灵敏度也几乎不受影响。

二、测量电路

根据电涡流式传感器的工作原理，被测量可以变换为线圈阻抗或电感的变化。阻抗可以利用电桥电路进行测量（见 §4-1），电感可以利用谐振电路进行测量。

谐振法是把传感器线圈的等效电感变换成电压或电流的变化，其基本原理是将传感器线圈与电容并联组成 LC 并联谐振回路，谐振频率为

$$f_0 = \frac{1}{2\pi\sqrt{LC}} \tag{4-17}$$

当电感 L 变化时，回路的谐振频率和等效阻抗随之发生变化，因此可以利用测量回路谐振频率或回路阻抗的方法间接测出被测参数。与此对应的是调幅式和调频式 2 种基本测量电路。

（一）调幅电路

电路原理如图 4-25 所示。它由振荡器、并联谐振回路、放大器、检波器及滤波器组成。振荡器提供一个频率及幅值稳定的高频信号激励并联谐振回路 LC。

无被测导体时，使 LC 振荡回路的谐振频率 f_0 等于振荡器的振荡频率，这时 LC 回路的阻抗最大，激励电流在 LC 回路上产生的压降最大，谐振曲线如图 4-26 中曲线 I 所示。当传感器线圈接近被测导体时，线圈的等效电感发生变化，谐振回路的谐振频率和等效阻抗也跟着发生变化，使回路失谐，谐振峰值偏离原来的位置向两旁移动，输出电压亦发生相应变化。传感器离被测体愈近，回路的等效阻抗愈小，输出电压也越低。谐振峰值移动的方向与被测导体的材料有关。对非磁性材料，当距离减小时，线圈的等效电感减小，回路谐振频率提高，曲线向右移动，回路阻抗减小，激励电流在 LC 回路产生的压降由原来的 u_0 降为 u_A，如图 4-26 曲线 A 所示。同理，对软磁材料曲线向左移动，谐振曲线如图 4-26 曲线 B 所示。

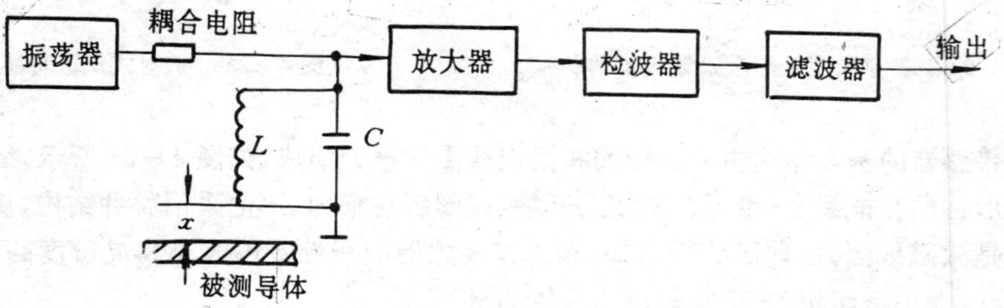

图 4-25　调幅测量电路原理框图

位移与输出电压的关系如图4-27所示。这是一条非线性曲线，中间一段近似为直线，实用中一般取特性曲线线性段的中点为初始距离 x_0，这样在正负位移时均有较大的线性范围。

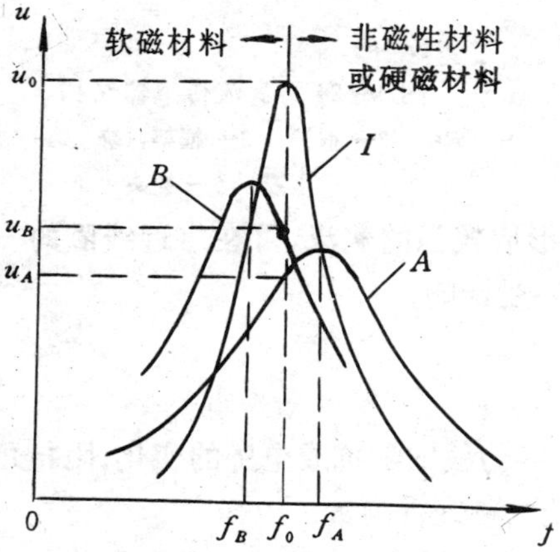

图 4-26　谐振曲线

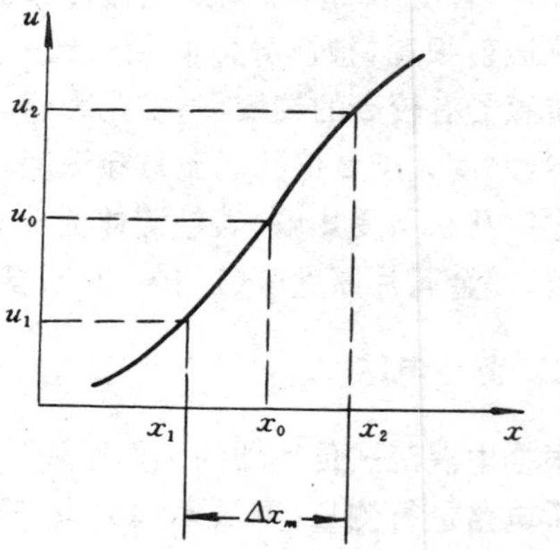

图 4-27　调幅电路输出特性

因为阻抗随测量距离 x 变化，使谐振回路输出电压 u 变化，所以可用输出电压表示传感器与被测导体之间的距离 x。由于 LC 谐振回路的激励频率保持不变，所以谐振回路输出电压的频率始终不变，但幅值随位移 x 变化，它相当于一个调幅波，经放大、检波、滤波后，可以得到一个与被测信号对应的电压信号。

（二）调频电路

调频测量电路是把传感器线圈接入振荡器，作为振荡器的一个电感元件，与调幅电路不同的是它是以频率作为输出量。当位移产生 $\pm\Delta x$ 变化时，引起线圈电感变化 $\pm\Delta L$，这个电感变化对振荡器调频，使振荡器的振荡频率产生 $\pm\Delta f$ 的变化。此频率可以用数字频率计直接测量，也可以通过鉴频器进行频率—电压转换变成输出电压。图 4-28 为调频测量电路原理图。

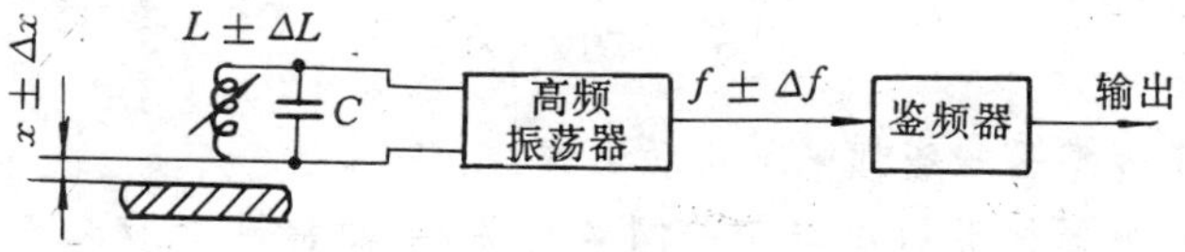

图 4-28　调频测量电路原理图

三、电涡流式传感器的应用

涡流式传感器的基本功能是把线圈与被测导体之间的距离转变成线圈的等效电感。因此它的基本用途就是测量位移，而且凡是能够转变成位移的参数都可进行检测，例如尺寸、振动、转速、计数测量和零件裂纹等缺陷的无损探伤等。

（一）厚度测量

除前面已介绍的低频透射式涡流传感器外，高频反射式涡流传感器也可用于厚度测量。测量时，金属板厚度的变化相当于线圈与金属表面间距离的改变，根据输出电压的变化可知线圈与金属表面间距离的变化，即板厚的变化，图 4-29 所示为此应用一例。为克服金属板移动过程中上下波动及板材不够平整的影响，常在板材上下两侧对称放置两个特性相同的传感器 L_1 和 L_2。由图可知，板厚 $h=x-(x_1+x_2)$，工作时两个传感器分别测得 x_1 和 x_2，板厚不变时，(x_1+x_2) 为常值；板厚改变时，代表板厚偏差的 (x_1+x_2) 所反映的输出电压发生变化。测量不同厚度的板材时，可通过调节距离 x 来改变板厚设定值，并使偏差指标为零，这时，被测板厚为板厚设定值与偏差指示值的代数和。

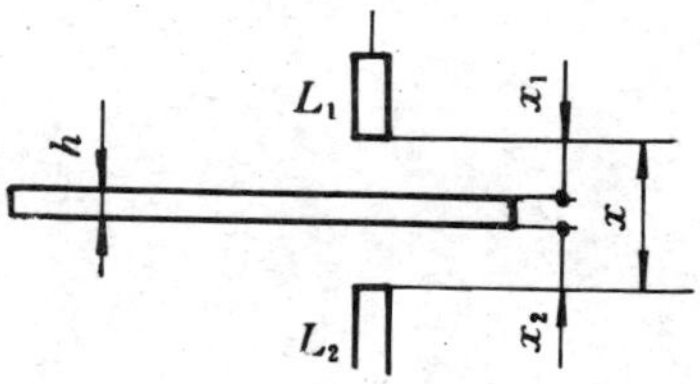

图 4-29　测金属板厚度示意图

（二）转速测量

如图 4-30 所示，把旋转体做成齿形或在旋转体上开槽，涡流传感器安装在旁边，当旋转体转动时，涡流传感器的输出信号将周期地发生变化，经过放大、整形得到一个与转速成比例的电脉冲信号，再用频率计指出脉冲数。若旋转体上的齿数或槽数为 N，则转速 n 与频率 f 的关系为

$$n=\frac{f}{N}\times 60$$

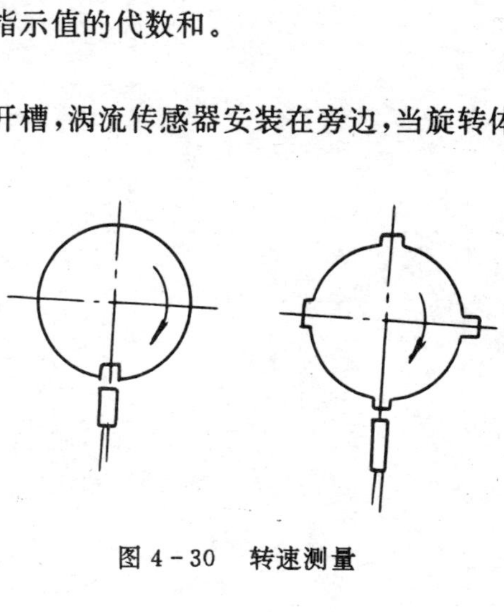

图 4-30　转速测量

（三）涡流探伤

利用涡流可以进行非破坏性探伤，例如检查金属材料的表面裂纹、内部缺陷及焊接部位的探伤等。

检测时，使传感器与被测体的距离保持不变，当有裂纹或缺陷出现时，导体的电阻率、导磁率发生变化，传感器的等效阻抗发生变化，使输出电压变化，从而达到探伤的目的。

涡流式传感器结构简单，灵敏度高，频响范围宽，抗干扰能力强，安装方便，并能进行非接触测量，因此在工程检测中用途广泛。

习　题　四

1. 为什么电感式传感器一般都采用差动形式？

2. 自感式电感传感器的灵敏度与哪些因素有关？若想提高灵敏度可采取哪些措施？采取这些措施会带来什么后果？

3. 调制的目的是什么？解调的目的又是什么？

4. 用一缓变信号 $u(t) = A\cos 10\pi t + B\cos 100\pi t$ 调制一载波 $u_c(t) = E\sin 2\,000\pi t$，试计算经过调制后得到的调幅波的频带宽度。

5. 试简述交流电桥的调幅作用。

6. 为什么交流电桥输出的调幅波不能简单地用二极管检波来解调，而必须用相敏检波器来解调？

7. 涡流的形成范围和渗透深度与哪些因素有关？被测体对涡流传感器的灵敏度有何影响？

8. 涡流式传感器的主要优点是什么？

第五章　电容式传感器

电容传感器是以各种类型的电容器作为传感元件，通过电容传感元件将被测量转变成电容量的变化。

§5-1　工作原理与特性

两个金属板之间若忽略边缘效应，其电容量 C 为

$$C=\frac{\varepsilon_0\varepsilon_r A}{\delta}=\frac{\varepsilon A}{\delta} \tag{5-1}$$

式中　A —— 两极板互相遮盖的面积；

δ —— 两极板间的距离；

ε —— 极板间介质的介电常数；

ε_r —— 极板间介质的相对介电常数；

ε_0 —— 真空的介电常数，$\varepsilon_0=8.85\times10^{-12}$ F/m。

式(5-1)表明，当被测量使 δ、A 或 ε 发生变化时，都会引起电容 C 的变化。如果保持其中的两个参数不变，而仅改变另一个参数，就可把该参数的变化变换为电容量的变化。根据电容器变化的参数，可分为极距变化型、面积变化型和介电常数变化型三类，如图 5-1 所示。在实际应用中，极距变化型和面积变化型的应用较为广泛。

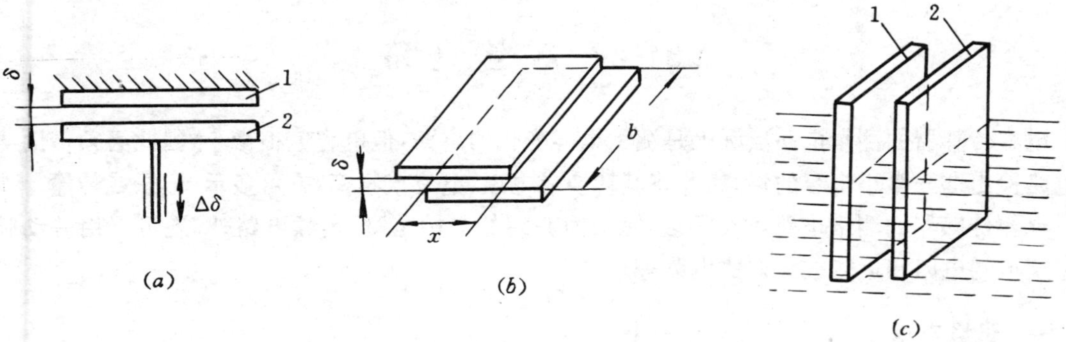

图 5-1　电容式传感器

(a) 极距变化型　(b) 面积变化型　(c) 介电常数变化型

一、极距变化型

极距变化型电容传感器的灵敏度为

$$S=\frac{dC}{d\delta}=-\frac{\varepsilon A}{\delta^2} \tag{5-2}$$

即灵敏度 S 与极距 δ 的平方成反比。为了提高灵敏度 S，应减小初始间隙 δ_0，但 δ_0 过小时，一方面使测量范围减小，另一方面容易使电容击穿，一般 δ_0 控制在 0.1 ~ 1 mm 左右。由于两极板间电容 C 与极距 δ 成反比，所以输出与输入呈非线性关系，如图5-2所示。为了减小非线性误差，应限制间隙的变化范围 $\Delta\delta$，使极距在初始间隙 δ_0 附近很小的范围内变化，一般 $\Delta\delta = (0.01 \sim 0.1)\delta_0$。

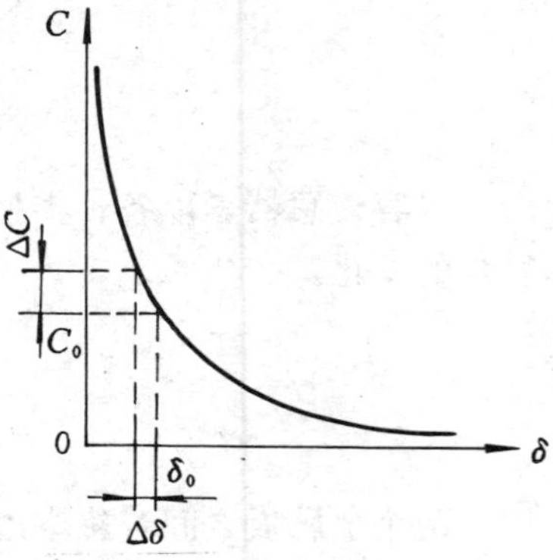

图 5-2 $C-\delta$ 特性曲线

二、面积变化型

图 5-1(b) 所示的面积变化型电容传感器的电容 $C = \varepsilon bx/\delta$，灵敏度为

$$S = \frac{\mathrm{d}C}{\mathrm{d}x} = \frac{\varepsilon b}{\delta} = 常数 \qquad (5-3)$$

即输出与输入呈线性关系。增加极板长度 b 和减小极距 δ 可以提高灵敏度。

这两种传感器可以进行动态非接触测量，对被测系统影响小。极距变化型电容传感器灵敏度高，但非线性大，故常用于微小位移测量。面积变化型电容传感器是一种线性传感器，可以测量较大的直线位移和角度位移，但灵敏度较低。

介电常数变化型电容传感器是在两极板间加上介质构成的。由于各种介质的介电常数不同，当极板间的介电常数变化时电容量随之改变。常用于检测容器中液面的高度、溶液浓度和板材的厚度等。

由于差动式传感器的灵敏度高，线性范围大，稳定性好，所以电容传感器一般也都做成差动式。

§5-2 测 量 电 路

电容传感器的测量电路实际上是测量电容变化的电路，但电容值很微小，因此必须借助测量电路检出这一微小电容的增量，并将其转换成电压、电流或频率，方可显示、记录或传输。

电容传感器的测量电路种类很多，除前面介绍的电桥电路、调频电路外，还可采用差动脉冲宽度调制电路和运算放大器式电路等。

一、调频电路

调频电路工作原理如图5-3所示。由于振荡器的振荡频率主要取决于回路的电感和电容，因此只要回路中的电感或电容随外加信号变化，就能获得调频信号。把电容传感器接入调频振荡回路作为振荡器谐振回路的一部分，则振荡器的频率随电容传感器的电容 C 而变化，这样振荡器的输出便是一个受被测信号调制的调频波。

鉴频器的作用是将调频信号的瞬时频率变化恢复成原调制信号电压的变化，它是调频信号的解调器。

为了防止干扰使调频信号产生寄生调幅，在鉴频器前常加一个限幅器将干扰及寄生调幅削平，使进入鉴频器的调频信号是等幅的，如图 5-3 所示。

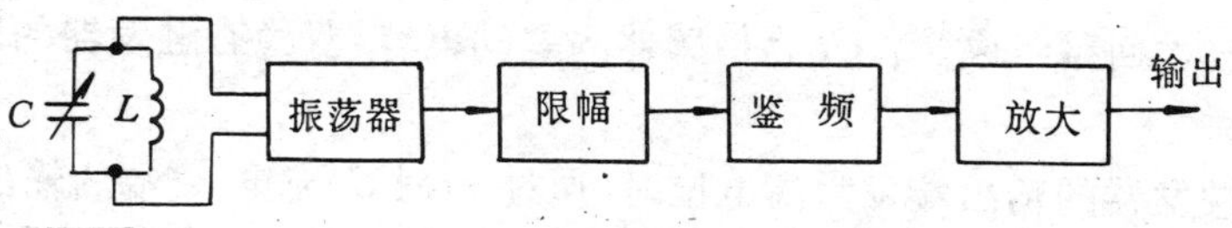

图 5-3　调频电路

与调幅相比，调频波具有较强的抗干扰能力，又因为调频波的振幅是一定的，功率利用率高，但调频电路比调幅线路复杂，所占频带宽度也远大于调幅电路。

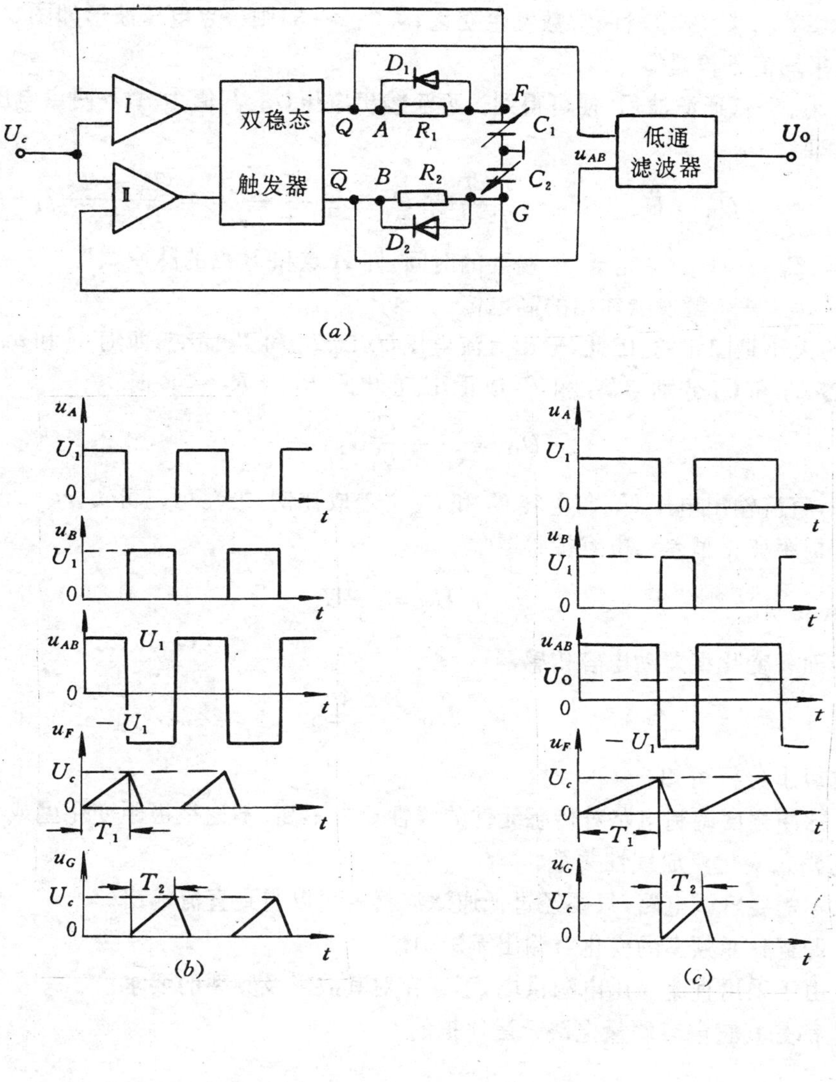

图 5-4　脉冲宽度调制电路及波形

(*a*) 差动脉冲调宽电路　(*b*) $C_1=C_2$ 时各点电压波形　(*c*) $C_1>C_2$ 时各点电压波形

二、脉冲宽度调制电路

脉冲宽度调制电路也称脉冲调宽电路，如图 5-4(*a*) 所示。它由比较器 Ⅰ 和 Ⅱ、双稳态触发器及电容充放电回路组成。C_1、C_2为传感器的差动电容，双稳态触发器的两个输出端Q、$\overline{Q}$为电路的输出端。

当双稳态触发器的输出端Q为高电位时，通过R_1对C_1充电，$\overline{Q}$端的输出为低电位，电容C_2通过二极管D_2迅速放电，G点被钳制在低电位。当F点的电位高于参考电位U_C时，比较器Ⅰ的输出极性改变，产生一脉冲，使双稳态触发器翻转，Q端输出变为低电位，而$\overline{Q}$端变为高电位，这时C_2充电C_1放电，当G点电位高于U_C时，比较器Ⅱ的输出使触发器再一次翻转，如此重复，周而复始，使双稳态触发器的两个输出端各自产生一宽度受C_1和C_2调制的方波信号。当$C_1 = C_2 = C_0$时，各点的电压波形如图5-4(b)所示，输出电压U_0的平均值为零。但在工作状态时$C_1 \neq C_2$，C_1、C_2充电时间常数发生变化，若$C_1 > C_2$，则各点电压波形如图5-4(c)所示，输出电压的平均值不再是零。

电压u_{AB}经低通滤波后，便可得到一直流输出电压U_O，其值为A、B两点电压平均值U_A与U_B之差，即

$$U_O = U_A - U_B = \frac{T_1}{T_1 + T_2}U_1 - \frac{T_2}{T_1 + T_2}U_1 = \frac{T_1 - T_2}{T_1 + T_2}U_1 \tag{5-4}$$

式中　T_1、T_2——C_1、C_2充至U_C需要的时间，即A点和B点的脉冲宽度；

U_1——触发器输出的高电位。

由于U_1的大小是固定的，因此，输出直流电压U_O随T_1和T_2而变，即随u_A和u_B的脉冲宽度而变，而电容C_1和C_2分别与T_1和T_2成正比。在电阻$R_1 = R_2 = R$时

$$U_O = \frac{C_1 - C_2}{C_1 + C_2}U_1 = \frac{\Delta C}{C_0}U_1 \tag{5-5}$$

由此可知，直流输出电压U_O与电容C_1和C_2之差成比例，极性可正可负。

对于极距变化型差动电容传感器

$$U_O = \frac{\Delta d}{\delta_0}U_1 \tag{5-6}$$

对于面积变化型差动电容传感器

$$U_O = \frac{\Delta A}{A}U_1 \tag{5-7}$$

根据以上分析可知：

(1) 脉冲宽度调制电路对传感元件的线性要求不高，不论是极距变化型或面积变化型，其输出都与输入变化量成线性关系。

(2) 不需要解调电路，只要经过低通滤波器就可以得到直流输出。

(3) 调宽脉冲频率的变化对输出无影响。

(4) 由于采用直流稳压电源供电，不存在对其波形及频率的要求。

所有这些都是其它电容测量电路无法比拟的。

§5-3　电容式传感器的应用

电容式传感器与电阻应变式、电感式等类型传感器相比有如下特点：

(1) 动态范围大，响应快。这是因为两极板之间静电引力很小，动片质量很轻，推动极板需要的能量少。

(2) 灵敏度高，频带宽。能敏感 0.01 μm 甚至更小的位移，能在数兆赫频率下工作。

(3) 可以实现非接触测量，无摩擦，不会干扰被测对象的运动状态。

(4) 输出阻抗高、功率小。电容传感器的电容量很小，一般只有几至几百皮法，所以输出阻抗很高，输出信号的功率很小。为了降低输出阻抗和增大输出功率，必须采用高频电源和高倍数放大器，从而使测量系统复杂化。

(5) 抗干扰能力差。由于传感器电容量很小，电缆的分布电容不容忽视，工作在高频状态下容易产生寄生电容。为此可将电子器件靠近电容传感器放置并进行屏蔽。

根据电容式传感器的原理可知，利用极间距 δ 和极板遮盖面积 A 的变化，可以测量直线位移或角位移。通过弹性膜片可以测量压力，通过弹性梁可以测量振动或加速度等。利用介电常数 ε 的变化可以进行一些特殊量的测量，如容器中液位的高低、不导电松散物质的料位，溶液的浓度、非导电材料的厚度、非金属材料涂层的厚度等。

一、位移测量

图 5-5 为差动电容式位移传感器的结构图。弹簧片 3、5 用作运动导向和测杆的支承，弹簧 9 用来产生测力，测力大小可用螺钉 7 调节。当测杆 1 沿轴向移动时，通过测杆带动活动电极 4 移动，从而改变了活动电极 4 与两个固定电极 10、11 之间的遮盖面积使二者的电容量发生大小相等、极性相反的变化。由于采用改变极板之间遮盖面积的方法，所以有良好的线性，测量范围大、误差小；因为无机械摩擦，所以灵敏度高。

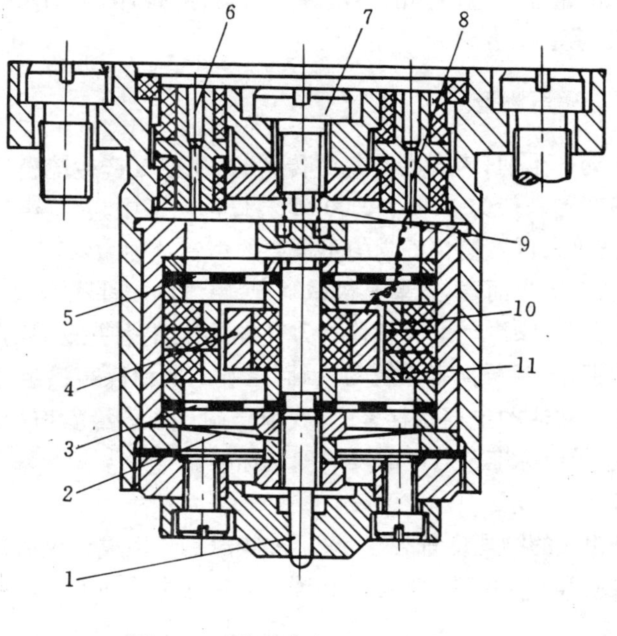

图 5-5　差动电容式位移传感器

1— 测杆　2— 密封片　3、5— 弹簧片　4— 活动电极　6— 接线座
7— 调节螺钉　8— 引出线　9— 弹簧　10、11— 固定电极

利用介质液面变化或固体块状、颗粒状及粉末状料位的变化可构成电容式物位传感器，如图 5-6 所示。

由图5-6(*a*)可知，被测液面高度变化时电容量随之变化，设被测液体的介电常数为ε_1，液面以上部分的介电常数为ε_2，则其电容量为

$$C=\frac{2\pi\varepsilon_1 H}{\ln\frac{r_2}{r_1}}+\frac{2\pi\varepsilon_2(l-H)}{\ln\frac{r_2}{r_1}}=C_0+AH \tag{5-8}$$

式中 $C_0=\dfrac{2\pi\varepsilon_2 l}{\ln\frac{r_2}{r_1}}$ —— 传感器在无液体介质时的初始电容；

$A=\dfrac{2\pi(\varepsilon_1-\varepsilon_2)}{\ln\frac{r_2}{r_1}}$ —— 常数；

H —— 传感器插入液面的深度；

l —— 传感器的有效工作长度；

r_1、r_2 —— 传感器内电极外径、外电极的内径。

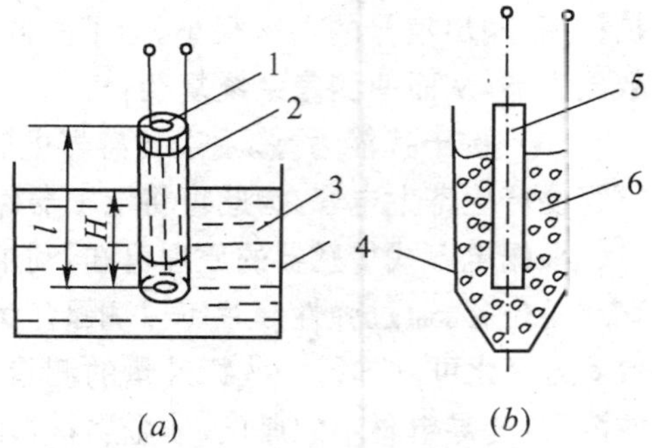

图5-6 电容式物位传感器

(*a*) 电容式液位传感器 (*b*) 电容式料位传感器

1—内电极 2—外电极 3—非导电液体

4—容器壁 5—电极棒 6—物料

由式(5-8)可知，当传感器结构参数决定后A为常数，传感器的电容C仅随被测介质液面高度H变化，由此可测量液位。

对料位传感器，由于固体摩擦力大，容易“滞留”，所以一般不用双层电极，而用电极棒和容器壁组成两个极面来测量非导电固体的料位。同理，当传感器的结构参数确定后，传感器的电容C仅随料位的表面高度H变化。

二、电容传声器与噪声测量

声音是由物体振动产生的，声音在空气中传播时，使空气产生疏密变化形成声波，人们能够感觉到的声音频率范围一般为20～20 000 Hz。日常生活中，有些声音是我们需要的，有些声音则是不需要的，把给人以不愉快感觉的不需要的声音统称为噪声。

噪声源很多，就工业噪声而言，主要有机械噪声、空气动力性噪声和电磁性噪声等。噪声已成为环境的主要公害之一，噪声严重会导致听力丧失，引起各种疾病；噪声还会干扰通讯联络，影响仪器仪表的正常工作，甚至损害建筑物。因而控制与防治噪声已经成为重要课题，噪声参数被列为机械产品动态性能的主要指标之一。我国已制订了环境噪声标准、听力保护标准、机械噪声标准、家用电器噪声标准及对应的噪声测试标准。

(一) 噪声的度量

噪声和声音采用相同的物理度量方法，只不过噪声是频率成分更为复杂的声音而已。通常都采用声压级、声强级和声功率级来表示其强弱，单位为分贝(dB)，用频率或频谱表示其高低。

人对声音的感觉，不但与声强有关，而且和声波的频率及波形有关。两个声压级相同而频率不同的纯声作用于人耳时，听起来并不一样响。因为人耳对高频声波敏感，而对低频声波迟钝。为了把客观的物理量和人耳感觉的主观量统一起来，根据人耳的主观感觉引入另一个声音强度量度 —— 响度。选用1 000 Hz纯声的声压级为标准来表示的声音大小称为响度级，单位为方(phon)。对于1 000 Hz以外频率的声音，要与1 000 Hz的声音进行听觉比较，再根据等

值判断表示为1 000 Hz声压级的值。响度级既考虑了声音的物理效应，又考虑了人耳听觉对声音感觉的生理效应，它是人们对声音主观评价的基本量之一，它把声压级与频率用一个单位统一了起来。

纯音可按上述方法确定其响度级和响度，而绝大多数的噪声是宽带声音，评价其响度就要复杂得多.ISO532－1975（E）规定了复合音响度的计算方法。

（二）噪声测量仪器

噪声的测量主要是声压级的测量，测出声压级后通过计算便可求出声功率级。噪声测量系统主由要传声器、声级计、频谱分析仪和电平记录仪等组成。本节仅对传声器和声级计进行介绍。

1. 传声器

传声器又称话筒，是一种声 — 电换能器，它可将声波信号变换为电信号。根据变换原理，传声器分为电容式、压电式、永电体式和动圈式等。其中电容式传声器是声学测量中比较理想的一种话筒，它的动态范围大、频率响应平直、灵敏度高，在一般环境下性能稳定，故常配用于精密声级计。

图5－7为电容式传声器的结构示意图。它主要由一个很薄的金属膜片1和一个与膜片靠得很近的金属电极2构成。金属膜片和电极之间互相绝缘而形成电容器的两个极，在外壳5上开了一个与外部大气相通的毛细孔4。当声压作用在膜片上时，膜片内外产生压差，使膜片产生一个与外界声波信号一致的振动，从而使膜片与固定电极之间的电容变化，通过电路变成电压输出。电极2上阻尼孔7的作用是振膜运动时所造成的气流将通过这些小孔产生阻尼作用，以抑制振膜的振幅。壳体上的毛细孔用来平衡振膜两侧的静压力，以防振膜破裂，而动态压力（声压）的变化，很难通过毛细孔而作用于内腔，从而保证仅有振膜的外侧受到声压的作用。

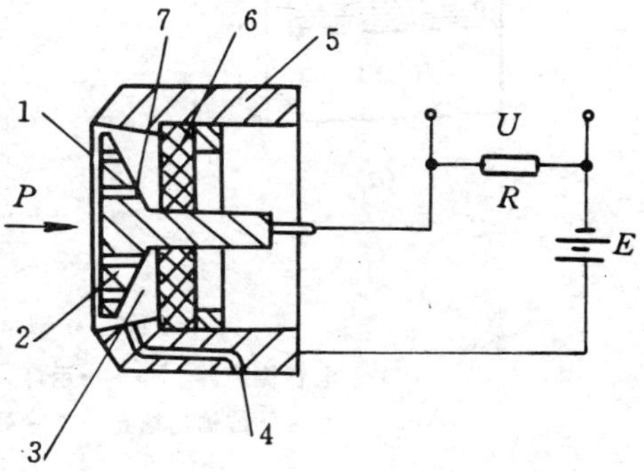

图5－7　电容式传声器

1— 膜片　2— 电极　3— 内腔　4— 毛细孔
5— 外壳　6— 绝缘支架　7— 阻尼孔

2. 声级计

声级计是一种便携式的噪声测量仪器，是噪声测量中最基本的仪器。它通常由电容传声器、前置放大器、衰减器、放大器、计权网络、检波器和指示表头等组成，由电池供电，其组成如图5－8所示。

声级计的工作原理是由传声器将声音转换成电信号，由前置放大器进行阻抗变换，使电容式传声器与衰减器匹配。放大器将输出信号送到计权网络，然后再经衰减器及放大器将信号放大到一定的幅度，最后通过均方根检波器在指示表头上给出噪声声级的数值。

如果将噪声的大小每次都直接用耳朵与1 000 Hz的标准声进行比较测量，这不但测量效率低，人为的差别较大，而且还受心理机能的影响，显然是不可取的。因此常将传声器测出的声压值放大后，再用专门的校正电路使其尽可能与人的听觉相吻合，然后用仪表将这个修正后的数值指示出来。在声级计中的“计权网络”就是这种听觉校正电路。计权网络是一种滤波器，它能对不同频率的声音进行不同程度的衰减，经过这样的衰减之后，声级计的指示，大致表示了这些声音的响度值。

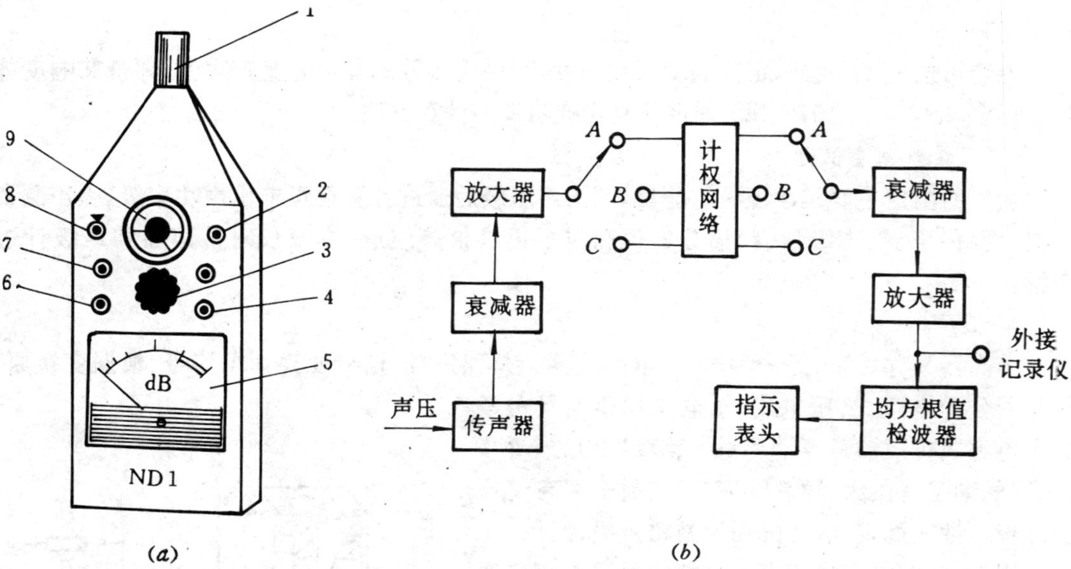

图 5-8　声级计

(a) ND—1 型声级计外形图　　(b) 方框图

1— 电容传声器　2— 指示灯　3— 计权网络开关　4— 外接电源插孔　5— 表头

6— 外接输出插孔　7— 外接输入插孔　8— 校正电位器　9— 衰减开关

声级计设置了 A、B、C 三种计权网络，可根据需要选择，它们的频率特性如图 5-9 所示。

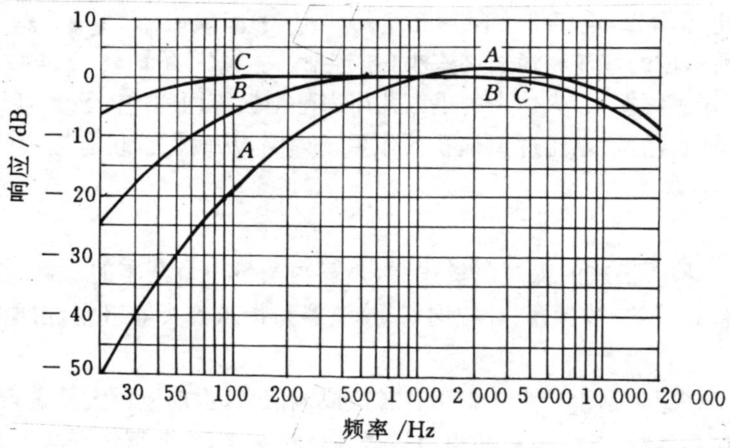

图 5-9　计权网络频率特性

A 计权网络较好地模仿了人耳对低频段不敏感、对 1 000 ～5 000 Hz 的声敏感的特点；B 计权网络在低频段略有衰减；C 计权网络不加滤波器，在整个可听频率范围内，有接近平直的特性，对各种频率的声音几乎等同对待，因此 C 计权网络代表噪声的客观数值，通常称为总声级。

经过计权网络测得的声压级称为声级，并按所采用的计权网络类型分别称为 A 声级 (L_A)、B 声级(L_B) 和 C 声级(L_C)，单位为 dB，并在 dB 后边加注“A”、“B”、“C” 符号，如 75 dB(A)。

（三）噪声测量的有关问题

噪声测量的结果，不但与测量仪器的精度有关，而且与外界条件和因素的影响有关。用声级计测量噪声时，为保证测量精度，应注意以下几点：

1. 测量目的

测量的目的不同，测量的项目、方法、测点选择及使用仪器也不同。例如为了调查、监视、控制环境噪声污染，应主要测量一定时间间隔的 A 声级，而机械噪声的测量项目则要测量声压级和噪声频谱，有时还需测量指向性。

2. 测点选择

传声器与被测噪声源的相对位置对测量结果有显著影响。因为现场情况各不相同，形成的声场也不一样，所以选择测点的位置和数目就很重要。测点选择必须根据测量目的和要求，以及现场具体条件加以考虑。如对设备、室内、厂区、街道等的噪声测量时，测点的选择各不相同。

3. 环境的影响

(1) 本底噪声的修正。本底噪声是指被测定的噪声源停止发声时，周围环境的噪声。测量时应避免本底噪声对测量的影响。设在有本底噪声的环境内，测量对象和本底噪声的总声级用 L 表示，被测对象的噪声级用 L_1 表示，本底噪声级用 L_2 表示。若($L-L_2$) 在 10 dB 以上，本底噪声可忽略不计；若($L-L_2$) 在 3 dB 以下，说明干扰太大，测量结果无效；若($L-L_2$) 在 3～10 dB 之间，则应从测得的总噪声级 L 中减去修正值 ΔL_2(ΔL_2 可由图 5-10(a) 中查出)，即

$$L_1 = L - \Delta L_2 \tag{5-9}$$

实际工作中会遇到已知两个声源在某点分别产生的声级 L_1 和 L_2，为了求出该点两个声源的总声级 L 可按下式计算，即

$$L = L_1 + \Delta L_1 \tag{5-10}$$

式中　$L_1 \geqslant L_2$，ΔL_1 可由图 5-10(b) 中查出。

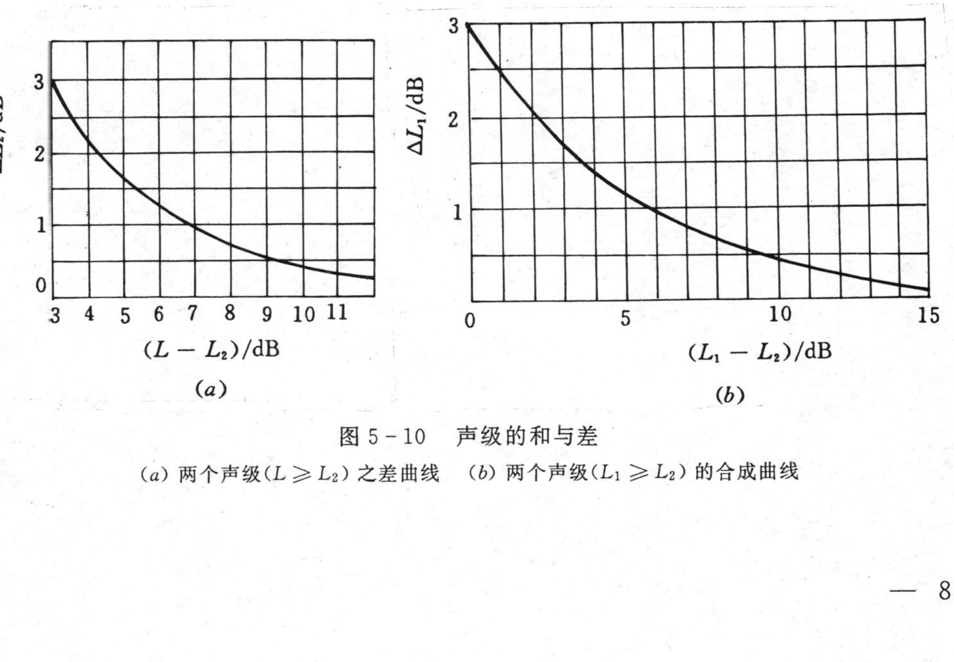

图 5-10　声级的和与差

(a) 两个声级($L \geqslant L_2$) 之差曲线　(b) 两个声级($L_1 \geqslant L_2$) 的合成曲线

(2) 风与气流的影响。在室外测量时，声可使传声器附近的空气产生风噪声，要求风速小于4级。当风速接近于4级时，应在传声器上带上防风罩或包一层绸布。在排气口测量时，传声器应避开风口和气流，带上防风鼻锥。

(3) 反射影响。噪声源附近的设备、墙壁、地面、观测人员都会引起声音反射，给测量带来一定误差。测量时传声器应尽量壁免靠近反射物，与其保持一定距离，若无法避免，则应在反射物上铺一层吸音材料。

另外，测量时传声器的指向不同，测量结果也不一样。因为传声器在高频时有指向性，因而各测点都要保持同样的入射方向，即传声器应指向声源。详细要求参照国标GB3767－83或GB3786－83要求实施。

习　题　五

1. 为什么极距变化式电容传感器的灵敏度和非线性是矛盾的？实际应用中怎样解决这一问题。

2. 有一只极距变化式电容传感器，两极板的重合面积为8 cm^2，两极板间的距离为1 mm，已知空气的相对介电常数为1.000 6，试计算该传感器的位移灵敏度。

3. 一电容测微仪，其传感器的圆形极板半径 $r = 4$ mm，工作初始间隙 $\delta = 0.3$ mm，问：

(1) 工作时，如果传器感与工作的间隙变化量 $\Delta\delta = \pm 1\ \mu m$ 时，电容变化量是多少？

(2) 如果测量电路的灵敏度 $S_1 = 100$ mV/pF，读数仪表的灵敏度 $S_2 = 5$ 格 /mV，在 $\Delta\delta = \pm 1\ \mu m$ 时，读数仪表的指示值变化多少格？

4. 电容式传感器的测量电路有哪些？脉冲宽度调制电路有何特点？

5. 试绘制一个检测电缆芯线偏移中心线的电容式传感器的结构原理图。

6. 用声级计测量声压级为70 dB、100 Hz的纯声时，通过计权网络 A、B、C 的指示值分别为多大？

7. 把三个声压级为60 dB的声合在一起形成的总声压级是多大？

第六章　压电式传感器

§6-1　压电效应及压电材料

一、压电效应

某些物质沿一定方向受到外力作用时，在其表面上便产生电荷，当外力去掉后，表面的电荷随之消失，这种现象称为压电效应。如果将这种物质置于电场中，在电场作用下产生机械变形，当外电场去掉后，变形也随之消失，这种现象称为逆压电效应。若作用力或电场方向改变时，物体表面产生的电荷极性或变形方向也随之改变。具有这种压电效应的物质称压电材料，如石英、锆钛酸铅等。

压电式传感器是以某些物质的压电效应进行工作的。它既可以将机械能转换为电能又能将电能转换成机械能，所以它是一种具有可逆特性的双向传感器。

石英是一种结晶的二氧化硅，它的天然结构是一个正六面体晶柱，如图 6-1 所示。六棱柱的中心线为 z 轴(或称光轴)，垂直 z 轴并通过棱角的轴线称 x 轴(或称电轴)，按右手坐标系垂直于棱面的轴线为 y 轴(或称机械轴)。

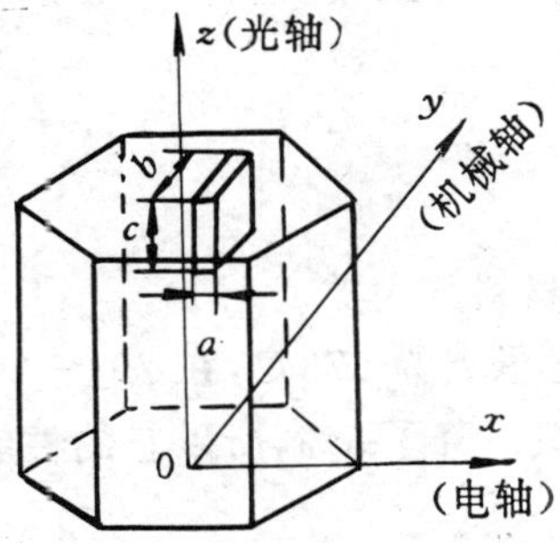

图 6-1　石英晶体截层

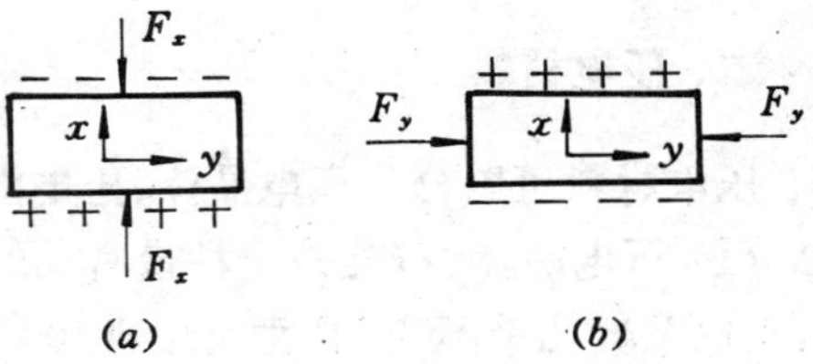

图 6-2　石英晶体受力后产生的电荷

从晶体中切出一小块，使其晶面分别平行于三个轴线。若沿 x 轴施加作用力 F_x，则在垂直于 x 轴的表面上产生电荷，如图 6-2(a) 所示，这种现象称纵向压电效应。此时电荷的大小为

$$Q_{xx} = d_{11}F_x \tag{6-1}$$

式中　d_{11}—— 表示 x 轴方向受力时的压电系数。

若沿 y 轴施加作用力 F_y 时，电荷仍然出现在与 x 轴垂直的表面上，但极性相反，如图 6-2(b) 所示，称横向压电效应。此时电荷的大小为

$$Q_{xy} = d_{12}F_y\frac{b}{a} = -d_{11}F_y\frac{b}{a} \tag{6-2}$$

式中　a、b —— 晶体切片沿 x 轴和 y 轴的长度；

d_{12} —— 晶体在 y 轴方向受力时的压电系数。

从式(6-1)和式(6-2)可以看出,纵向压电效应产生的电荷大小与晶体的几何尺寸无关,而横向压电效应产生的电荷大小与晶体切片的几何尺寸有关。负号表示沿 x 轴和 y 轴作用力引起的电荷性质相反。

压电效应是在外力作用下晶体产生极化的结果。石英的化学成分是 SiO_2,无外力作用时,离子间电荷是相互平衡的,所以外部不呈现带电现象,如图 6-3(a) 所示。如果在 x 和 y 轴方向受到压缩力 F_x 和 F_y 作用时,由于离子之间造成位错,则电荷的平衡关系受到破坏,产生极化现象,表面产生电荷,如图 6-3(b)、(c) 所示。当在 z 轴方向受力时,由于离子对称平移,故表面不呈现电荷,没有压电效应。所以对石英晶体而言,不是任何方向都存在压电效应,在与 z 轴垂直的表面上,无论施加多大的作用力,都不产生压电效应。

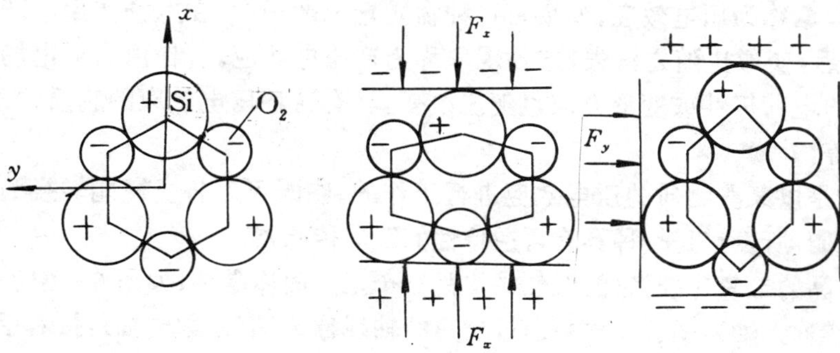

图 6-3 石英晶体的模型

二、压电材料

压电材料可以分为压电晶体、压电陶瓷和高分子压电材料几大类。

(1) 压电晶体。石英是一种最常见的压电晶体。它的居里点为 573℃,在 20 ~ 200℃ 范围内,压电系数几乎不变,温度上升到 400℃ 时,压电系数也只下降了 5%,所以它的性能稳定,可在较高温度下工作,机械强度高,绝缘性能好。

(2) 压电陶瓷。压电陶瓷是人工制造的多晶体压电材料,在极化之前没有压电效应。只有在一定温度和高压电场作用下进行极化处理,才具有压电特性。压电陶瓷受到垂直于极化面的作用力时在极化面上便出现电荷,由于极化轴是对称轴,所以压电陶瓷在极化平面上各向同性,压电系数相等。

常见的压电陶瓷有锆钛酸铅压电陶瓷(PZT)和铌镁酸铅压电陶瓷,它们的压电系数比石英晶体高出几十倍至上百倍,虽然机械强度和居里点一般不及石英,但由于价廉、灵敏度高而被广泛采用。压电陶瓷按照受力和变形的形式不同可以制成各种形状的压电元件,常见的有片状和管状,管状压电元件的极化方向可以是轴向,也可以是圆环的径向。

(3) 高分子压电材料。近年来出现了一些新型压电材料,如聚二氟乙烯(PVF_2)、聚氯乙烯(PVC) 等高分子压电材料。这种材料质地柔软、不易破碎,在很宽的频率范围内有平坦的响应特性,性能稳定,能和空气的声阻抗自然匹配,是一种很有前途的电声材料。

§6-2 测量电路

压电元件在外力作用下两个表面产生数量相等、极性相反的电荷,因此可以把它看作一个电荷源。当两个表面聚集起正负电荷时,它又相当于一个以压电材料为介质的电容器,电容量为 C_a,若压电晶片的绝缘漏电阻为 R_a,则等效电路如图 6-4 所示。因此把压电晶片等效为一个与电容相并联的电荷源时,电容器上的开路电压为

$$u_a = \frac{Q}{C_a} \tag{6-3}$$

当压电式传感器接入测量电路后,必须考虑后续测量电路的输入电容 C_i 和连接电缆产生的寄生电容 C_L,以及后续电路的输入电阻 R_i 和传感器本身的电阻 R_a 所形成的泄漏电阻 R_0,此时的等效电路如图 6-5 所示。

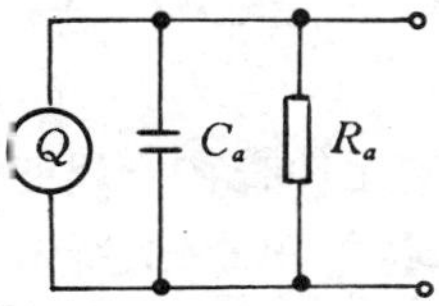

图 6-4　压电晶片等效电路

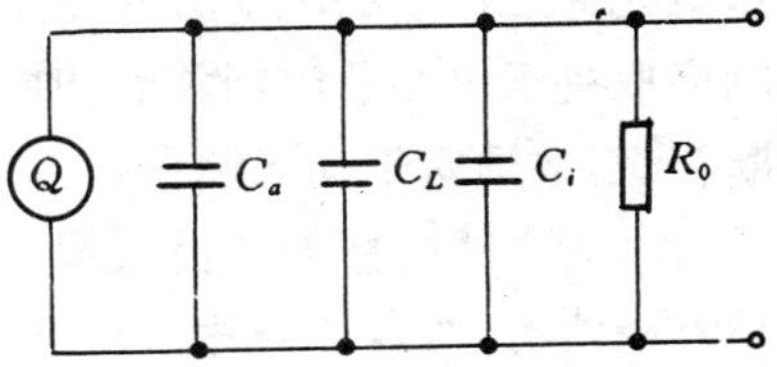

图 6-5　压电式传感器的等效电路

压电式传感器只有在外接负载为无穷大、内部也无漏电时,受力后产生的电荷才能长期保存下来,否则电路便以时间常数 $(R_a + R_i)(C_a + C_L + C_i)$ 按指数规律放电。动态测量时,为了保持一定的输出电压和扩展频带的低频段,就必须提高回路的时间常数。如果依靠增大电容 C_i 的办法来达到这一目的,则会使输出电压降低,影响传感器的灵敏度。因此常采用提高输入阻抗 R_i 的方法来增大时间常数,使漏电造成的电压降很小,不致造成明显的测量误差。

压电式传感器输出信号很小,本身内阻很大,输出阻抗很高,一般不能直接显示和记录。通常是把传感器输出的信号先送到一个高输入阻抗放大器,经过阻抗变换以后才可以接入一般放大、检波电路。与传感器配接的高阻抗输入放大器称前置放大器,它有两个作用:其一是把从传感器输入的高阻抗变为低阻抗输出;其二是把传感器输出的微弱信号进行放大。

前置放大器有电压放大器和电荷放大器两种。使用电压放大器时,传感器与前置放大器组成的测量系统输出电压与电缆的电容有关,因而测量系统对电缆电容的变化非常敏感,电缆的长度或型号变化时,仪器的灵敏度也随之变化,这就使电压放大器的使用受到限制。

电荷放大器是一个带有反馈电容 C_f 的高增益运算放大器。当传感器的内阻 R_a 和电荷放大器的输入电阻 R_i 足够大时,传感器与电荷放大器连接时的等效电路如图 6-6 所示。

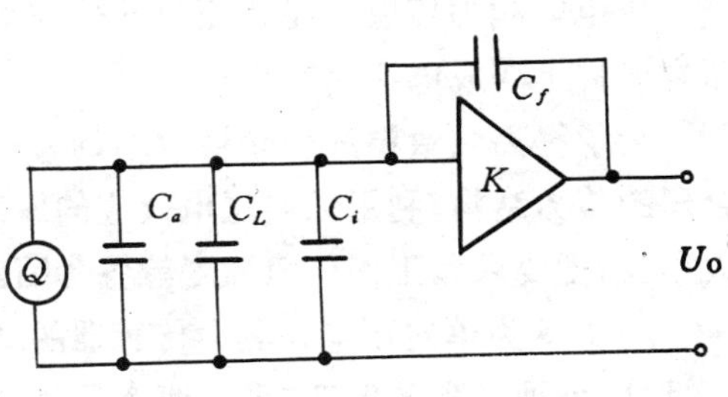

图 6-6　压电式传感器与电荷放大器连接的等效电路

根据运算放大器的基本特性,电荷放大器的

输出电压为

$$u_O=\frac{-KQ}{C_a+C_L+C_i+(1+K)C_f} \tag{6-4}$$

如果运算放大器的开环增益 K 足够大，则 $(1+K)C_f \gg (C_a+C_L+C_i)$，上式可简化为

$$u_O \approx -\frac{Q}{C_f} \tag{6-5}$$

该式表明，在一定条件下电荷放大器的输出电压与传感器的电荷量成正比，与电缆的分布电容无关，这是电荷放大器的突出优点。

§6-3 压电式传感器及其应用

压电式传感器具有体积小、重量轻、结构简单、工作可靠、测量频率范围宽等优点。但外力作用在压电元件上产生的电荷只有在无泄漏的情况下才能保存，因此测量频率下限受到限制，而低频响应取决于电路的时间常数，时间常数越大，低频响应越好。在交变力作用下，电荷可以得到不断补充，故适宜于动态测量。

为了增大压电式传感器的灵敏度，通常都是把两片以上的压电元件叠在一起使用。由于压电元件是有极性的，所以片与片之间可以采用并联和串联两种方式，如图 6-7 所示。

设单片压电元件的电容为 C'_a，电荷为 Q'，电压为 U'_a，当两片叠加后：

并联　$Q=2Q'$　$U_a=U'_a$

　　　$C_a=2C'_a$

串联　$Q=Q'$　$U_a=2U'_a$

　　　$C_a=C'_a/2$

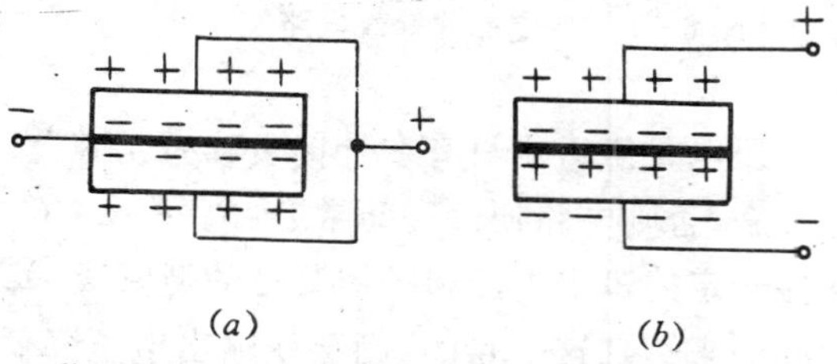

图 6-7　压电元件的连接方式

(a) 并联　(b) 串联

由此可知，并联时输出电荷增大，电荷灵敏度提高。但由于电容增加，时间常数也增大，所以适用于测量缓慢变化的信号并以电荷作为输出的场合。串联时输出电压增大，电压灵敏度提高，电容减少，时间常数减小，所以可用于测量高频信号并以电压为输出的地方。

一、压电式测力传感器

压电式测力传感器指将压电元件与弹性元件装在一起，通过弹性元件将力或压力作用到压电元件上变成电荷的变化。

为了提高测量精度和转换效率，必须选择合适的压电材料、变形方式、晶片的几何尺寸和合理的传力结构。利用纵向压电效应的厚度变形方式最简便，而材料的选择则决定于被测力的大小、精度要求和工作环境温度等各种因素。

图 6-8 为单向压电式测力传感器的结构简图，它由晶片 1、上盖 2、绝缘套 3、基座 4 和插座 5 组成。为了提高灵敏度，采用两个晶片并联，上盖是传力元件，绝缘套起绝缘及定位作用。当外力作用在上盖时，晶片表面产生的电荷与所受力的大小成正比。

压电元件在传感器壳体中必须有一定的预应力，以保证传感器在受力过程中始终受到一

个压力，能够准确地反映出作用力的变化；壳体与晶片的接触面应光洁平整，以便作用在晶片上应力均匀分布，否则会使横向灵敏度增大，影响线性度，同时会造成应力集中使晶片破碎。

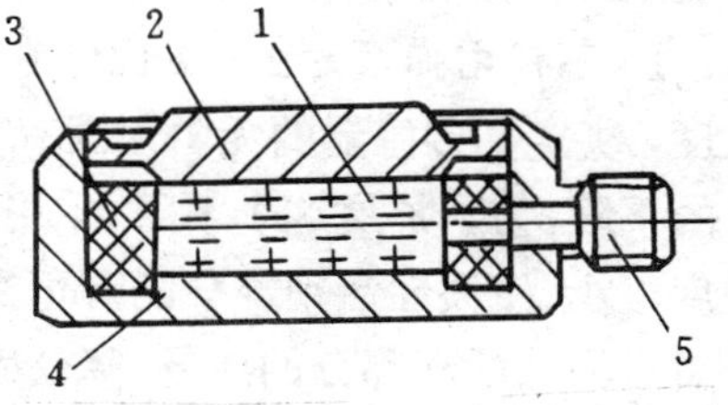

图 6-8　单向压电式测力传感器

二、压电式加速度传感器与机械振动的测试

机械振动是工程技术和日常生活中常见的一种物理现象，在大多数情况下机械振动是有害的。振动会影响加工精度，降低机器设备的使用寿命，甚至使设备损坏造成事故。振动本身或由振动产生的噪声会在生理和心理上危害人类的健康，因而振动已被列入需要控制的公害。但振动也有可以利用的一面，如输送、夯实、捣固、清洗、脱水……等。因此，除利用振动原理工作的机器设备外，对大多数机器都应将振动量控制在允许的范围内。

表示振动的力学量很多，在不同的领域中有不同的要求。表示振动的基本参数是位移、速度、加速度、频率、相位。

测振传感器又称拾振器。根据测量参数的不同，可分为位移计、速度计和加速度计。

根据测试参考坐标不同，测振传感器又分为相对式和绝对式两种。相对式测振传感器受到振动体的振动频率和振幅的限制，使用不方便。绝对式测振传感器是由质量块、弹簧和阻尼器组成的惯性系统，所以又称为惯性式测振传感器。使用时传感器装在振动体上，由于惯性力、弹性力和阻尼力的联合作用，使质量块相对于传感器壳体作相对运动，来反映被测物体绝对振动的规律。

振动测试需要测量的参数有振动位移、振动速度和振动加速度。这三个参数之间存在着简单微分或积分关系，测出一个参数便可得到其他两个参数。所以在一些测量振动的仪器中往往带有简单的微积分网络，可根据需要做位移、速度、加速度之间的切换。

（一）位移传感器

在前面讲过的电阻应变式、电感式、电容式和霍尔元件等传感器均可作为位移传感器。

质量—弹簧—阻尼系统可以把加速度转换成与之成比例的质量块相对于传感器基座的位移，再用不同的传感器把质量块的相对位移转换成电信号，就可构成各种类型的位移式测振传感器。这类传感器在结构形式上与加速度传感器完全一样，但参数的选取却大不相同。只有当质量 m 较大、弹簧刚度 k 较小、振动频率 ω 足够高时，质量块来不及跟随振动体一起振动，以致相对于惯性空间它接近于静止状态时，质量块相对于基座的位移才近似等于振动体的振幅，这就是二阶惯性系统用于测量振幅与测量加速度时在参数选取方面的根本区别。

这类基于测量质量块相对位移的测振传感器一般灵敏度都比较低，所以广泛采用的是基于测量惯性力的加速度传感器。

（二）磁电式速度传感器

振动速度可以通过磁电式传感器来测量，也可通过对振动位移传感器的输出信号进行微分，或对振动加速度传感器的输出信号进行积分来测量。

磁电式传感器主要由磁路系统和线圈两大部分组成。磁路系统用来产生磁场，为了减小体积，一般都采用永久磁铁；线圈用来与磁通交链产生感应电势。因为感应电势和线圈与磁铁的相对运动速度成正比，所以二者之间必须有相对运动，运动部分可以是线圈，也可以是磁铁。

图 6-9 为磁电式速度传感器的结构原理图。它是以线圈作为运动部分，永久磁铁 2 通过铝支架 4 固定在壳体 6 上，并借助壳体的导磁性来形成磁回路；工作线圈 7 和阻尼环 3 装在芯杆 5 上，芯杆用弹簧片 1 和 8 固定在壳体上，构成传感器的活动部分。活动部分的质量和弹簧的刚度，决定了传感器的无阻尼固有频率 ω_0，根据幅频特性的要求，ω_0 必须远小于被测振动频率 ω 的下限。为了扩展这个下限，采用了弹簧片来支承芯杆，弹簧片 1 和 8 的径向刚度很大，轴向刚度很小，使惯性活动部分既有可靠的支承，又保证有很低的轴向固有频率。铜制阻尼环 3，一方面可增加活动部分的质量，降低固有频率，另一方面利用铜环在磁场中运动时产生的磁阻尼力使运动部分有合理的阻尼。

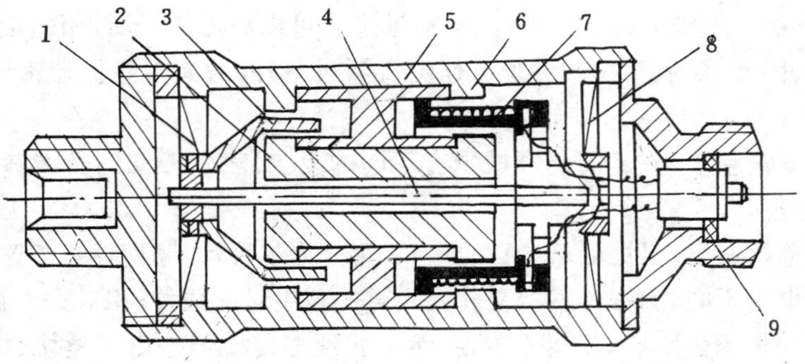

图 6-9　ZI—A 型动圈式磁电传感器

1—弹簧片　2—永久磁铁　3—阻尼环　4—铝架　5—芯杆
6—壳体　7—工作线圈　8—弹簧片　9—接头

使用时把传感器与被测振动体固紧在一起。当振动体振动时，壳体也随之振动，此时线圈等组成的活动部分由于惯性并不随壳体振动，而与壳体产生相对运动，使线圈 7 在环形气隙中运动，从而切割磁力线产生感应电势 e，根据电磁感应定律，感应电势 e 与振动速度 v 成正比，即

$$e = WBlv \tag{6-6}$$

式中　B —— 空气隙中的磁感应强度；

W —— 线圈的匝数；

l —— 每匝线圈的有效长度。

当传感器的结构确定后，B、W、l 都是常数，故感应电势 e 与相对运动速度 v 成正比。

这种传感器测量的基本参数是速度，所以称为磁电式速度传感器，其灵敏度约为 600 mV/(cm/s)。由于速度与位移、加速度之间存在积分或微分关系，因此如果在测量电路中接入积分电路和微分电路后，也可以测量振动体的振幅和加速度，可测振幅范围为 0.1～1 000 μm，可测最大加速度为 5 g(重力加速度的 5 倍)。

这是一种无源传感器，输出功率大，性能稳定，具有一定的工作频率范围(一般为 10～1 000 Hz)。因为不需另设参考基准，因此特别适用于运动物体，如飞机、车辆等的振动测量。

(三) 压电式加速度传感器

常用压电加速度传感器的基本结构形式如图 6-10 所示。压电片受力时，由于压电效应在其两端面上出现数量相等而符号相反的电荷。电荷 Q 大小与作用力 F 成正比，即与质量块的加速度成正比。由式(6-3) 和(6-1) 可得输出电压为

$$u = Q/c_a = d \cdot F/c_a = dma/c_a \tag{6-7}$$

式中　d —— 压电常数；

m —— 质量块的质量；

a —— 加速度。

显然，压电传感器的输出电压也与加速度成正比。

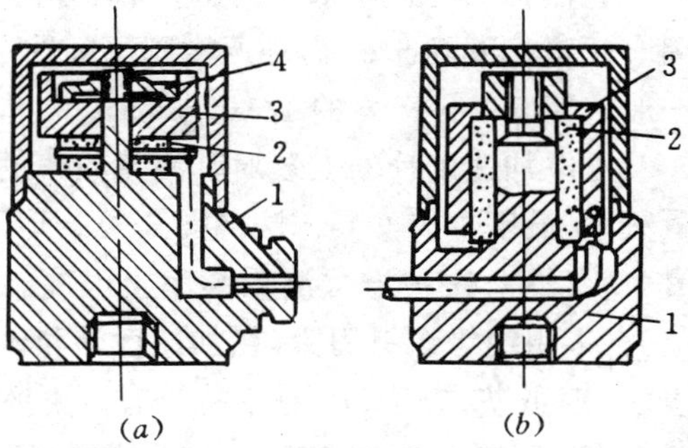

图 6-10　压电式加速度传感器

(a) 压缩型　(b) 剪切型

1—基座　2—压电元件　3—质量块　4—压紧弹簧

在压电加速度计中没有特别的阻尼装置，所以它的阻尼比 D 很小，一般在 0.01 以下，它的可测频率下限因受到配套仪器输入阻抗和加速度计本身性能的限制，一般不低于 1～2 Hz。由于压电加速度计具有很高的固有频率（一般可达 40～60 kHz，最高可达 180 kHz），所以它的频率上限很高，这是其它加速度计无法与之相比的。但实际上若可测频率取其固有频率 ω_0 的 1/5，则灵敏误差约为 6%。所以一般取可测频率上限为其固有频率 ω_0 的 1/5～1/10。

压电加速度计是以感受加速度的大小来进行测量的，所以理想的情况是：它对垂直于轴线的横向加速度不产生响应，即没有输出。但是由于压电材料的不均匀性，以及制造上的种种原因，致使压电加速度计在承受与轴线垂直的加速度时也会产生一定的输出，通常用“横向灵敏度”来衡量这个输出的大小。一个优质的压电加速度计，其最大横向灵敏度小于轴向灵敏度的 3%。要求较高的压电加速度计在其标定记录中应指出最大横向灵敏度的方向，使用时应当尽可能使存在的横向灵敏度不与这个方向重合，而与最小横向灵敏度方向重合以减少横向加速度的干扰，如图 6-11 所示。

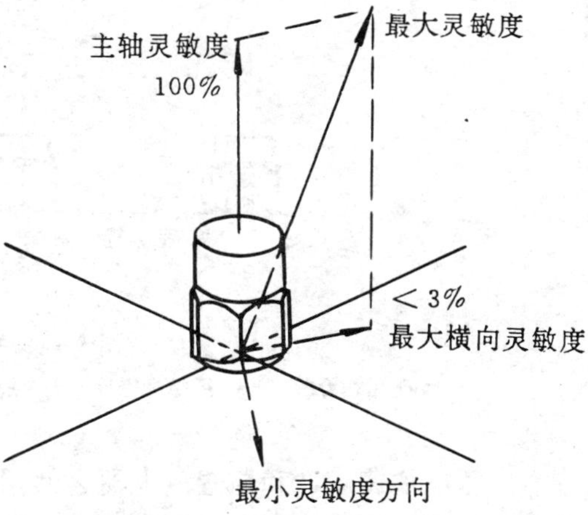

图 6-11　横向灵敏度

另外，不管什么类型的传感器，装到试件上之后，它的质量都会使试件的运动产生某些变化。显然这种变化必须尽量小，才能保证测量的精度。传感器质量对试件振动的大小和固有频率都有影响，其影响可分别按下面两式考虑，即

$$a_1 = \frac{m}{m + m_T} a \tag{6-8}$$

式中　a_1 —— 加上传感器之后系统的加速度；

a —— 试件原有的加速度；

m —— 试件的振动质量；

m_T —— 传感器的质量。

$$f_{01} = \sqrt{\frac{m}{m + m_T}} f_0 \tag{6-9}$$

式中　f_{01} —— 附加传感器之后系统的固有频率；

f_0 —— 试件原有的固有频率。

显然，只有当 $m_T \ll m$ 时 f_{01} 和 a_1 才能分别比较准确地接近于 f_0 和 a。当质量增加10%时，固有频率将下降 5%，而加速度则下降约 10%，因此必须根据测量要求来选择传感器的大小，一般应使 m_T 小于 m 的 1/10。

压电加速度计的安装对其测量频率的上限也有很大影响，安装不当会大大降低其最高测量频率。最基本的安装方法如图 6－12 所示。方法(*a*)用钢制螺钉将加速度计固定在试件上，拧紧力要适中，这种方法测量频率上限高。方法(*b*)适用于加速度计与试件之间需要绝缘的情况，它采用绝缘螺钉固紧，在加速度计和试件之间衬以云母垫圈。该方法的测量频率上限较方法(*a*)略低些。方法(*f*)是手持带有可更换的圆头或尖头探针，此方法使用方便，但测量频率上限很低，不宜用来测量高于 100 Hz 的振动。除上述三种方法外，还可以用永久磁铁(图 6－12(*c*))，粘合(图 6－12(*d*)、(*e*))等方法固定。

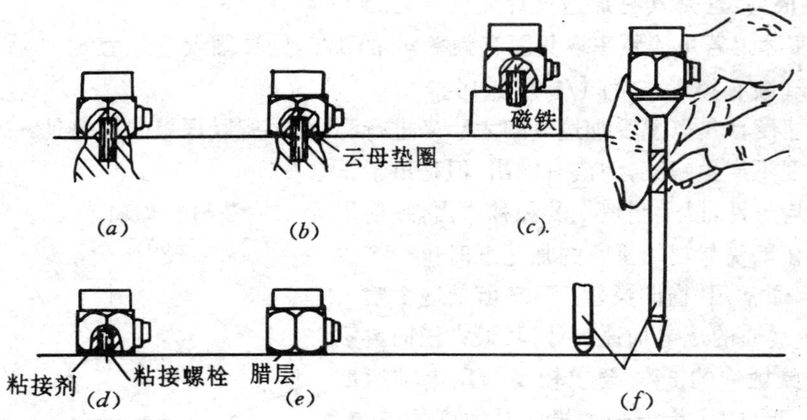

图 6－12　安装加速度计的几种方法

(*a*) 用钢螺栓　(*b*) 用绝缘螺栓　(*c*) 用永久磁铁　(*d*) 用胶合螺钉　(*e*) 用蜡粘　(*f*) 手持探头

压电加速度计和前置放大器之间用低噪声电缆连接，电缆的振动、弯曲、缠绕和大幅度的晃动以及接地不合理都会增大噪声电平。通常用夹子、胶布、蜡等固定电缆，并使电缆在试件振动最小处离开试件，如图 6－13 所示。不正确的接地会构成一个接地回路如图 6－14，该回路在加速度计上形成一个电压降 Δu，并直接在加速度计的输出端输出，造成很大误差。因此，应确保测量系统在一个点接地，一般接地点应选在读数装置的输入端。

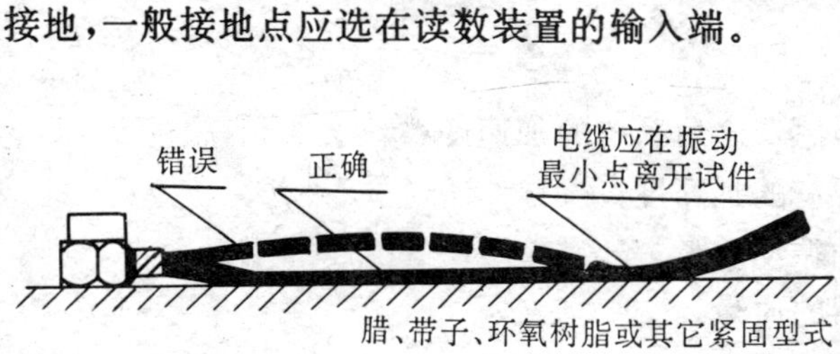

图 6－13　电缆的固定方法

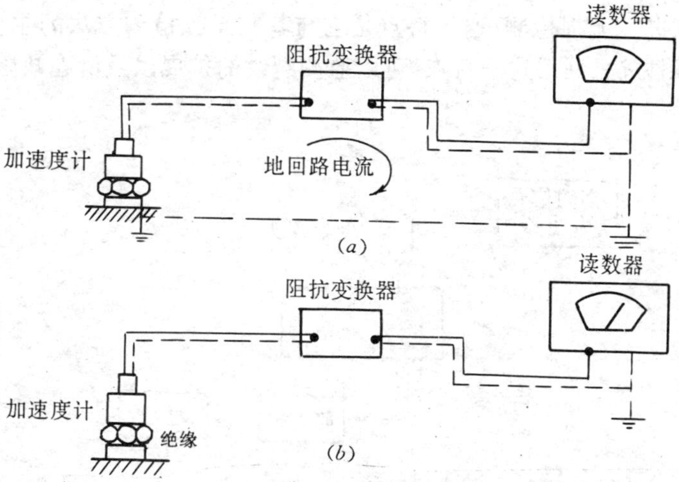

图 6-14　接地方法
(a) 不正确　(b) 正确

三、压电式超声波传感器

超声波传感器是利用压电元件发射或接收超声波信号，也叫超声波探头。根据测试方式不同，应用正压电效应和逆压电效应可以单独组成发射或接收探头，也可以由一个探头同时实现发射和接收两种功能。探头结构如图 6-15 所示。

高频超声波的波长短，不易产生绕射，碰到杂质或分界面就会有明显的反射；方向性好，能定向传播；在液体或固体中衰减小，有很强的穿透能力。因而是无损探伤的重要工具。

将两个超声波探头放置在工件的两面，一个发射声波，一个接收声波，如图 6-16 所示。当工件内无缺陷时，接收探头接收到的能量大，仪器显示的数值大；当工件内有缺陷时，因为部分能量被反射，接收到的能量减小，显示的数值随之变小。根据仪器显示的数值的变化，就可检测出工件内部的缺陷。

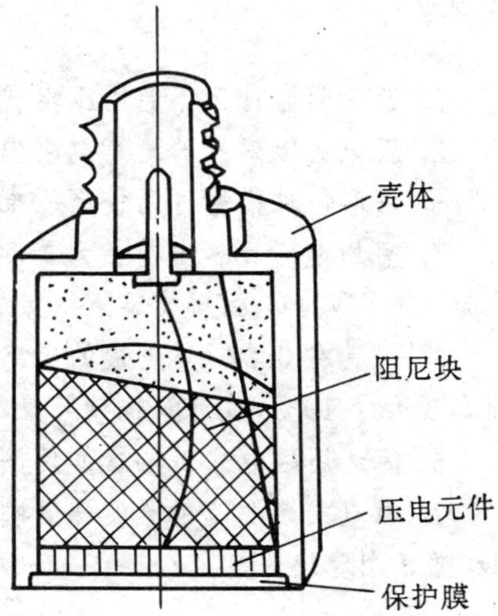

图 6-15　超声波探头结构原理

声发射传感器一般也是采用压电材料作为敏感元件。所谓声发射(AE)，就是固体材料在塑性变形或断裂时，由于位错、晶界滑移等使内部能量以弹性波的方式快速释放的过程。材料的物理性质不同，产生声发射信号的条件各异，因此声发射信号覆盖的频率范围很宽，它可以是低于 20 Hz 的次声，也可以是大于 20 Hz 的可听声，但更多是高于 20 kHz 的超声。

用仪器检测、分析 AE 信号和利用 AE 信号推断 AE 源的技术称声发射技术。同样是非破坏性超声波检测，声发射检测(AET) 与超声检测(UT) 相比较，UT 是由探头发出超声波，检测该波在缺陷处的反射波或透射波的一种主动检测方法，而 AET 是探测缺陷本身发出的声，是一种被动的检测方法。也就是说只有构件或材料的内部缺陷或裂纹处于运动变化的过程中才有声发射信号，才能进行无损检测，这一特点是它与其它无损检测方法的主要区别，所以说它是一种动态无损检测方法。利用这一特点，可以监测裂纹的扩展以及潜在缺陷的生长和变化过程。

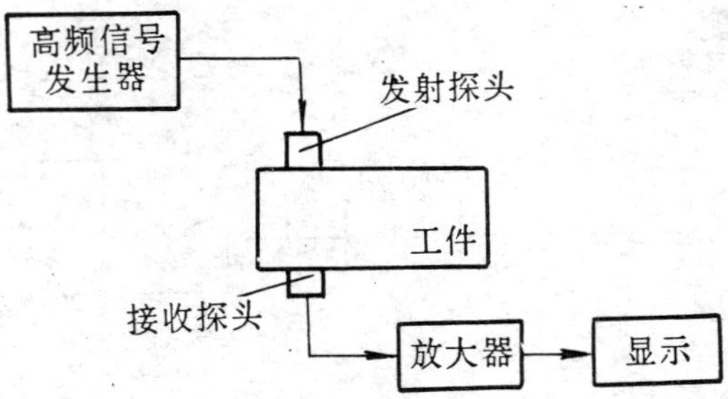

图 6-16　穿透法探伤原理

压电式声发射传感器的结构形式与压电式超声波传感器相似，但对压电元件的电参数、传感器的安装方式和安装位置有更高的要求。声发射技术已被用于机械故障诊断、容器裂纹和管道泄漏及焊缝质量的探伤、切削加工中刀具磨损和破损的监测等方面，它是一门很有前途的新兴学科。

习　题　六

1. 试说明为什么不能用压电式传感器测量变化比较缓慢的信号。

2. 压电式传感器的测量电路中为什么要接入前置放大器？电荷放大器有何特点。

3. 采取何种措施可以提高压电传感器的灵敏度？

4. 用加速度计和电荷放大器测量振动，若传感器的灵敏度为 7 pC/g，电荷放大器的灵敏度为 100 mV/pC，试确定输入 3 g 加速度时系统的输出电压。

5. 将具有 0.07 kg 质量的传感器装到振动机械上，若安装上传感器后使机械装置的响应频率改变了 10%，试计算机械装置本身的质量。

6. 简述用磁电式传感器如何测量位移、速度和加速度。

7. 磁电式速度传感器的弹簧刚度 $k = 3\,200$ N/m，固有频率 $f_0 = 20$ Hz，欲将 f_0 减为 10 Hz，弹簧刚度应为多少？

第七章 光电式传感器

光电式传感器是利用光电元件将光信号变换成电信号的一种装置。光电元件也称光敏元件，光电元件的类型很多，但其工作原理都是建立在光电效应这一物理基础上的。根据光电效应的不同基理，光电效应可分为三类：

(1) 光电子发射效应。在光的照射下，使电子从物体表面逸出的现象称之。如光电管、光电倍增管等。

(2) 光电导效应。在光的照射下，使物体电阻率改变的现象称之。如光敏电阻等。

(3) 光伏效应。在光的照射下使物体在某一方向产生电动势的现象称之。如光电池、光敏晶体管等。

光电子发射效应在物体表面产生，所以也称外光电效应，通常使用的是金属材料；光电导效应和光伏效应发生在物体内部，所以也称内光电效应，一般使用的是半导体材料。本章就半导体光电元件做一介绍。

§7-1 光 敏 电 阻

一、光敏电阻的工作原理

有些半导体材料在黑暗环境下电阻很大，但受到光线照射时，若光子的能量大于半导体材料的禁带宽度，则价带中的电子吸收了光子的能量后就会跃迁到导带，从束缚状态变成自由状态，激发出电子 — 空穴对，使半导体中载流子浓度增加，从而增加了导电性，使电阻值减小。照射光线愈强，电阻值下降愈多，光照停止，自由电子与空穴逐渐复合，电阻又恢复原来值，这就是光电导效应。根据这一原理制成的器件称为光敏电阻。

光敏电阻没有极性，使用时在电阻两端加直流或交流偏压，如图7-1所示。光敏电阻不受光照射时的电阻称暗电阻，此时流过的电流称暗电流。受光照射时的电阻称亮电阻，对应的电流称亮电流。亮电流与暗电流之差称光电流。光敏电阻的暗电阻在几兆欧以上，而亮电阻在几千欧以下。暗电阻与亮电阻之差越大，光电流越大，灵敏度越高。

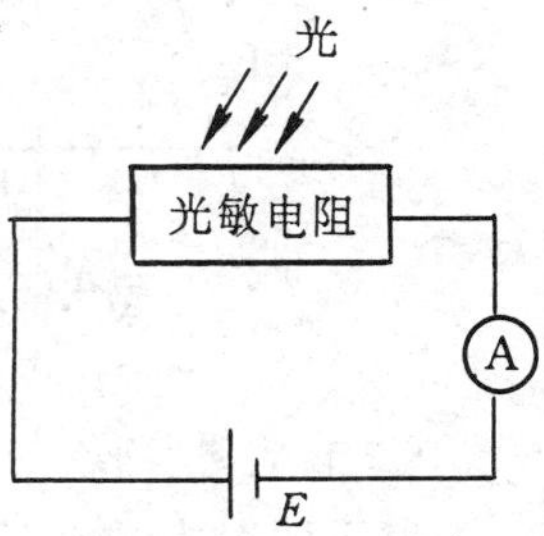

图7-1 光敏电阻连接电路

光敏电阻的结构如图7-2(a)所示。由于光电导效应仅限于光线照射的表面层，所以它的光电转换元件一般都做成薄片装在顶部有玻璃的外壳中。为了获得较高的灵敏度，电极一般采用梳状图案，如图7-2(b)所示。

二、光敏电阻的基本特性

(一) 光照特性

表示光电流与照射光强度的关系，也称光电特性。不同类型的光敏电阻光照特性不同，但大多数光敏电阻的光照特性曲线是非线性的，所以不适宜作检测元件，只能作为开关式的光电转换器。图 7-3 为硫化镉光敏电阻的光照特性。

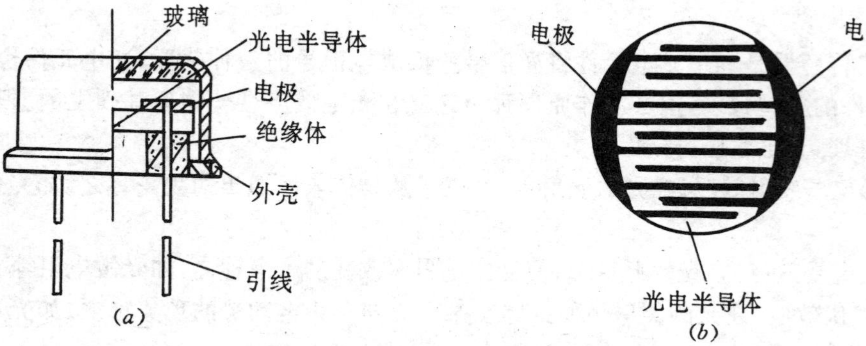

图 7-2 光敏电阻的结构及梳状电极

(二) 伏安特性

表示光敏电阻的光电流与外加电压之间的关系，如图 7-4 所示。由图可知，在给定的电压下，光电流的数值随着照射光的增强而加大，照射光强不变时，外加电压越高，光电流 I 也越大，灵敏度随之增大。但最高工作电压受到允许耗散功率限制，不同元件有不同的规定，使用时应加注意。

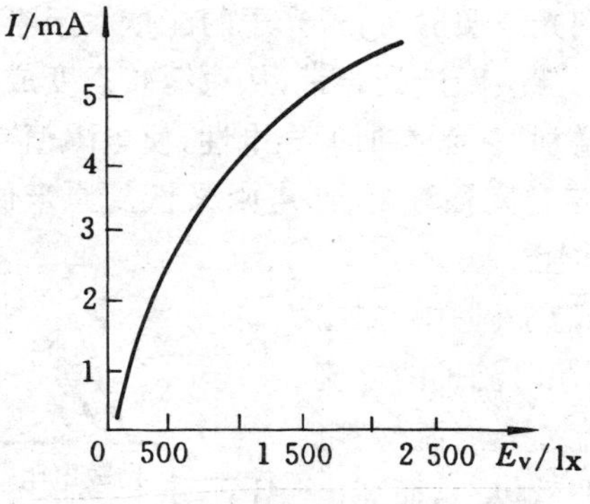

图 7-3 硫化镉光敏电阻的光照特性

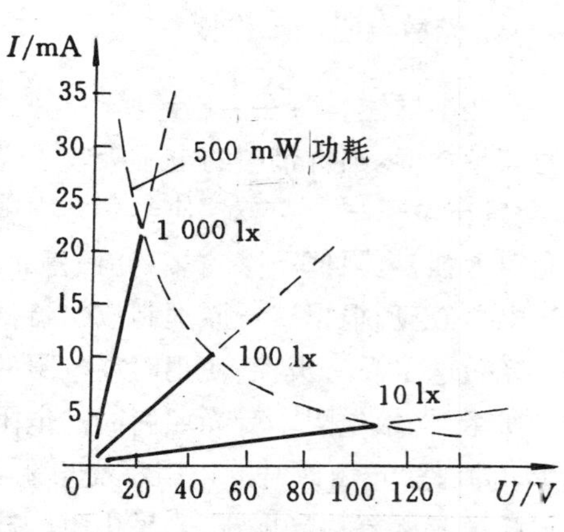

图 7-4 硫化镉光敏电阻的伏安特性

(三) 光谱特性

表示照射光的波长与光电流的关系，如图 7-5 所示。不同材料光敏电阻的光谱特性不同，同一材料照射光的波长不同时，光敏电阻的灵敏度亦不同。从图看出，光敏电阻的灵敏度有一个峰值，材料不同灵敏度峰值对应的波长不同。如硫化镉适用于可见光，硫化锌适用于紫外线，而硫化铅则适用于在红外线区域工作。所以选择光敏电阻时，要与使用的光源结合起来考虑，才能获得较好的效果。

(四) 频率特性

表示光电流与照射光强度变化频率之间的关系。因为光敏电阻受光照射后光电流不能立即达到饱和值，而是需要经过一段时间。同样光线停止照射后，光电流也不是立即完全消失，也存在一定的延时现象，如图 7-6(*a*) 所示。上升时间和下降时间愈短，表示光敏电阻的惯性愈小，对光信号的响应越快。材料不同，频率特性不同。大多数光敏电阻的响应时间都较长，在 ms 级左右，图 7-6(*b*) 为硫化铅和硫化铊光敏电阻的频率特性。

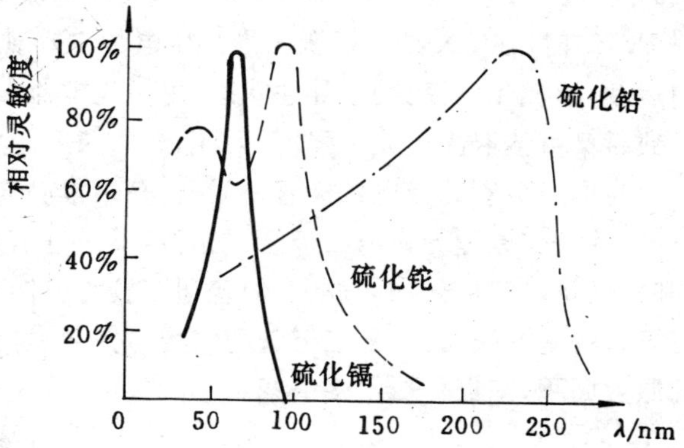

图 7-5 光敏电阻的光谱特性

光敏电阻的响应时间除与材料有关外，还取决于照度、负载电阻和环境温度。由图 7-6(*a*) 可知，照度愈大，光敏电阻达到额定响应值所需要的时间愈短。

(五) 温度特性

光敏电阻与其它半导体器件一样，温度对其特性影响很大。温度升高时暗电流增大，使灵敏度降低，同时图 7-5 中的光谱特性向短波方向移动。

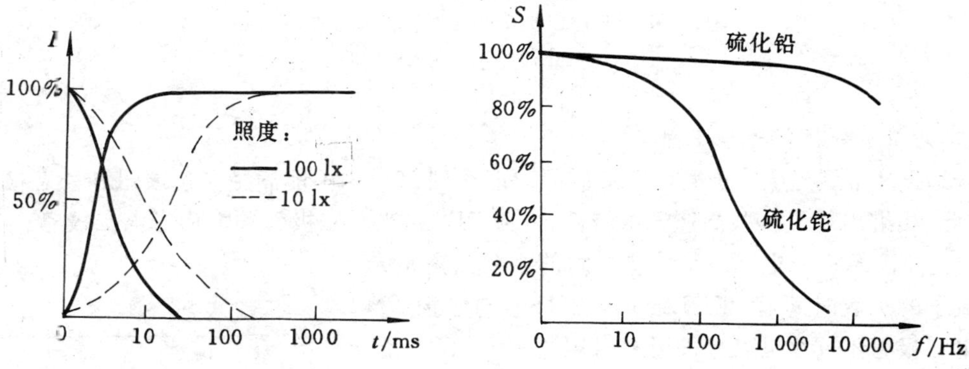

图 7-6 光敏电阻的频率特性

(*a*) 时间特性 (*b*) 频率特性

§7-2 光电二极管和光电三极管

一、光电二极管和光电三极管的结构原理

半导体光电二极管有三种类型：PN 结型光电二极管(PD)、PIN 结型光电二极管(PIN) 和雪崩型光电二极管(APD)。

(一) PN 结型光电二极管和光电三极管

光电二极管的结构与普通二极管相似，但它的 PN 结装在管子顶部，光线可以直接照射，

PN 结的面积较大，结深较浅，以提高光电转换效率，在电路中一般处于反向工作状态，如图 7-7(a) 所示。无光照射时，反向电阻很大，反向电流(即暗电流) 很小，工作在截止状态。当光线照射 PN 结时，在 PN 结附近激发出光生电子空穴对，它们在外加反向偏压和内电场作用下作定向运动，形成光电流，处于导通状态。由于光电流是光生载流子参与导电形成的，而光生载流子的数目又直接取决于光照强度。因此，光的照度越大，光电流越大。

光电三极管和光电二极管一样，也是用单晶硅和锗制成的。光电三极管有 NPN 和 PNP 型两种，其工作原理与光电二极管很相似，不过它有两个 PN 结，它在把光信号转换为电信号的同时，又将电流信号加以放大，像普通三极管一样有电流增益作用。图 7-7(b) 为 NPN 型光电三极管的基本线路。光电三极管的结构与普通三极管相似，只是它的基区做得很大，以扩大光的照射面积，基极一般不接引线。

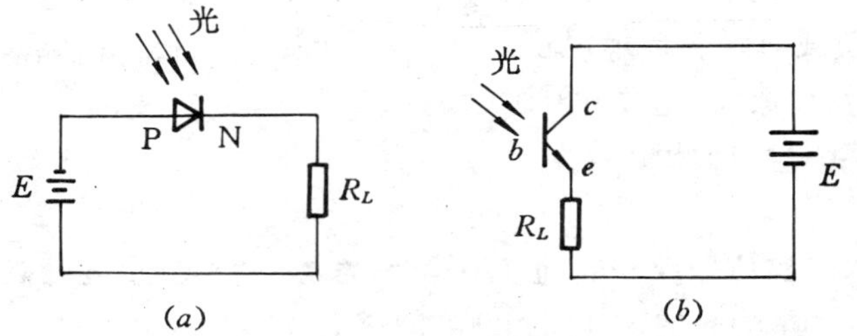

图 7-7　光电二极管和光电三极管的基本线路

(a) 光电二极管　(b) 光电三极管

(二) PIN 结型光电二极管

普通 PN 结型光电二极管的响应时间只能达到 10^{-7} s，不能满足高速通讯和动态检测的需要，为此，相继出现了一些高速光电器件，例如 PIN 结光电二极管和雪崩光电二极管。

决定 PN 结型光电二极管响应时间的主要因素是光生载流子的扩散时间，而 PIN 结光电二极管与一般 PN 结光电二极管不同之处在于P层和N层之间增加了一层很厚的I层，同时P层做得很薄，如图7-8所示。当入射光照在 P 层上时，由于 P 层很薄，大量的光被较厚的 I 层吸收，激发出较多的载流子，形成光电流；又由于 PIN 结光电二极管比 PN 结光电二极管施加的反向偏置电压高，使其耗尽层加宽，同时加强了它的 PN 结内电场，加速了光电子的定向运动，大大减少了漂移时间，因而提高了响应速度。

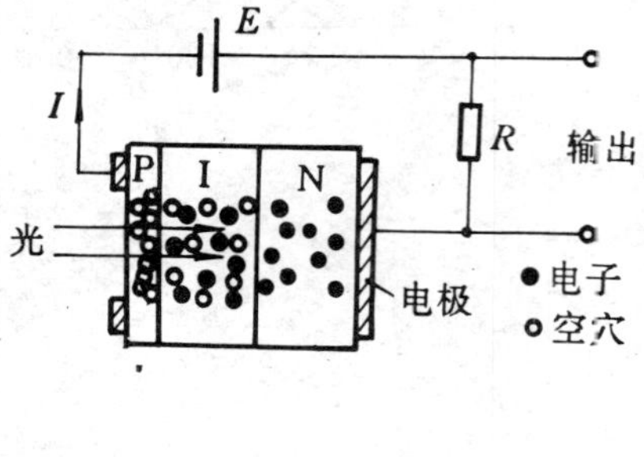

图 7-8　PIN 结光电二极管结构原理

PIN 结光电二极管的响应速度快，灵敏度高，而且仍然具有一般 PN 结光电二极管的线性特性，因此在光通讯和光信号检测中得到广泛的应用。

(三) 雪崩光电二极管(APD)

前述 PN 光电二极管和 PIN 结光电二极管不产生光生载流子的倍增作用，即内部无电增益，产生的电流微弱，进行放大和处理时将引入放大器噪声。为了克服这种缺点，加大输出电流，由此产生了雪崩型光电二极管。

雪崩型光电二极管的结构原理如图7-9所示。它是在PN结的P区一侧再设置一层掺杂浓度极高的P^+层而构成。使用时在元件两端加上接近于击穿程度的反向偏压，在P层两侧产生极强的内部加速电场。当光线照射时，P^+层受光子激发的电子，从价带跃迁到导带，产生的光生载流子，在高电场作用下获得巨大的动能，高速通过P层，在移动过程中由于碰撞而产生新的载流子，这些载流子在强电场作用下又去碰撞其它原子，产生更多的载流子。如此链锁反应，形成"雪崩"现象，使流过二极管的电流猛增，产生强大的光电流。

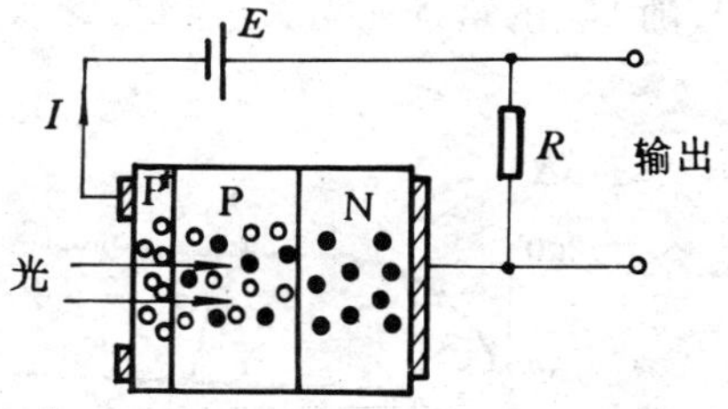

图7-9　雪崩型光电二极管结构原理

雪崩光电二极管与普通光电二极管相比，其突出的特点是在工作点附近的伏安特性斜率较大，工作点稍有变化便会引起元件特性的显著变化。由于它在低于反向击穿电压几十毫伏下工作，因此要求电源有较高的电压稳定性。

雪崩光电二极管的响应时间极短，灵敏度很高，应用前景广阔。例如光通讯技术中的脉冲编码 调制方式对光电元件的灵敏度和响应速度要求很高，但对其线性度要求一般，APD正好符合这一要求。

二、光电二极管和光电三极管的基本特性

（一）光照特性

光电二极管和光电三极管的光电流 I 与照度 E_V 的关系如图7-10所示。由图可知光电二极管光电特性的线性度比光电三极管好，但光电二极管的光电流一般只有几微安到几百微安，而光电三极管具有电流放大作用，所以在相同照度下的光电流比光电二极管大得多。但它在放大光电流的同时也放大了暗电流，因此信噪比要比同类光电二极管小。

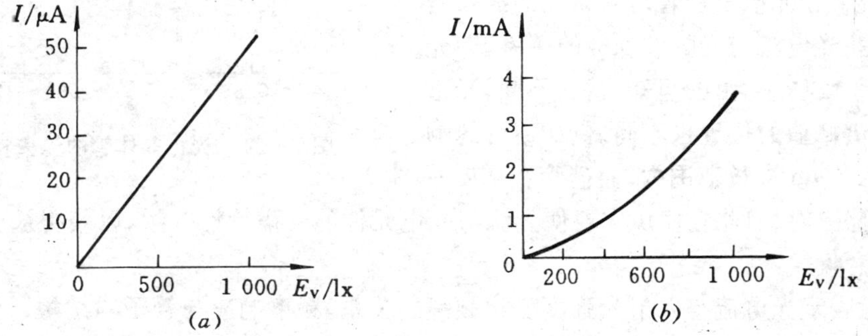

图7-10　硅光电管的光电特性

(a) 光电二极管　(b) 光电三极管

（二）伏安特性

光电二极管和光电三极管的光电流 I 与外加偏压的关系如图7-11所示。由图可见，在零偏压时，光电三极管无信号电流输出，而光电二极管仍有光电流输出。对光电二极管，光电流与

所加偏压几乎无关，仅取决于光照强度，在入射光照度一定的条件下，它相当于一个恒流源。对光电三极管，偏压对光电流有明显的影响。当照度保持不变、偏压 U_{ce} 较小时，曲线陡峭，光电流 I_c 随 U_{ce} 的增加而增大。当 U_{ce} 增大到一定值时，其影响显著减小。

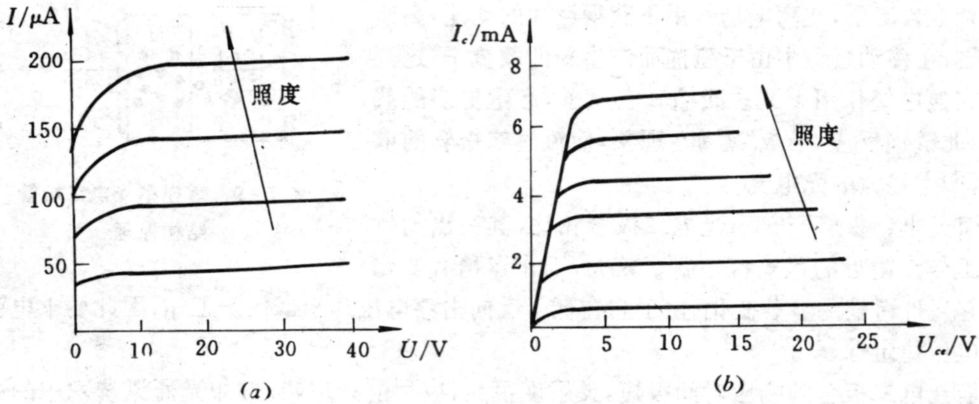

图 7-11　光电晶体管的伏安特性

(a) 光电二极管　(b) 光电三极管

(三) 光谱特性

光子能量的大小与光的波长有关，波长越长，光子具有的能量越小。对于不同波长的入射光，只有能量大于半导体材料禁带宽度的光子才能激发出光生载流子。因此，光电晶体管对光的响应存在一个最大波长极限。入射光波长越短，光子能量越大，但管芯表面的反射损耗也大，使管芯实际得到的能量减小，又存在一个最短波长的限制。所以光电二极管和光电三极管对入射光的波长有一个响应范围。光电流与光的波长 λ 的关系，即光谱特性如图 7-12 所示。由图可知，材料不同，光谱范围不同，光谱峰值的位置也不同。例如锗管的响应在 0.5 ～ 1.7 μm 波长范围内，而硅管在 0.4 ～ 1.2 μm 波长范围内。因此在使用中要使光源与光电元件的光谱特性一致，以获得最佳效果。

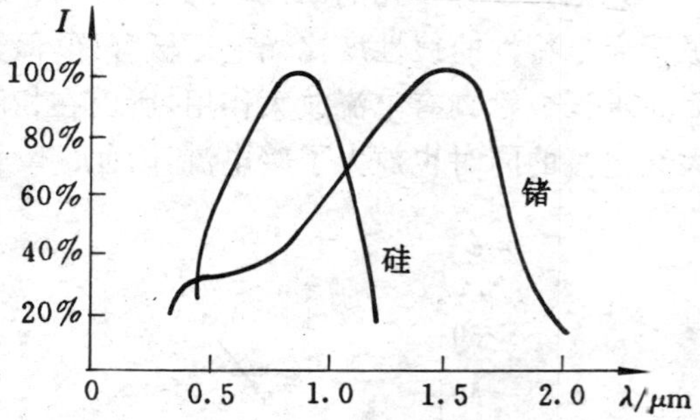

图 7-12　光电晶体管的光谱特性

(四) 频率特性

频率特性表示光电流与入射光强度变化频率的关系。频率响应与管子的结构、材料、照度、负载等有关。一般来说，光电二极管的频率响应比同类三极管高，这是因为后者载流子的形成离基极 — 集电极的距离大，载流子到达集电极的时间长；另外硅管又比锗管高。光电二极管的响应时间在 100 ns 以下，PIN 型和雪崩型的还要小，而光电三极管的响应时间却长达 5 ～ 10 μs。光线较强和负载电阻较小时，上升和下降时间短，响应速度就快。因此，在调制光信号和光脉冲下工作时，必须注意管型的选择。例如工作频率低于 10 MHz 时，应选择 PN 结型光电二极管；高于 10 MHz 时，则选用 PIN 结型或雪崩型光电二极管，只有工作频率低于 200 ～ 300 kHz 时，才选用光电三极管。

§7-3 光 电 池

光电池是一种直接将光能转换为电能的光电元件。制造光电池的材料有硅、锗、硒、硫化镉、砷化镓和氧化亚铜等。硅光电池因为具有转换效率高、性能稳定、频率特性好、光谱范围大，能耐高温辐射等优点，所以应用广泛。硒光电池的光谱峰值位于人眼的视觉范围，因而分析仪器和测量仪器也常采用。下面以硅光电池为例进行介绍。

一、硅光电池的结构原理

硅光电池是在一块N(或P)型硅片上，用扩散的方法掺入一些P(或N)型杂质，形成一个大面积的PN结，再在硅片的上下两面制造两个电极，然后在受光照的表面上蒸发一层抗反射层，构成一个电池单体，如图7-13所示。受光面积越大，接收的光能越多，输出的光电流越大。所以它实质上是一个受光面积很大无偏置的光电二极管。大面积的光敏面一边采用梳状电极可以减少光生载流子的复合，从而提高转换效率，减小表面接触电阻。

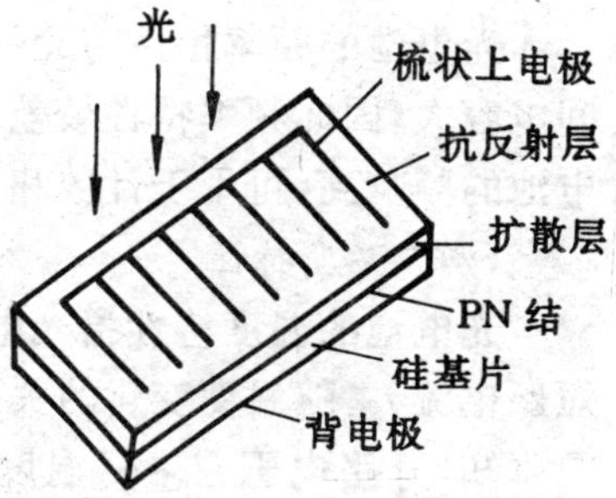

图7-13 硅光电池结构

当入射光照在电池上时，一部分被反射，其余部分被光电池吸收。被吸收的光能一部分变成热；另一部分以光子形式与半导体中的电子相碰撞，在PN结处产生光生电子—空穴对，这些光生载流子在内电场作用下，空穴移向P区，使P区带正电；电子移向N区，使N区带负电。于是P区和N区之间就形成了光生电动势，把PN结两端与负载连接起来便有电流流过。

二、光电池的基本特性

(一) 光照特性

光照特性表示光电池的开路电压U_{OC}和短路电流I_{SC}与照度E_V之间的关系。硅光电池的光照特性如图7-14所示。由图可知，开路电压U_{OC}随照度E_V的变化是非线性关系，且照度在2 000 lx时趋于饱和；短路电流I_{SC}是指外接负载相对于它的内阻很小时的电流值。由实验可知，负载电阻越小，光电流与照度之间的线性关系越好，且线性范围越大。因此把硅光电池作为检测元件时，应把它作为电流源而不能作为电压源。负载的选择应根据光强决定。

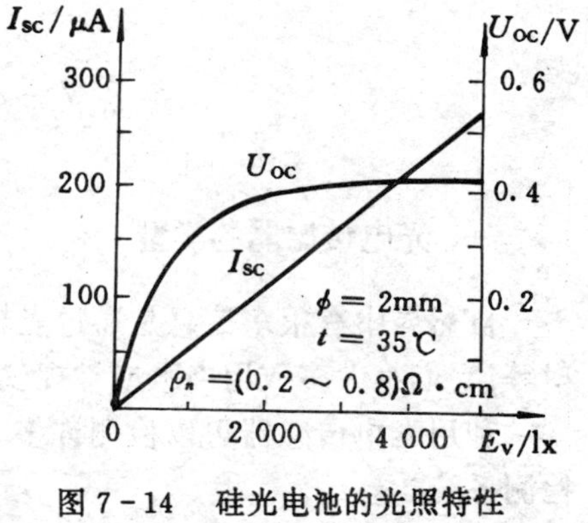

图7-14 硅光电池的光照特性

(二) 光谱特性

光电池的光谱特性取决于元件的材料，材料不同，光谱特性不同，图7-15为锗、硅、硒光电池的光谱特性。由图看出，锗的光谱范围比硅大，硅又比硒大，锗、硅、硒的光谱峰值分别为1.5 μm、0.8 μm、0.54 μm。硒光电池的光谱范围为0.34～0.75 μm，适用于可见光，故常用于照度计测定光的强度。

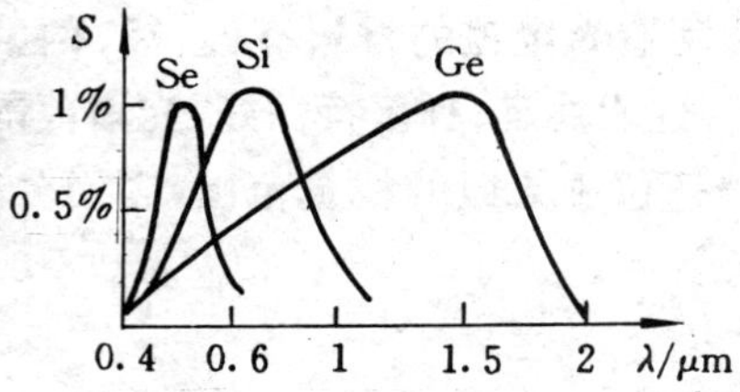

图 7-15　光电池的光谱特性

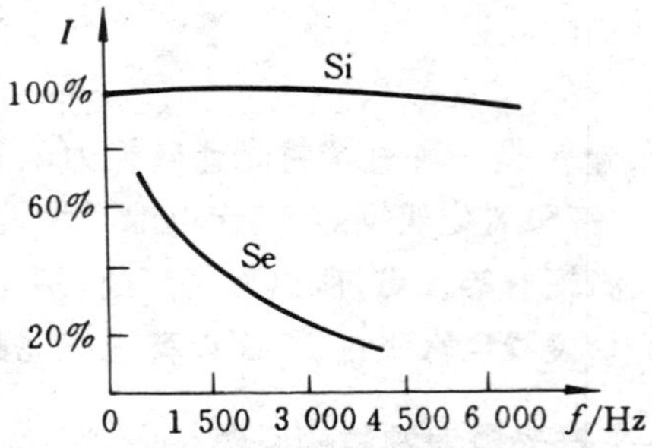

图 7-16　光电池的频率特性

（三）频率特性

光电池的频率特性与元件的材料、结构、尺寸和使用条件有关。光电池的 PN 结面积大，极间电容大，因此频率特性较差。图 7-16 为硅和硒光电池的频率特性，可以看出硅光电池比硒光电池的频响高，可用于计数和有声电影等方面。

（四）温度特性

光电池的温度特性指光电池的开路电压 U_{OC} 和短路电流 I_{SC} 随温度变化的关系，如图 7-17 所示。由图可知，开路电压 U_{OC} 随温度升高而下降的速度较快，短路电流 I_{SC} 随温度升高而上升较慢。温漂会影响检测或控制精度，因此光电池作为检测元件时应进行温度补偿。

一个硅光电池单体的开路电压约为 400 ～ 600 mV，短路电流在 5 ～ 140 mA，在要求大功率和不同电压的情况下，可将单片硅光电池串、并联制成硅光电池组，按使用要求灵活选配。TCA 型硅光电池组的开路电压为 4 ～ 25 V，短路电流在 100 ～ 1 000 mA。

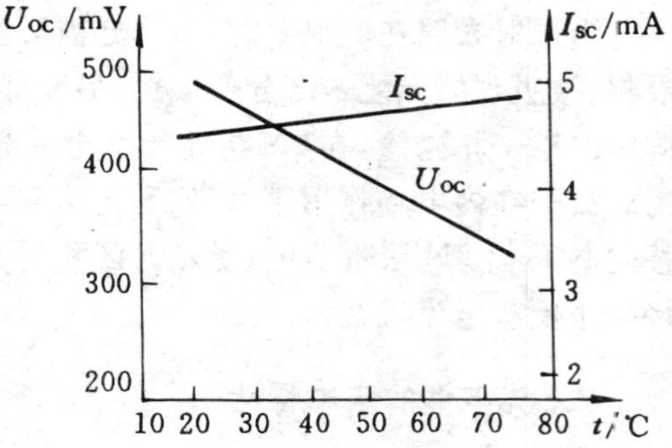

图 7-17　光电池的温度特性

§7-4　光电传感器的应用

一、光电传感器的类型

自然界中有很多信息是通过光辐射形式传播的，如火灾造成的热辐射、被照明物体的光反射等。它们绝大多数用肉眼或常规仪器无法检测，而通过光电传感器却可获得这些信息。

利用光电传感器可以检测许多非电量，按输出量的性质可分为模拟量检测系统和开关量检测系统。

（一）模拟量光电检测系统

它是利用光电元件将被测量转换成连续变化的光电流，如图 7-18 所示的几种形式。

图(*a*)是被测物发出的光直接照射到光电元件上，光电元件将被测物辐射的能量转换为光电流，如光电比色高温计。

图(b)是检测透射光。光源发出的光穿过被测物体时，部分被物体吸收后投射到光电元件上。吸收量与被测介质的透明度或混浊度有关。如检测液体、气体透明度的光电比色计，减光式感烟火灾报警器等。

图(c)是检测反射光。光源发出的光投射到被测物体上后再反射到光电元件上。反射光的强度，取决于被测物体反射表面的性质和状态，如表面粗糙度传感器等。

图(d)是检测位移。光源发出的光被被测物体遮挡了一部分，使照射到光电元件上光的强度变化，光电流的大小与被测物体遮光的多少有关。利用这一原理可以测量零件的直径、长度及圆度等。

(二) 开关量光电检测系统

它是将被测量利用光电元件转换成断续变化的光电流，通过测量电路输出开关量或数字信号。大多用于光、机、电结合的检测装置中，如电子计算机的光电输入机、数字光电转速计、光电计数器等。

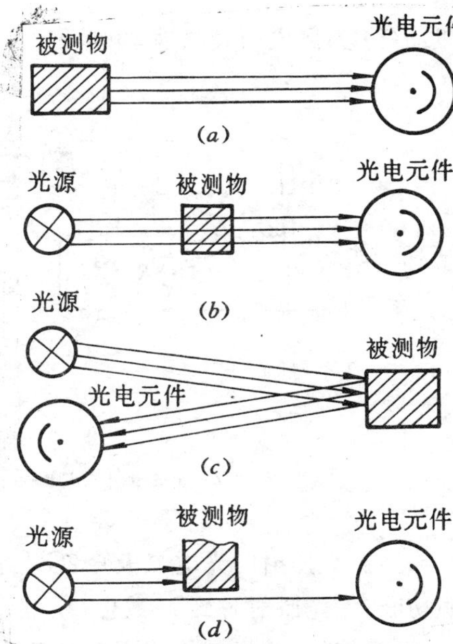

图 7-18　光电元件应用的几种形式

二、应用实例

近年来由于生产、科研和生活的需要，在工业生产自动化、节约资源、灾害预测、安全防卫、环境保护、医疗诊断等方面，光电传感器的作用愈来愈加重要，它在检测、自动控制及电子计算机的应用等方面发挥着日益重要的作用。下面介绍几种应用实例。

(一) 光电式数字转速计

光电式数字转速计中的光电传感器是利用光电元件的"开"、"关"特性工作的。分为反射式和透射式两种，两者的原理相同，只是一个接收的是反射光，一个接收的是透射光。反射式是在旋转体上粘贴一个反光标记或涂上黑白两种颜色，如图 7-19 所示。光源经光学系统聚成一条光束照射在被测旋转体上，物体每转 1 周，反射到光电元件上光的强弱就发生 1 次变化，光电元件产生的光电流的大小也变化 1 次，经整形放大后变成一串脉冲信号，送给数字频率计，数字频率计显示的数值与转速成正比。

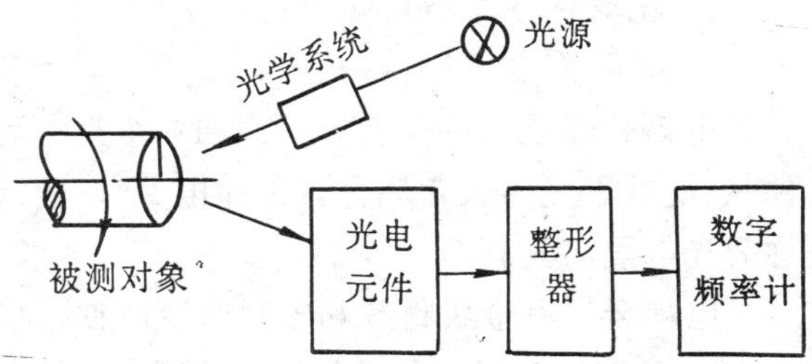

图 7-19　光电式数字转速计

光电式数字转速计是一种非接触式传感器，结构简单，工作可靠，精度高，频响宽，最高测量转速可达每分钟几十万转，因此得到广泛应用。

(二) 照明灯自动开关和机床自动保护电路

图7-20为由光敏电阻、光电二极管、光电池组成的光电控制电路，广泛用于各种物体检测和光电控制系统中。例如冲床、切纸机的保护电路，航标灯、室内照明灯、路灯的自动开关等。现

以图(*b*)为例说明其原理。

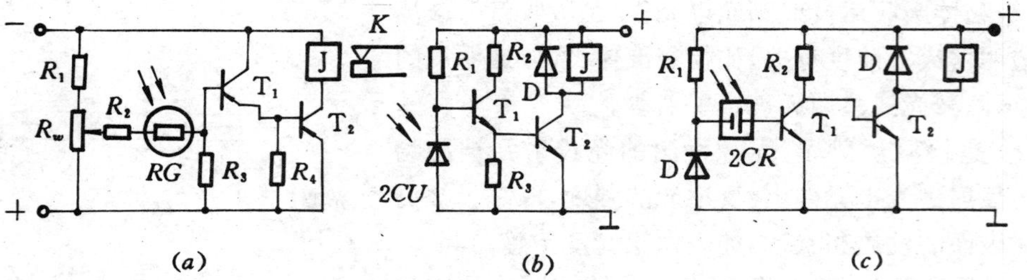

图 7-20　光电控制电路

(*a*) 光敏电阻光电开关　(*b*) 光电二极管光电开关　(*c*) 光电池光电开关

当有光照射时光电二极管 2CU 导通，T_1 和 T_2 截止，继电器 *J* 释放，常闭触点 *K* 断开，将电源切断；无光照射时 2CU 截止，T_1 和 T_2 导通，继电器J吸合，电源接通，这样就构成了暗通的光电控制电路。例如白天有光时切断电源，灯光熄灭；夜幕降临，光线逐渐变暗，光线减弱到一定程度时电源接通，灯具点亮。从节能角度出发，值得推广普及。

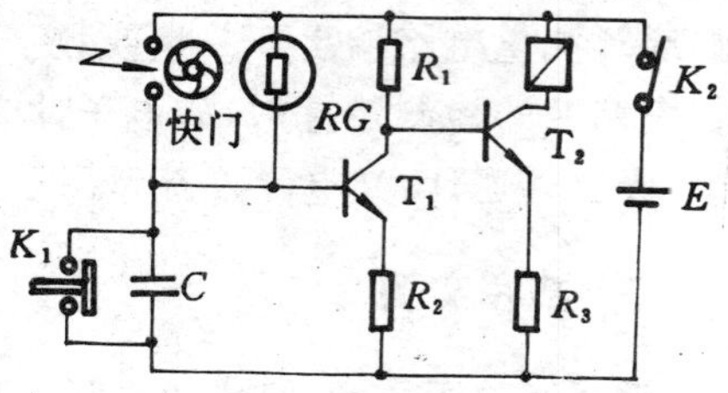

图 7-21　电子快门电路

图 7-21 为照相机电子快门电路。光电元件 *RG* 及电路参数选定后，一旦达到所需光量，照相机快门自动关闭，实现光圈和快门速度的自动调节。当按下照相机快门按钮时，快门叶片张开的同时，与其连动的开关 K_1 断开，电容 *C* 开始充电。当 *C* 的端电压达到一定数值后，T_1 由截止变为导通，而 T_2 则由导通变为截止，T_2 集电极电流为零，流经电磁铁线圈的电流为零，K_2 断开，快门自动关闭。

（三）光电偶合器和光电开关

1. 光电偶合器

光电耦合器是由一个发光元件和一个光电元件共同封装在一个外壳内组成的复合型转换元件。它能够以光为媒介耦合与传递电信号，也能够隔离(绝缘)开电路的输入与输出端。因此又称为光电隔离器。

光电耦合器有金属封装和塑料封装两种结构形式，如图 7-22 所示。发光部分一般采用砷化镓红外发光二极管，由于受光器件不同，因而产生了不同类型的光电偶合器，如图 7-23 所示。

光电耦合器的一个重要特性参数是 *CTR*，称为电流传输比。它是指输出管的工作电压为规定值时，输出电流 I_C 和发光二极管正向电流 I_F 之比，用 % 表示。图 7-23 中，(*a*) 的 $CTR \leqslant 3\%$；(*b*) 的 *CTR* 可达 150%；(*c*) 达林顿型可达 100% ～1 000%。该值越大，传输效率越高。

光电耦合器可以实现电隔离，在电气上实现绝缘耦合，因而提高了系统的抗干扰能力.避免了直接耦合造成前、后级之间反馈所产生的影响；由于它具有单向信号传输功能，因而有脉冲转换和直流电平转换特性，因此适用于数字逻辑中开关信号的传输和在逻辑电路中作为隔离器件及不同逻辑电路间的接口。

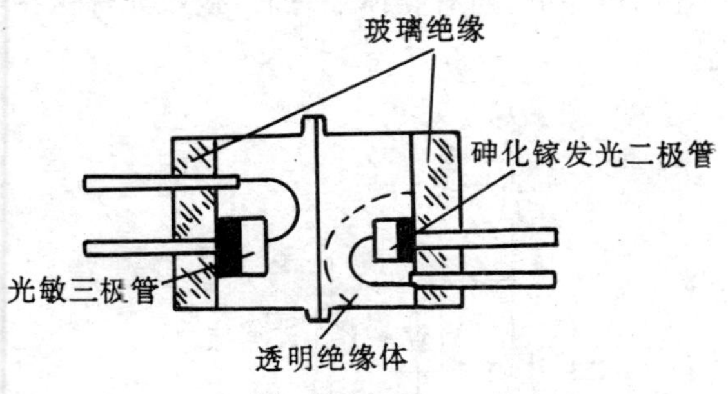

(a) 金属封装

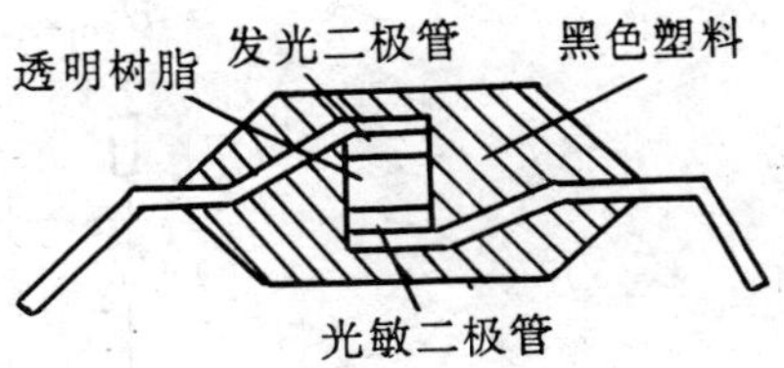

(b)

图 7-22　光电耦合器的结构

(a) 金属封装　(b) 塑料封装

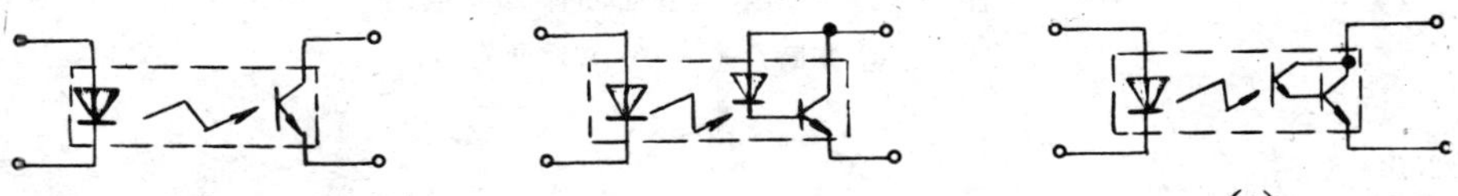
(a)　(b)　(c)

图 7-23　光电耦合器的组合形式

例一　可控硅触发电路。图 7-24 为用光电耦合器代替脉冲变压器的触发电路。当有脉冲信号输入时，光电耦合器的发光二极管导通，通过光电耦合，由输出端控制可控硅触发，使负载电路和控制电路有良好的隔离。

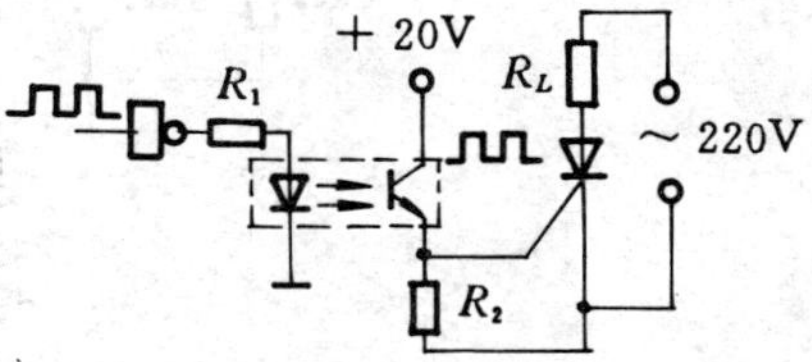

图 7-24　光电耦合器可控硅触发电路

例二　开关电路和逻辑电路接口。在开关电路和逻辑电路中往往要求输出与输入之间有良好的电隔离，实现不同电源系统之间的绝缘耦合。这对一般电子器件很难做到，但用光电耦合器却很容易实现。图 7-25 和图 7-26 分别为光电耦合器固体开关电路和光电耦合器逻辑电路。

其中图 7-25(a) 为常断开关在输入脉冲作用下导通的电路；图 7-25(b) 为常通开关在输入脉冲作用下断开的电路。光电耦合器比机械触点具有高速性和可靠性的双重优点。

图 7-26(a) 是用光电耦合器构成的"与门"电路，两只光电三极管相互串联，实现 $P = A \cdot B$ 逻辑"与"的关系；图 7-26(b) 是"或门"电路，两只光电三极管并联，实现 $P = A + B$ 的逻辑关系。

2. 光电开关

光电开关又称光电断续器，它是将红外发光元件和光电元件组装在一起，典型的光电开关结构如图 7-27 所示。图 7-27(a) 是一种透射式的光电开关，两管之间有一间隙，发光元件和接收元件的光轴是重合的。当被测物体位于或通过间隙时，遮断光路，输出端产生电平变化，起到检测的作用。图 7-27(b)是一种反射式的光电开关，它的发光元件和接收元件的光轴在同一平面上且以某一角度相交，交点一般即为待检物的所在处。当有物体经过时，接收元件可接收到从物体表面反射的光，使输出产生电平变化。

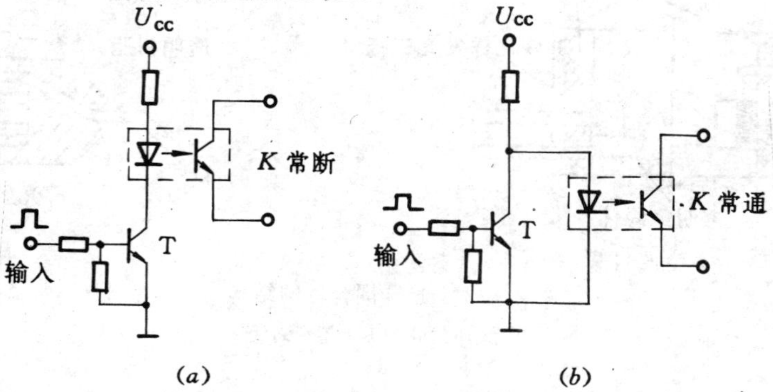

图 7-25 光电耦合器固体开关电路

(a) 常断开关 (b) 常通开关

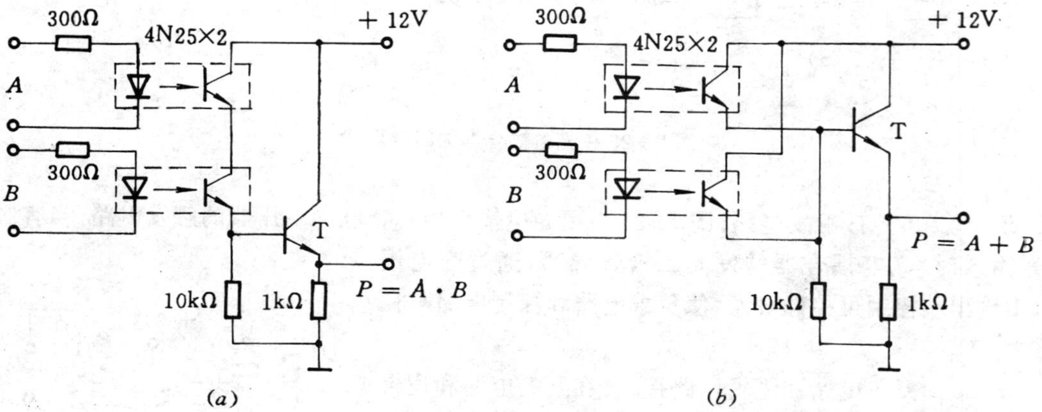

图 7-26 光电耦合器逻辑电路

(a) 与门 (b) 或门

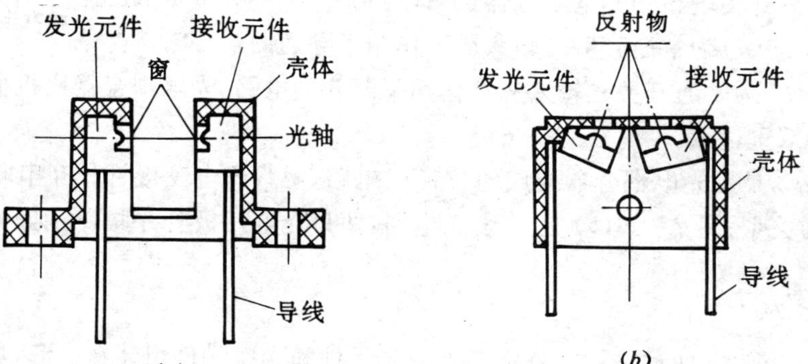

图 7-27 光电开关结构原理

(a) 透射式光电开关 (b) 反射式光电开关

用光电开关检测物体时，一般只要求其输出信号有“高—低”电平之分即可。图 7-28 为应用电路。

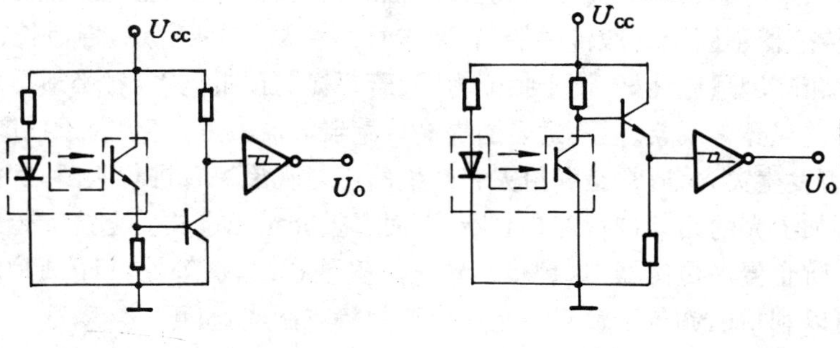

(*a*)　　(*b*)

图 7-28　光电开关的应用电路

光电开关的特点是小型、高速、非接触，而且与 TTL、MOS 等电路相匹配，使用方便。

(四) 光位计

光位计是在氧化铝基体上沉积一层硫化镉等光电导层，然后在两侧分别平行地配置金属膜电阻带和金属电极，二者之间有一间隙，电阻带和电极通过光缝连接起来，如图 7-29 所示。

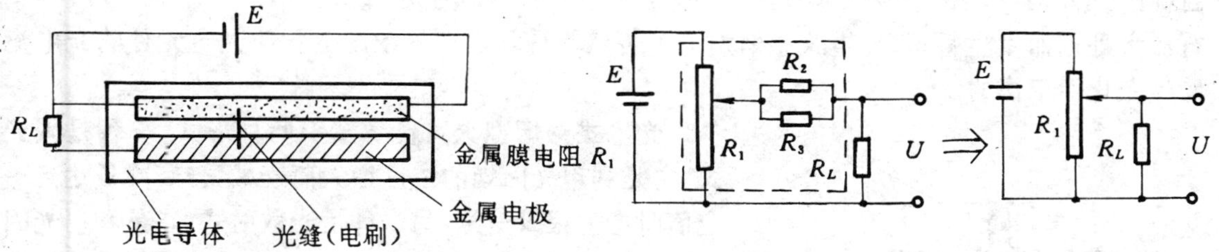

(*a*)　　(*b*)　　(*c*)

图 7-29　光位计

(*a*) 结构原理　(*b*) 等效电路　(*c*) 简化电路

图中用光缝代替了电刷，当光缝有光照射时，光电导层的电阻 R_2 很小，电阻带 R_1 与电极接通，在外电源 E 作用下，负载电阻 R_L 上有电压 U 输出；光缝无光照射时，光电导体的暗电阻很大，可视为电阻带与电极之间断开，因而输出电压随着光电刷的移动而变化，等效电路如图 7-29(*b*) 所示。由于光缝部分的亮电阻 R_2 很小，电极和电阻带无光照射部分的电阻 R_3 很大，等效电路可进一步简化为图 7-29(*c*)。

光位计是光电导元件的变型，主要用于位移测量。其特点是非接触式测量，精度高，寿命长，结构紧凑，体积小，阻值范围大(从 500 Ω ～ 15 MΩ)，但工作温度低(＜100℃)，输出阻抗高，输出电流小。

(五) 安全防灾

随着生产自动化程度的提高，对设备及生产过程中的可靠性和安全性要求也愈高。设备与系统运行时必须随时对运行状态进行监视和采取某些安全保障措施，以保证生产正常进行。因此在现代化生产过程中对异常现象的检测与故障的诊断技术愈来愈重要。

不仅工厂的设备或交通运输系统会出现上述问题，而且在房屋密集、大型高层建筑物愈来愈多的城市，如果考虑到诸如火灾等灾害时，检测火灾的技术就显得非常重要。

安全用传感器不同于一般传感器，它要求可靠性高，性能稳定，寿命长；灵敏度高，响应速度快；选择性和环境适应性好，抗干扰能力强。若要提前预报灾害，就必须尽可能提高传感器的灵敏度，及时发现异常现象。但不适当的提高传感器的灵敏度，将会因干扰产生误报警。所以实用中判断是否发生灾害，通常是利用灾害产生的不同现象综合进行判断。例如火灾除了热和烟的现象外，再加上光的因素进行综合判断。下面着重介绍光电式安全防灾传感器。

例一　防止侵入传感器。这种传感器一般安装在门、窗等处，目的是为了检测门、窗的开闭情况。它可以利用磁铁与干簧开关相对位移的特点制成，也可在地板下安装一个开关，靠人的体重使传感器动作。利用入侵者在入侵时会切断超声波、红外线或微波束，可构成非接触型防侵入传感器。图 7-30 为检测人体产生的红外辐射，控制门启闭的无源型红外检测传感器，常用于宾馆、饭店、机场等大型公共设施。为了防止电灯等产生的红外线发生误动作，规定了一定的死角和一定的接收警戒空间。

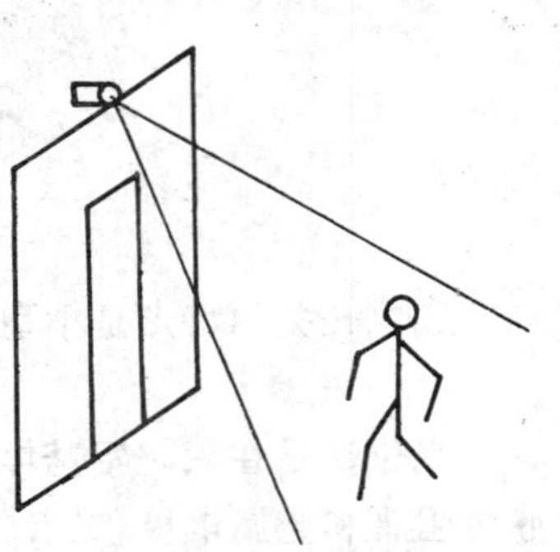

图 7-30　无源型红外探测

例二　火灾传感器。伴随着火灾的发生将会产生热、烟、光及残留物和挥发物等。红外火灾传感器是利用光学系统把被测目标的红外辐射汇聚于探测元件上，再将元件产生的电信号进行放大处理而发生警报。光电式感烟型火灾传感器是利用烟的浓度变化使光电元件的光电流发生变化而工作的。

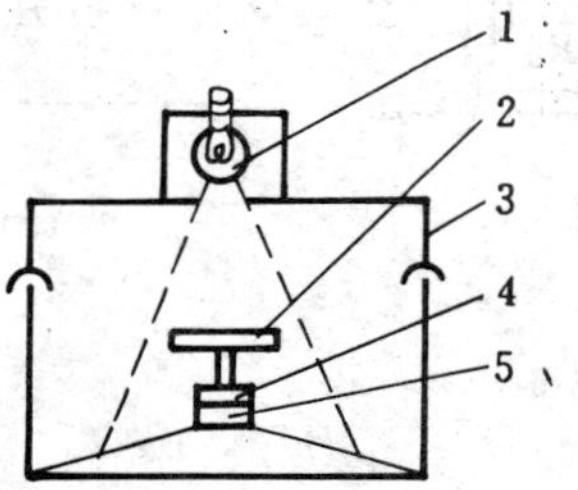

图 7-31　光散射式感烟火灾传感器

1— 光源　2— 遮光板　3— 迷宫式遮光罩

4— 集光透镜　5— 光电元件

光电式感烟型火灾传感器有两种形式。一种是减光式，它是利用光因烟的浓度增大而衰减，当衰减量达到一定值时产生报警信号。另一种是光散射式，它是利用光因烟粒子作用而散射，当散射光强达到一定值时发出报警信号，其结构如图 7-31 所示。

正常情况下光源发出的直射光被遮光板遮断，不能直接投射到光电元件上，光电流很小。当烟雾产生并逐渐增大时，烟粒子使光产生散射，散射光通过集光透镜投射到光电元件上，光电流猛增，发出报警信号。为了防止非灾害型信号如香烟的烟、烹饪产生的烟雾、发动机和尘埃产生的烟雾以及明火和雷电等造成误报警，可将几种不同工作方式的传感器连接在一个警报网上，从而互相取长补短，减小误报率。

例三　大气污染和水质污染传感器。检测大气污染和水质污染的方法很多，常用的是利用污染物的化学性质或物理性质变化使其浓度变化，再对浓度进行检测。污染物浓度变化可利用光敏元件进行检测。

图 7-32 为光电式尘埃检测器的原理图。从光源发出的光投射到光电元件上的强弱与尘埃浓度和颗粒大小有关。根据这一原理可检测江河的泥沙含量和纺织印染中染料颜色浓度，监测

锅炉房烟筒中煤尘的排放量等。

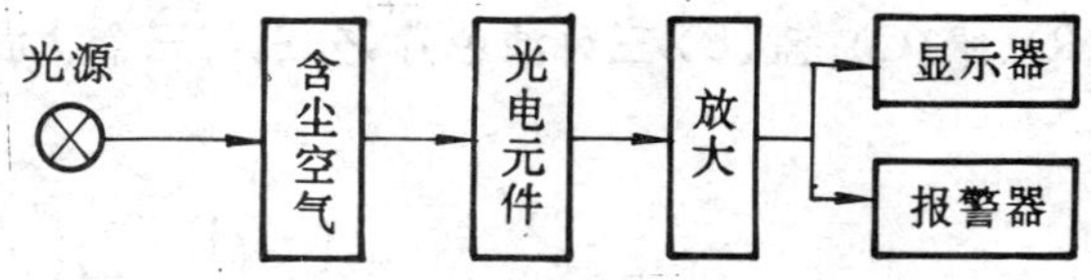

图 7-32　光电式尘埃检测原理

§7-5　新型光电传感器

当前世界新技术革命蓬勃发展，新材料、新技术、新工艺、新器件层出不穷，人们在各种物理、化学、生物效应的基础上研究开发新型传感器。目前研究开发的传感器所依据的各种变换功能，与物理有关的变换功能占大多数，其中又以光电变换功能最引人注目（占 22.6%），其次是压电变换（占 15.3%），热电变换（占 10.1%）和磁电变换（占 7.7%），这 4 种变换功能占一半以上。随着新型材料的开发、相关技术的应用以及制造工艺的改进，传感器技术得到迅速发展。发展最快的是半导体固态物性型传感器，它向着集成化、智能化方向迈进，如 CCD 光固态图像传感器等。下面介绍几种新型半导体光电传感器。

一、色敏传感器

色敏传感器是指对外界光的颜色（即波长）进行检测的器件。根据敏感元件的材料分为半导体色敏传感器和非晶态硅色敏传感器。

（一）半导体色敏传感器

半导体色敏传感器实质上是半导体光电传感器的一种特殊型式，是利用半导体的光吸收特性与厚度有关的原理制成的，如图 7-33 所示。它是在 P 型硅基片上制作 N 型和 P 型层，形成两个深浅不同的 PN 结，构成双结光电二极管。上面光电二极管的 P^+N 结为浅结，下面的 PN 结为深结，两个光电二极管反向串接成三电极状。当光线照射时，P^+、N、P 三个区域对光的吸收效率不同。波长短的光吸收系数大，经过很短距离就基本被吸收完，因此浅结对波长短的蓝光有较高的灵敏度；而波长长的光吸收系数小，这类波长的光子主要在深结处被吸收，因此深结对红光有较高的灵敏度。也就是说，利用不同结深的二极管组合对不同波长的光具有不同灵敏度这一特点，就可构成测定特定波长光的半导体色敏传感器。

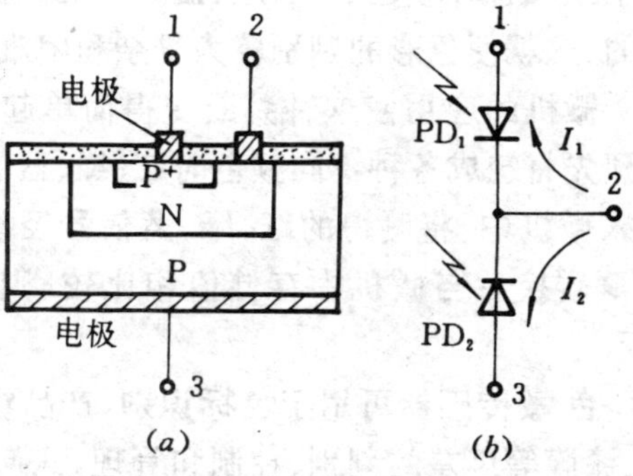

图 7-33　半导体色敏传感器

（a）结构原理　（b）等效电路

（二）非晶硅全色色敏传感器

人类对波长为 0.37～0.78 μm 的光波在辨别光的亮暗的同时还能辨别出颜色，这是因为人眼睛的视网膜有感受红、绿、蓝三种颜色的缘故。如果工程用的光电传感器能组合红、绿、蓝三种基色的话，便可测出入射光的颜色。全色色敏传感器就是一种能对各种颜色进行检测的光色传感器，如图 7－34 所示。它以玻璃为衬底，衬底下表面为检测面，上表面有一层透明导电薄膜作为公共电极，在导电薄膜上边为非晶硅薄膜，再上面是三个背面电极，最外层是保护树脂。在检测面外边配有红(R)、绿(G)、蓝(B) 三种滤色片，分别与三个背面电极对应。

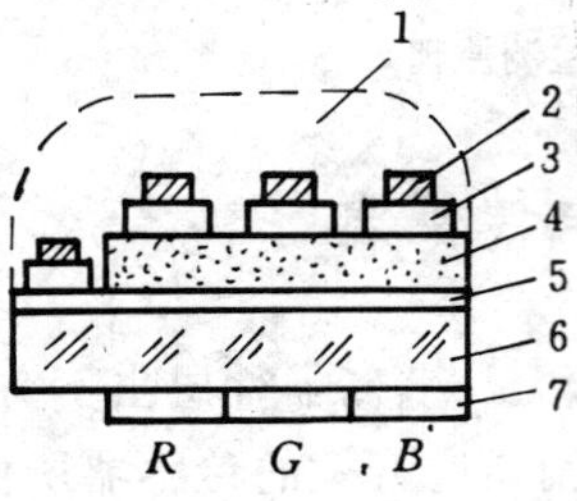

(*a*)

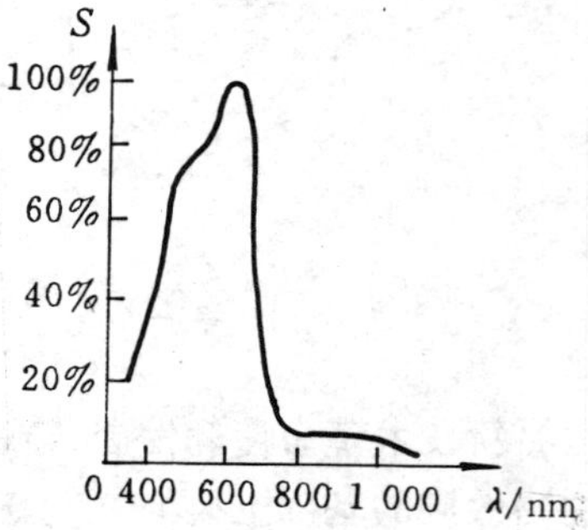

(*b*)

图 7－34　非晶硅全色色敏传感器

(*a*) 结构原理　(*b*) 光谱特性

1—树脂　2—引线　3—背面电极　4—非晶态硅膜　5—透明导电极　6—玻璃衬底　7—滤色片

非晶硅色敏传感器可以识别出红、绿、蓝三种颜色及其比例，根据已知传感器的光谱特性，通过比较 R、G、B 的输出，就能识别出物体的颜色。例如组成黄色时红、绿、蓝的比例为 50∶50∶0；组成白色时的比例为 30∶59∶11。由于组成各种颜色的红、绿、蓝的相对比例是复杂的，这就使色彩的判别较为复杂和困难。

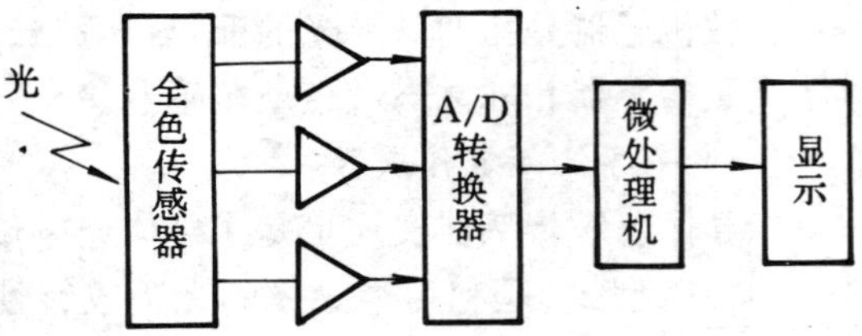

图 7－35　色敏传感器颜色识别系统框图

微机的应用使这种判断变得简单起来，可以预先将组成各种不同颜色时红、绿、蓝的比例存入微机中，将测得的红、绿、蓝信号经放大和 A/D 转换后与微机中存储值相比较，则可方便地判别出各种颜色，其电路原理如图 7－35 所示。

色敏传感器可用于色标识别，产品涂料的调色，纤维颜色检测，纸张、印刷品、化妆品、水果、漆膜等色差的判别、控制和管理，几何形状测量及表面质量检查，机器人视觉传感器等。应用场合不同，检测的角度亦不同，有时侧重于检测光的强弱，有时侧重于测量光的波长——颜色。

二、光位置传感器

半导体光位置传感器是一种对其感光面上入射光位置敏感的器件，当光线在器件感光面上的位置不同时输出的电流不同。

光位置传感器的结构原理如图 7－36 所示。它是一个具有均匀电阻薄层的平面型 PN 结光电二极管。当光线照射到光电二极管的某一位置 C 时，结区的光电子向 N 层运动，空穴向 P 层运动，到达 P 层的空穴分成两部分，一部分沿表面电阻 R_A 流向 A 端，形成光电流 I_A；另一部分

空穴沿表面电阻 R_B 流向 B 端，形成光电流 I_B。当电阻层均匀分布时

$$R_A/R_B = x/(L-x)$$

而

$$I_B/I_A = R_A/R_B$$

则

$$x = \frac{I_B}{I_A + I_B}L \qquad (7-1)$$

故只要测出 I_A 和 I_B 就可求出光线照射的位置。

光位置传感器的基本被测量是位置，但也可以测量位移、距离、振动、运动轨迹等参数，常用于机械加工的定位装置，也可作为机器人的眼睛，控制机器人的手臂运动。

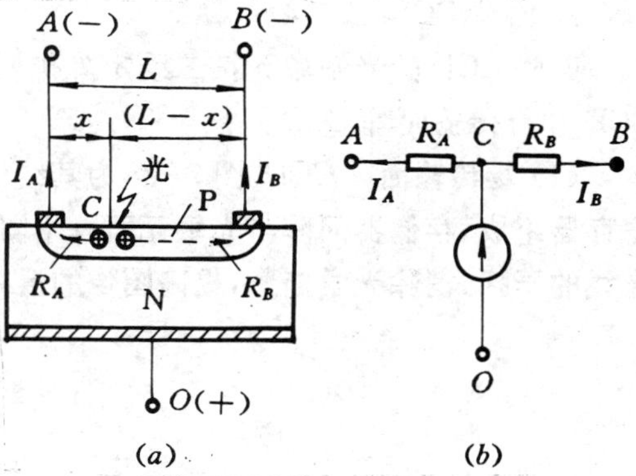

图 7-36　光位置传感器

(a) 结构原理　(b) 等效电路

三、CCD 固态图像传感器

前面介绍的光电元件均为单体传感器，而将光的二维图像变成电信号的二维光电传感器称为图像传感器。图像传感器分为摄像管和固态图像传感器。与摄像管相比，固态图像传感器具有体积小、重量轻、功耗底、分辨率高、寿命长、价格低、荧光屏上的图像残留现象小等特点，因此得到广泛应用。

固态图像传感器是高度集成的半导体光电传感器，在一个器件上可以完成光电信号转换、传输和处理。它的核心是电荷转移器件，最常用的电荷转移器件是电荷耦合器(CCD)。

(一) CCD 的结构原理

CCD 按构造分为线阵器件和面阵器件两类。其基本组成部分是光敏元件阵列和电荷转移器。CCD 是利用大规模集成电路工艺制作的，它是在半导体硅片上制有成千上万个光敏元件，它们按线阵或面阵有规则地排列。当物体通过物镜成像于半导体硅平面上时，这些光敏元件就产生与照射在它们上面的光强成正比的光生电荷，硅片上每一个独立的光敏元件称为一个像素，像素收集的光生电荷称为一个电荷包。所以光敏元件阵列的作用是将光图像转化、分解成电图像；电荷转移器的作用是将电荷包中的电荷，依次有规则地串行输出。这种传输过程实际上是一个电荷耦合的过程，因此把这种器件称为电荷耦合器件，在电荷耦合过程中担任电荷定向传输的部分称为读出移位寄存器。

1. 线阵 CCD

线阵 CCD 是将光敏元件排列成直线的器件。它由光敏元件阵列、转移栅和读出移位寄存器等组成。光敏区和转移区是分开的，防止电荷包在转移期间光积分仍在继续进行，使输出信号产生拖影。光敏元与转移单元一一对应，二者之间设有转移栅，光敏区通过转移栅与移位寄存器相连接，如图 7-37 所示。

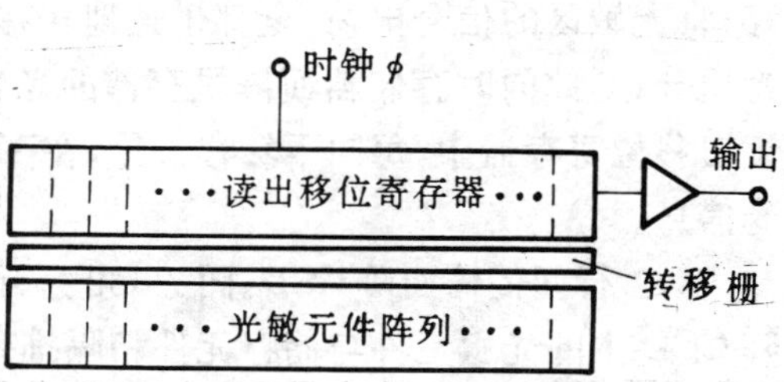

图 7-37　线阵 CCD 结构

光敏元件曝光(光积分) 后产生光生电荷形成电荷包，在转移栅作用下将各光敏元的电荷包耦合到各自对应的移位寄存器中，这是一个并行转换过程。随后进入下一个光积分周期。与此同时，在时钟驱动下从读出移位寄存器中依次输出各位信息直至最后一位。

由此可知，CCD 输出是一个个脉冲，脉冲的幅度取决于对应光敏元件受光的强度，而输出

脉冲的频率则和驱动时钟的频率一致。

2. 面阵 CCD

面阵 CCD 的光敏单元按二维矩阵排列组成光敏区。由于传输方式不同，分为场传输面阵 CCD 和行传输面阵 CCD。

(1) 场传输面阵 CCD。图 7-38 为其结构原理图。它由一个光敏元面阵、存储器面阵和读出寄存器组成。存储器面阵与光敏元面阵不同之处是存储器面阵上覆盖了一层遮光层，防止外来光线的干扰，消除光学拖影，提高图像的清晰度，便于同后面的显示器匹配。

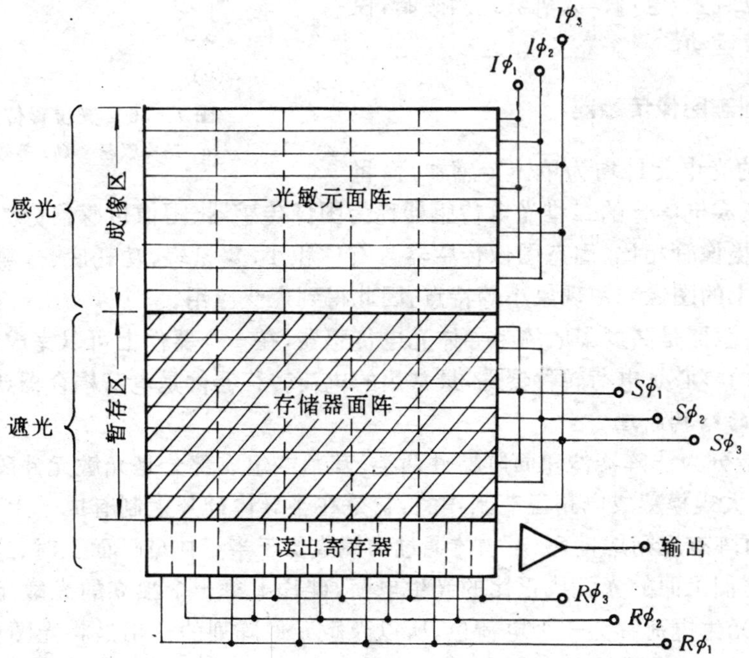

图 7-38　场传输面阵 CCD 结构原理

在光积分时间，各光敏元感光生成电荷包。曝光结束时，在转移脉冲作用下电荷包进行转移，将光敏区的信号电荷，全部迅速地转移到对应的存储区暂存。此后光敏元面阵开始第二次光积分，与此同时存储器面阵里存储的光生电荷信息从储存器底部开始向下一排排地转移到读出移位寄存器中，每向下转移一排，在高速时钟驱动下从移位寄存器中顺次输出每行中各位光信息。

(2) 行间传输面阵 CCD。图 7-39 为行间传输面阵 CCD 器件结构原理图。它是将场传输面阵 CCD 中的光敏元件与储存元件相隔排列，即一行感光元件，一行不透光的存储元件交替排，光敏元件与存储元件一一对应，二者之间由转移栅控制，下部仍然是一个水平读出移位寄存器。

光敏元件在光积分结束时，在转移栅控制下，电荷包并行转移至存储器中暂存，然后每行信号以类似于场传输的转移方式依次从读出寄存器输出。

这种器件操作简单、图像清晰，因此单片式彩色摄像机大多采用这种器件。

(二) CCD 器件在检测中的应用

线阵CCD器件已很成熟，像元数目从128～5 000已成系列，多的可达7 000以上，工作频率高达20～24 MHz，光谱响应范围为0.38～1.10 μm，最小像元尺寸为7 μm×7 μm。面阵CCD器件的像元数已达2 048×2 048个，最小像元尺寸为6.38×8.50 μm^2。我国目前能生产512×320像元的面阵CCD器件。

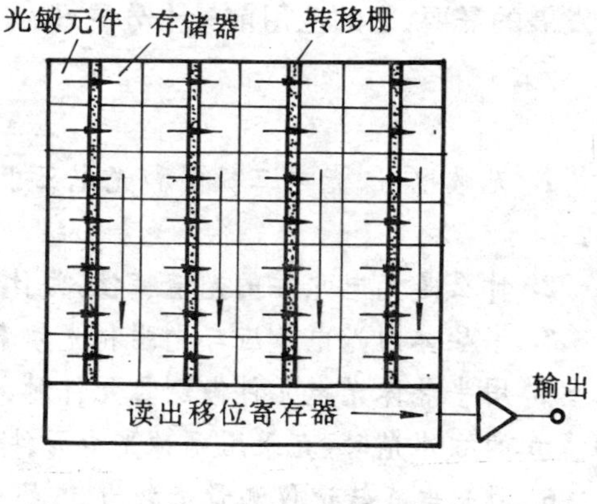

图7-39　行间传输面阵CCD结构原理

CCD图像传感器根据其光谱分为可见光CCD和不可见光CCD。不可见光CCD大多用于军事领域、太空科学领域，例如太空望远镜、飞弹寻标器、红外光摄像及航天和航空遥感摄影等。可见光CCD大多应用在办公设备和消费性电子产品中，例如复印机、传真机、摄录放影机、电视对讲机等。在工业上则用于机器视觉、安全监视中，如产品尺寸测量和分类，产品表面质量评定等。还可用于文字图形识别和医疗器械等方面。

(1) 尺寸检测。CCD器件诞生后，在工业中首先制成了以测量长度为基础的CCD图像传感器，图7-40是利用光学成像法测量尺寸的原理图。当物体通过物镜在CCD光敏面上造成影像时，CCD便输出与影像尺寸相关的脉冲数，经过运算处理便可表征物体的尺寸。根据这一原理还可测量线径、小孔、狭缝、面积和液位等。

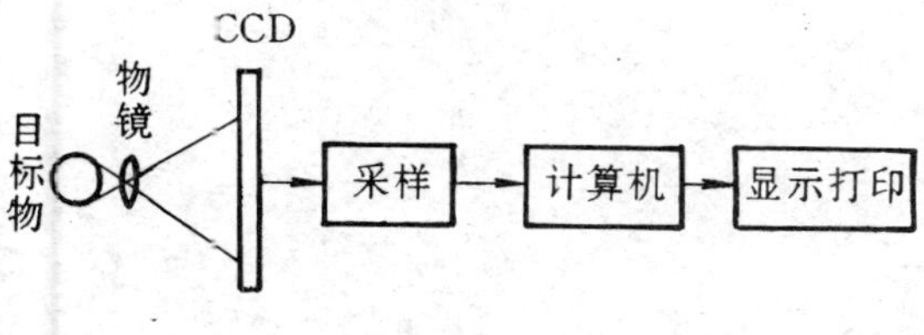

图7-40　放大成像CCD尺寸检测系统

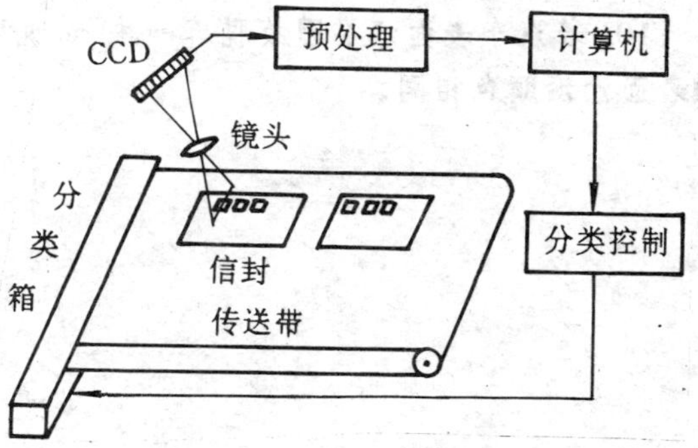

图7-41　邮政编码识别系统

(2) 文字图形识别。利用线阵CCD图像传感器的自扫描特性与微处理器的信号处理能力，二者结合起来可以实现文字和图形识别，如图7-41为邮政编码识别系统。写有邮政编码的信封放在传送带上，CCD像元排列方向与信封运动方向垂直，光学镜头把编码数字成像在CDD上。当信封移动时，CCD逐行扫描依次读出数字，经细化处理后与计算机中存储的数字特征进行比较识别出数字。计算机控制一个分类机构，把信件送入相应的分类箱中。类似的系统还可用于货币识别和分类、商品条码识别等，还可用于汉字输入系统，即把文字直接输入计算机，代替传统的光电输入机，以省去人工编码和人工输入所需的大量工作，减少输入误差，提高输入速度。

CCD图像传感器虽然70年代才开发出来，但发展速度之快、应用范围之广是其它传感器无法相比的。尚待开发的许多新产品都需要使用CCD图像传感器，例如视像电话、汽车电子后视镜、高档电子照相机和电视会议系统等。CCD图像传感器的应用范围非常广泛，CCD产品之所以风靡全球，如此大受欢迎，是因为它适应了近年来通讯技术、自动控制和人工智能技术高速发展的需要，它的应用前景十分看好。

习　题　七

1. 光敏电阻、光电二极管和光电三极管是根据什么原理工作的？它们的光电特性有何不同？

2. 什么是光电元件的光谱特性，为什么在选用光电元件时要考虑光谱特性？

3. 半导体内光电效应与光强和光频率的关系是什么？

4. 用半导体光电元件做测量元件时，可采用哪几种光电元件？若光源的波长为$(8\sim9)\times10^{-7}$ m的红外光时，宜采用哪种光电元件作测量元件？为什么？

5. 用光电式转速仪测量齿数为35的旋转齿轮，转速仪的读数为4 200 kHz，问齿轮的转速是多少？

6. 为什么光电池作为检测元件时不能当作电压源使用？

7. 试用光电耦合器组成下列逻辑运算电路。

$$P=\overline{A\cdot B}\qquad P=\overline{A+B}$$

8. 简单小结光电传感器的特点，举例说明光电传感器的应用。

9. 简述CCD图像传感器的特点。拟定一个用CCD传感器测量小孔直径的检测系统，画出系统框图并说明其工作原理。

10. 若汽车表面漆层因故脱落一块，试说明如何使用色敏传感器进行油漆调色，使修复后的表面油漆颜色相同。

第八章　光纤传感器

光纤与激光器、半导体光电器件一起构成了新的光学技术 —— 光电子学。由于光纤有许多特点，所以不仅在有线通讯方面，而且在其它方面也有许多新的利用方法，其中之一就是传感器方面的应用。光纤传感器之所以引人注目，是因为它具有下述特点：

(1) 光纤传感器是以光学技术为基础，可以将被测对象的状态变化转换成光信号的形式，而且能与半导体光电二极管(PD)和发光二极管(LED)之类器件进行光 — 电或电 — 光变换。因此它与高度发达的电子装置有很好的兼容性，扩大了应用范围。

(2) 光纤的材料以石英为主，与金属传输线相比，用光纤传输信号不易受外界影响，所以可靠性高。适用在高压、电磁干扰、海水下及化学腐蚀气氛等环境条件下使用。

(3) 光纤是光波传输损耗较低的一种传输线，使用时不必考虑测试设备与被测对象之间的相对位置。

(4) 光纤传感器没有活动部分，也无电源，是一个电气无源系统。

光纤传感器可用于位移、加速度、压力、温度、磁、声、电等物理量的测量，它在制造业、军事、航天、航空、航海和其它科学技术研究中有着广泛的应用。

§8-1　光纤的结构和传光原理

一、光纤的结构和种类

光纤由纤芯和包层组成，如图 8-1 所示。中心部分称纤芯，直径为几微米至几百微米，围绕纤芯的部分称包层。这两部分都是用石英、玻璃或塑料等光透射率高的材料作成的，但二者的折射率不同，纤芯的折射率 n_1 稍大于包层的折射率 n_2。利用折射率的不同，在纤芯内产生全反射，使光束沿着轴向前进到达传输目的。为了增加抗机械张力，防止腐蚀，在包层外加覆一层塑胶尼龙被覆层。由许多单根光纤组成的光纤束称光缆。

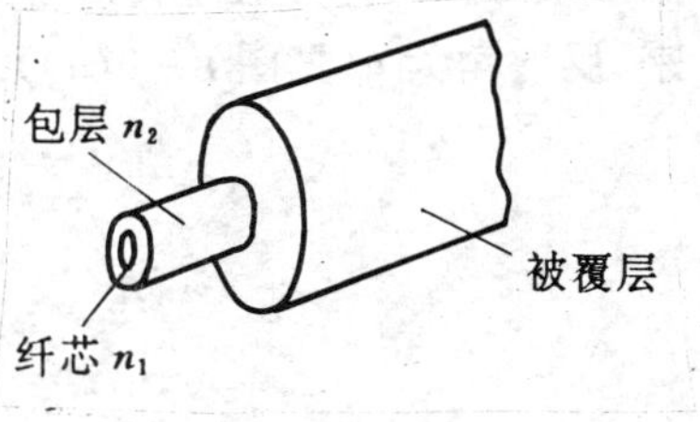

图 8-1　光纤结构

光纤的种类：

(1) 按纤芯和包层材料性质分为玻璃光纤和塑料光纤两大类。

(2) 按折射率变化分为阶跃型光纤和渐变型光纤。

① 阶跃型光纤。包层和纤芯的折射率分布均匀，不随半径变化，但纤芯与包层之间折射率是突变的，呈阶梯状，如图 8-2(a) 所示。

② 渐变型光纤。纤芯的折射率不是常数，在横截面中心处的折射率最大，从中心向外逐渐变小，按抛物线规律分布。这类光纤因有聚焦作用，故又称聚焦光纤，如图 8-2(b) 所示。

(3) 按传播模式分为单模光纤和多模光纤。

① 单模光纤。纤芯直径很小，仅有几微米，只能传播一种模式。这类光纤的传输性能好，信号畸变小，信息容量大，线性好，灵敏度高，但由于纤芯尺寸小，制造、连接和耦合都很困难。

② 多模光纤。纤芯直径较大，传输模式很多。这类光纤的性能较差，输出波形和输入波形有较大的差异，但纤芯截面积大，容易制造，连接和耦合较方便。

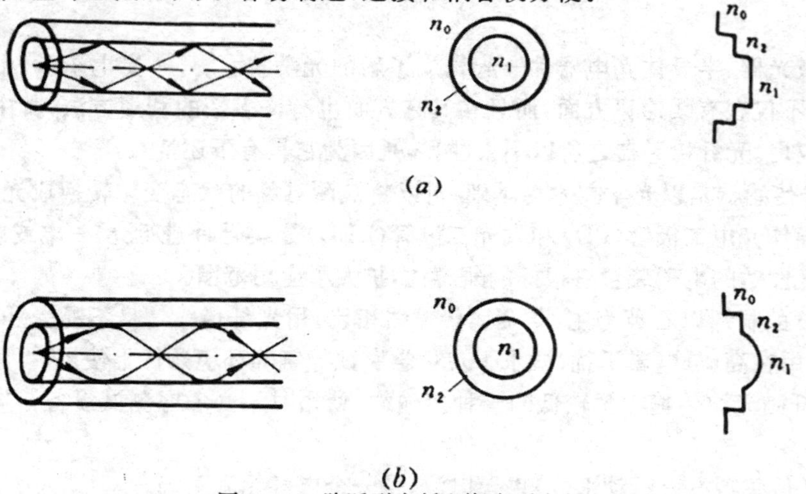

图 8-2　阶跃型光纤和渐变型光纤

(a) 阶跃型　(b) 渐变型

二、光纤的传光原理和性能

光纤中传输信息的载体是光，入射到光纤中的光要都能限制在光纤中随光纤弯曲并能传送到很远距离，就必须使进入纤芯的光在纤芯和包层的界面产生全反射，全反射是光纤传光的基础。

光经过不同介质的界面时要发生折射和反射。一束光从折射率为 n_1 的介质以入射角 α 射向 界面时，一部分透过界面进入折射率为 n_2 的介质中，折射角为 β；另一部分光从界面反射回来，反射角为 α（见图 8-3(a)）。从折射定律知

$$n_1\sin\alpha = n_2\sin\beta \tag{8-1}$$

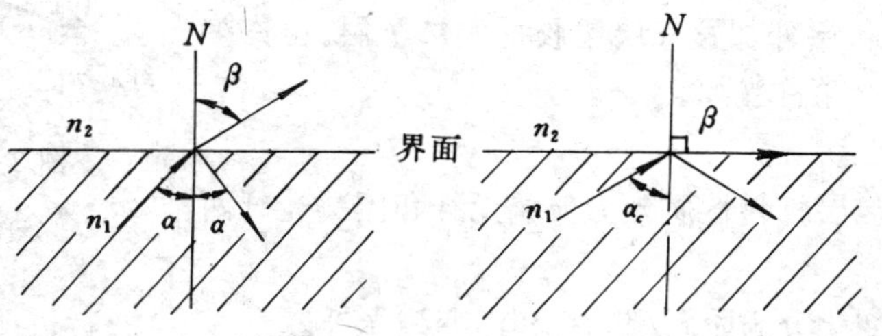

图 8-3　光的折射和反射

当 $n_1 > n_2$ 时，$\alpha < \beta$。逐渐加大入射角 α 一直到 $\beta = 90°$（见图 8-3(b)），这时光不会透过界

面而完全反射回来，称全反射。产生全反射时的入射角 α 称临界角，用 α_c 表示，即

$$\sin\alpha_c = \frac{n_2}{n_1}\sin\frac{\pi}{2} = \frac{n_2}{n_1} \tag{8-2}$$

这就是说，当光线从光密物质射向光疏物质，且入射角 α 大于临界角 α_c 时，光线产生全反射，反射光不再离开光密介质，沿光纤向前传播。

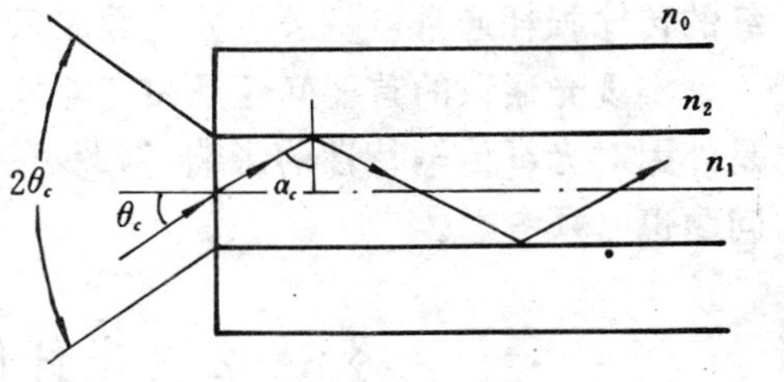

图 8-4　光纤的受光特性

当光照射光纤的端面时，光纤端面的临界入射角 $2\theta_c$ 称为光纤的孔径角。由图 8-4 可知，$2\theta_c$ 的大小表示光纤能接收光的范围。它实际上是一个圆锥角，$2\theta_c$ 越大，入射端面上接收光的范围越大，进入纤芯部分的光线越多。若入射角超出这个范围，进入光纤的光线便会进入包层而散失。θ_c 的正弦函数定义为光纤的数值孔径，用 NA 表示，即

$$NA = \sin\theta_c = \frac{1}{n_0}\sqrt{n_1^2 - n_2^2} \tag{8-3}$$

式中　n_0—— 光纤周围媒质的折射率。空气的 $n_0 = 1$。

数值孔径是光纤的一个重要性能参数，它表示光纤的集光能力。即在光纤端面，无论光源的发射功率有多大，只有 $2\theta_c$ 张角之内的入射光才能被光纤接收传播。NA 越大，光纤的集光能力越强，光纤与光源之间的耦合越容易。但 NA 越大，光信号的畸变也越大，所以要选择适当。

由式(3-3)可知，NA 仅由光纤材料的折射率决定，与光纤的几何尺寸无关。因此在制造光纤时，可将光纤的数值孔径 NA 做得很大，而截面积却很小，使光纤变得柔软可弯曲。这是光纤能够开辟一个新应用领域的原因之一，也是一般光学系统无法相比的。

光纤的第二个性能参数是色散。当一个光脉冲信号通过光纤时，由于光纤的色散，在输出端的光脉冲被展宽，出现明显的失真，这种现象称为色散。色散在数字编码通讯中危害较大，当脉冲速率很高时会形成码间干扰，导致误码，迫使降低脉冲速率，这就意味着光纤的传输频带变窄。因此，色散影响着光纤传输信息的容量。由于光纤的信息容量很大，用其制作传感器，色散不是主要问题。

光纤的色散主要是由材料色散、模间色散和波导色散造成的。

材料色散是由于纤芯的折射率随波长而变化引起的。对同一材料，光源波谱宽度 $\Delta\lambda$ 越小、光的波长 λ 越长，色散越小。

模间色散在多模光纤中表现突出。它是由于各个模式以不同的速度传播造成的。多模光纤能传播许多光线，每条光线在光纤内的分布状态不同。在阶跃型光纤中，沿光纤轴心线传播的模式称为基模，其传播途径最短，传播速度最快，而其它入射角越大的光线，到达终端所经过的反射次数越多，走的路径越长，因而所需时间也越长。于是，本来同时进入光纤端面的一束光波，由于光波中各光线的入射角不同，到达终端就出现先后时间差，造成光信号中各模式光线之间在时间上的差异，光纤越长，差异越大，导致合成信号畸变。折射率呈梯度分布的多模光纤可使模间色散大大减小。当折射率按抛物线规律变化时，可得到最小的脉冲展宽。

波导色散是由光纤几何结构决定的，它是由于光纤的传输常数对光的波长呈现非线性造成的。波导色散与纤芯直径、纤芯与包层之间的相对折射率差等因素有关。一般波导色散随波

长的增加而有增大的倾向。

光纤的另一个性能参数是传输损耗。当光从光纤的一端射入从另一端射出时，光强将减弱，这就是说，光在光纤中传播时产生了损耗。与金属传输线相比，光纤的传输损耗很小，而且具有重量轻、热绝缘性好、抗拉强度大等优点。导致传输损耗的原因主要是光吸收和光散射。光纤的传输损耗通常以每公里分贝数表示，目前单模石英光纤的传输损耗可以达到 0.2 dB/km。

实现光通讯的首要问题是如何降低光传输的损耗。从光纤传感器的角度来看，更感兴趣的是外因对光纤传输特性的影响，据此可以导出各种有用的传感机理。不过在远距传输时，损耗问题也必须考虑。

§8-2 光纤传感器的工作原理及组成

一、光纤传感器的工作原理及种类

光纤传感器是将被测对象的状态转换成光信号来进行检测的传感器。其基本原理是将来自光源的光经过光纤送入调制器，在调制器内与外界被测参数相互作用，导致光的光学性质，如光的强度、频率、相位、波长、偏振态等发生变化，成为被调制的光信号，再经过光纤送入光探测器，经解调器解调后获得被测参数。

光纤传感器一般按以下方法分类：

(1) 按照光纤在传感器中的作用，光纤传感器可分为传感型和传输型两类。

① 传感型光纤传感器的光纤不仅起传光作用，而且是敏感元件。它是利用光纤本身的特性受被测物理量作用而发生变化的特点工作的，调制器是光纤本身，即内部调制，应用的是基本功能的转换，所以称传感型，传感器中的光纤是连续的，如图 8-5(*a*) 所示。由于光纤本身是敏感元件，因此加长光纤的长度，可以提高灵敏度。

② 传输型光纤传感器中，光纤不是敏感元件，仅起传光作用，传感器中的光纤是不连续的。它是利用在光纤端面或两根光纤中间放置其它介质的敏感元件，感受被测物理量的变化，使透射光或反射光强度发生变化，光纤仅作为光的传输线，所以称传输型，如图 8-5(*b*) 所示。

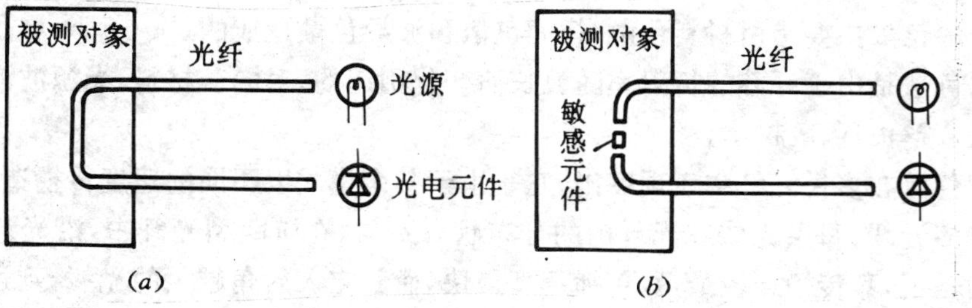

图 8-5 光纤传感器的基本形式

(*a*) 传感型 (*b*) 传输型

(2) 按光在光纤中被调制的原理，光纤传感器分为强度调制型、相位调制型、频率调制型、波长调制型和偏振态调制型等。

(3) 按测量对象分为光纤位移传感器、光纤温度传感器、光纤流量传感器、光纤图像传感器等。

二、光源和光耦合器

光纤传感器由光源、光耦合器、光纤和光探测器几个基本部分组成。

(一) 光源

光纤传感器的光源应有足够大的光输出功率，送入传感器的光通量要大。这与光源的发光波长、纤芯面积和光纤的数值孔径有关。光源的频谱特性应与光纤和光敏元件相匹配，以确保有足够大的信噪比。此外，光源的稳定性、可靠性、使用寿命、几何尺寸及价格等也必须考虑。目前光纤传感器使用的光源有白炽灯、激光器和半导体光源。

1. 白炽灯

在光纤传感器中常采用钨丝白炽灯和卤钨灯作光源。白炽灯是最流行的可见光谱辐射源，通过玻璃泡的光线波长为0.4～3.0 μm，其能量损失较大，可见辐射仅6%～12%，寿命短。卤钨灯与白炽灯相比其体积仅是同功率白炽灯体积的0.5%～3%，光通量稳定，效率为白炽灯的2～3倍，寿命长。但价格昂贵，管壁温度高。

2. 激光器

激光器是一种新型光源，它能发出与普通光源在特性上截然不同的光。高方向性、高单色性、高亮度和相干性是激光的特点。因此它是目前较理想的光源。

激光器的种类很多，如辐射波长为1.06 μm的含钕钇铝石榴石晶体的固体激光器，最常用的波长为0.6328 μm或1.15 μm的氦—氖激光器和波长为0.516 μm的氩离子激光器等。

氦—氖激光器具有相干性好，频率和幅度较稳定，结构简单，使用方便，价格低廉等优点。但效率较低，电源电压高，体积大。

3. 半导体光源

半导体光源是利用PN结把电能转换成光能的半导体器件。工作在荧光区的半导体光源称为半导体发光二极管或LED；工作在激光区的称为半导体激光二极管或LD。

半导体发光二极管(LED)产生的是非相干荧光，输出功率小，发光角度大，与光纤耦合效率低。但使用简单，价格低廉，寿命长。因此在光纤传感器系统和中、低速短距离光纤通信系统中得到广泛应用。

半导体激光二极管(LD)既有半导体器件的优点，又有激光的单色性、相干性、方向性好和亮度高的特点，是光纤系统的最佳光源。半导体激光二极管工作一定时间后其特性逐渐退化，这种变化是不可逆转的，约1 700小时后，便不能使用了。

(二) 光耦合器

由于光纤的纤芯很细，只有几微米到几百微米，因此如何把光源发出的光最大限度地送入光纤中，又怎样把光纤末端输出的光波高效地传送给光接收元件，这便是光耦合器的任务。

光耦合器要求耦合损失小，连接简单方便。耦合方式有光源与光纤直接耦合和透镜耦合两种。直接耦合就是把一根平端面的光纤放在光源前面，让光直接耦合进去；透镜耦合是在光纤端面与光源或光接收元件之间放置光学透镜，改变光的传播方向和角度，以提高耦合效率。透镜耦合的效率远高于直接耦合。在光纤的输出端，由于光电元件的受光面积较大，只要光纤端面和光敏元件的距离很小、光纤端面平整垂直，光纤和光接收元件中间一般不加任何光学系统，其耦合效率就可达85%以上。安装透镜反会增加反射损失，所以输出端常采用直接耦合。

光电接收元件和光纤前已述及，这里不再赘述。

§8-3 光纤传感器的应用

光纤传感器从70年代开始研制，目前已达近百种，在军事、科研、制造、能源、医学、化工及日常生活中都得到了实际应用。光纤传感器的发展与光纤通讯技术的发展密切相关，因为光纤通讯的许多基础技术和元器件，如光源、光纤、耦合器、连接器、接收器等都可以用到光纤传感器中，这就为光纤传感器的发展创造了条件。下面介绍几种常用的光纤传感器。

一、光纤位移传感器

位移与其它机械量相比，既容易检测，又容易获得高的检测精度，所以常将被测对象的机械量转换成位移来检测。如将压力转换成膜片的位移，加速度转换成重物的位移等。这种方法不但结构形式多，而且很简单，因此位移传感器是机械量传感器中最基本的传感器。

光纤位移传感器的特点是：细而柔软，可弯曲；电绝缘性好，耐高压，无火花，能在易燃易爆的环境中使用；不受电磁感应影响；耐腐蚀；体积小、重量轻。

（一）传输型光纤位移传感器

将两根线径相同的光纤端面靠近放置，一根光纤中传来的光可通过微小的空气隙δ进入另一根光纤中传输。若两根光纤的中心轴线重合，光线就可以无损耗地通过空气隙进入另一根光纤；如果光纤的轴线有偏移x，光因不能全部通过而使损耗增加，见图8-6。通过空气隙的光强与两根光纤纤芯重合部分的面积基本上成正比。

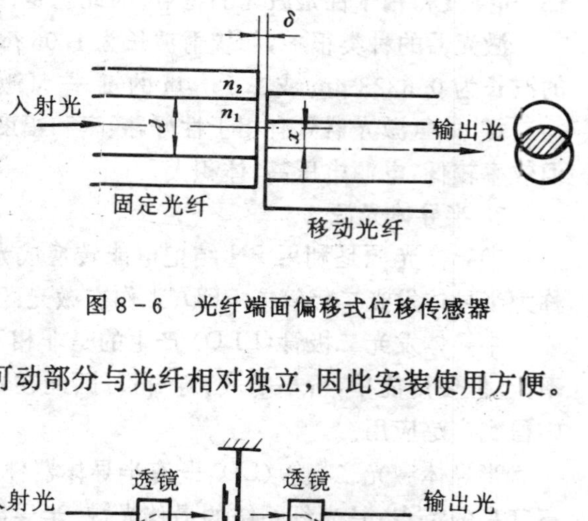

图8-6 光纤端面偏移式位移传感器

图8-7是把移动光纤端面改成移动两光纤端面之间遮光快门的形式。由于受位移控制的可动部分与光纤相对独立，因此安装使用方便。

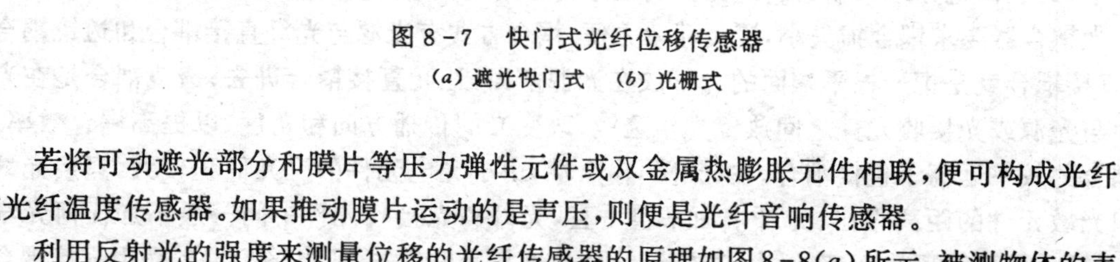

图8-7 快门式光纤位移传感器

(a) 遮光快门式 (b) 光栅式

若将可动遮光部分和膜片等压力弹性元件或双金属热膨胀元件相联，便可构成光纤压力或光纤温度传感器。如果推动膜片运动的是声压，则便是光纤音响传感器。

利用反射光的强度来测量位移的光纤传感器的原理如图8-8(a)所示。被测物体的表面作为反射面，有两支光纤，一支用于光发射，一支用于光接收。

当光纤探头端部紧贴被测表面时，发射光纤中的光不能反射到接收光纤中去，光电元件无电信号输出。当被测表面逐渐离开光纤探头时，发射光照亮被测表面的面积 A 越来越大，发射光锥与接收光锥重合的面积 C 越来越大，因而接收光纤端面上被照亮的面积也越来越大。当被测物体移动到某一位置时，全部反射光正好照亮整个接收光纤的端面，输出信号达到最大，称光峰点。被测表面继续远离时，由于被反射光照亮的面积 D 大于接收光纤的端面积，就有一部分反射光不能进入接收光纤，不能进入的部分在全部反射光中所占比例随距离 x 的增加而增大，光电元件输出信号减弱，其特性曲线如图 8-8(b) 所示。光峰点之前的前坡区输出信号与位移近似为线性关系，灵敏度高，适用于微米级的位移测量，光峰点之后的后坡区接收到的反射光大体上与距离的平方成反比，因此线性度和灵敏度较低，所以该区段适用于精度要求不高的大位移测量。在光峰点附近，输出信号对光强变化的灵敏度很大，而对位移变化的灵敏度较小，故该区段适月于表面粗糙度的测量。

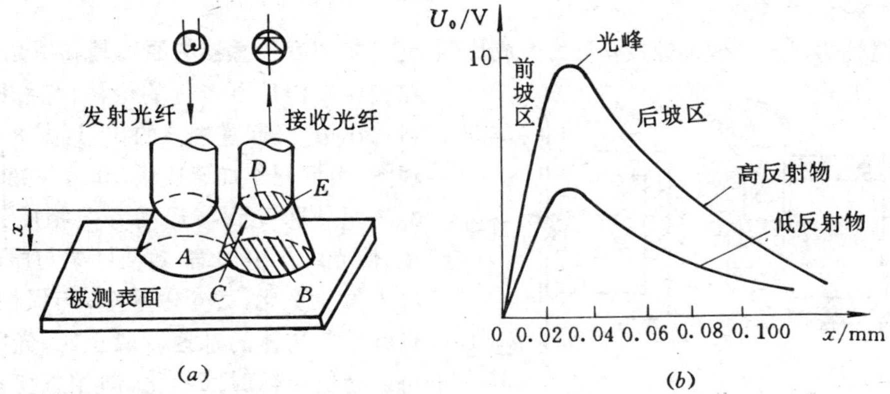

图 8-8 光纤位移传感器

(a) [illegible]　(b) 特性曲线

(二) 传感型光纤位移传感器

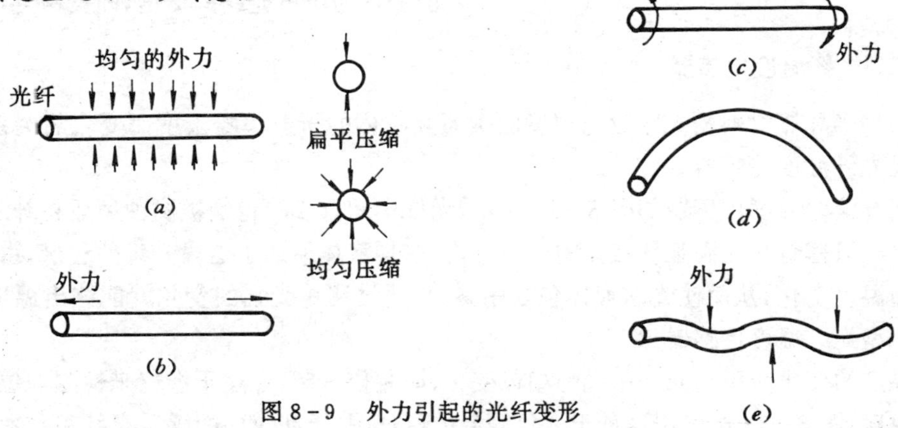

图 8-9　外力引起的光纤变形

(a) 径向压缩　(b) 长度伸缩　(c) 扭曲变形　(d) 弯曲变形　(e) 不均匀变形

光纤在外力作用下产生应变、变形(见图 8-9)，从而使光的传输特性发生变化，再通过探测器进行检测。利用这种变形可检测位移、应变、力、加速度等。

图 8－10 是悬臂梁式光纤应变传感器原理图。在被测梁的上下面各粘一条光纤，激光器发出的光通过分光镜变成两束后分别进入两根光纤中，会合于输出端。当梁受力产生变形时，上下两根光纤中，一根伸长，一根收缩，两根光纤长度不同，引起输出光相位变化，用光学干涉测量技术将相位的变化转换为振幅的变化。检测相位变化的基本测量系统是干涉仪，它把相位不同的两束光合成后因干涉产生明暗相间的条纹，再通过光电元件把光的明暗变化转换成光电流的变化，记录条纹的移动数就可反映出应变的大小。这种传感器外形小，灵敏度高。如果梁长 30 cm，厚 0.5 cm 时，梁的自由端位置变化 10 μm，干涉条纹便移动过一条。

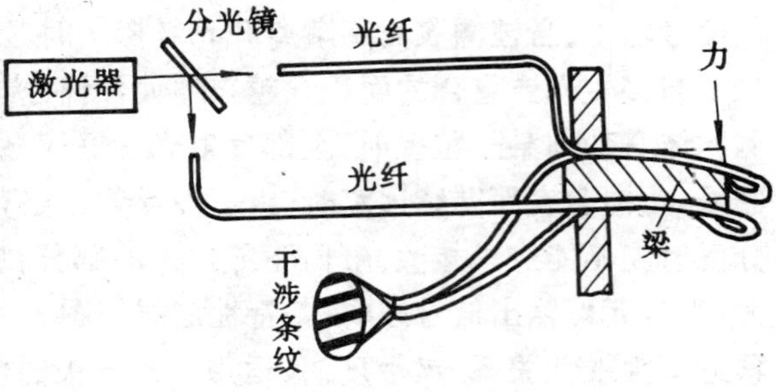

图 8－10　光纤式应变传感器

惯性力 $F=ma$，加速度 a 与力 F 成比例。光纤加速度传感器的原理是利用光纤测出质量 m 在加速度作用下产生的位移。光纤既起位移检测器的作用，又起弹性体的作用，图 8－11 为结构原理图。当框架作加速度运动时，与光纤固定在一起的质量块将受到与运动方向相反的惯性力的作用，使光纤产生伸缩，致使框架与质量块之间的距离 L 发生变化，其变化量 ΔL 与惯性力 F 成正比，也就是与物体的加速度成正比。光纤长度的变化将以光的传输时间变化，即相位变化的形式被检测出来。

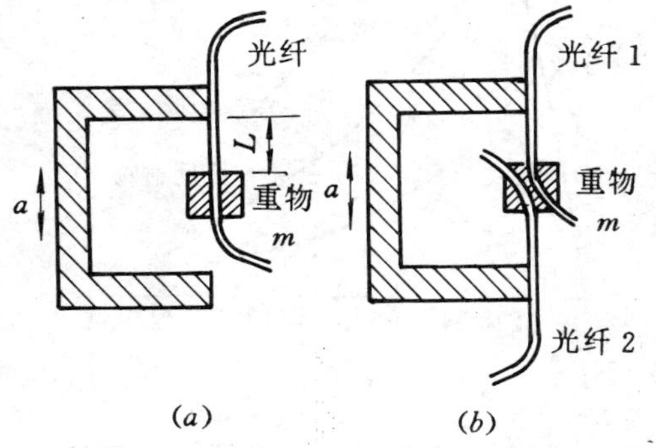

图 8－11　光纤加速度传感器

(a) 单根光纤　(b) 两根光纤

采用图 8－11(b) 所示的双光纤结构，在加速度作用下使一根光纤伸长，另一根缩短，相对长度的变化为单根光纤的 2 倍，即灵敏度增了 1 倍。

二、光纤温度传感器

利用半导体材料的光吸收与温度的关系及液体的折射率随温度而变化的关系，可以做成透射式光纤温度传感器。

光纤液体温度传感器如图 8－12 所示。光纤中间一段的包层被腐蚀掉后将纤芯裸露出来，再将这一段密封在充满某种液体的玻璃管内，这样液体便成了这段光纤的包层。由于液体的折射率随温度变化，从而使光从液体包层中漏出，通过测量光强的变化就能测出温度。这是一种非相干型光纤温度传感器。

温度的变化能引起光纤中光的相位变化，即相位调制，通过干涉仪来检测相位的变化进而测得温度。图 8－13 给出用这种干涉仪测温的原理图。干涉仪中的感温光纤和参考光纤为单模光纤，参考光纤置于恒温器中，认为它在测温过程中光程始终保持不变，而感温光纤在温度作用下长度与折射率会发生变化，从而使感温光纤的相位变化。以氦－氖激光器为例，对 $n=1.456$ 的单模光纤，在 1 m 长的光纤上，温度每变化 1℃，则有 17 根条纹移动，通过条纹计数便能获得温度。

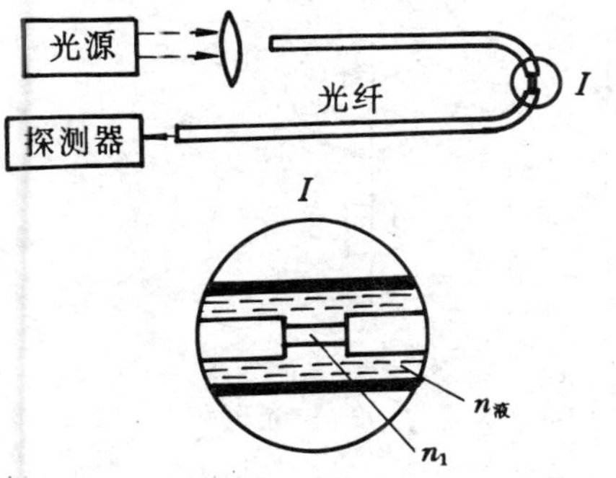

图 8-12　光纤液体温度计

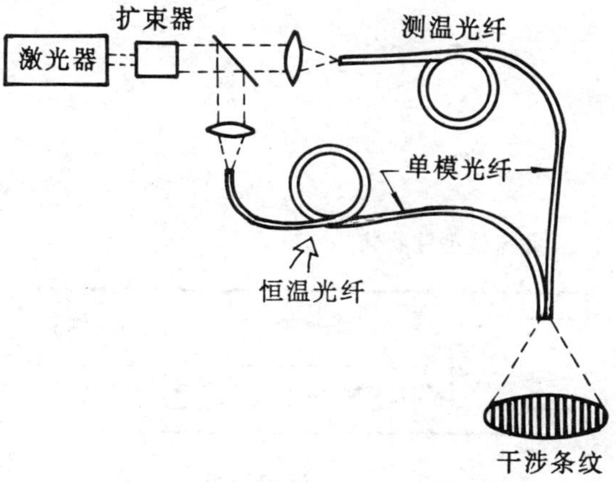

图 8-13　相位干涉型温度传感器

三、光纤涡流流量计

常用的涡轮式流量计容易堵塞和腐蚀，浮子式流量计会出现流体滞流现象，这两种流量计都会产生严重的压力下降，使得精确地测量流量比较困难。光纤流量计可避免上述缺点。

光纤涡流流量计通过测量流路中障碍物下游的漩涡频率来反映流速，通过流速测出流量。漩涡的形成原理如图 8-14 所示，在有流体通过的管道中垂直于流向装上一根非流线型柱状物，即漩涡发生体，其形状有圆柱、三角柱、四方柱等。根据流体力学理论，将一个非流线型物体置于流体中时，在一定的条件下，柱状物体两侧将平行产生两排旋转方向相反、交替出现的漩涡。当漩涡产生并泻下时，它会在物体壁上产生一种侧向力，使柱状物受到一个周期振动力的作用而产生振动，其振动频率为

$$f = \frac{Kv}{d} \tag{8-4}$$

式中　v —— 流速；

d —— 漩涡发生体迎流面最大宽度；

K —— 常数。

可见流速 v 与振动频率 f 成线性关系，测出频率便可计算出流速 v，而流速 v 乘以管道截面积 A 便是流量 $Q = vA$。

图 8-15 为用直径 200 ～ 300 μm 的多模光纤作为漩涡发生体的光纤涡流流量计，若光通过光纤，在距光纤输出端面约 15 ～ 20 cm 的地方可以观察到清晰的光斑。当光纤不受扰动时，光斑稳定不变；当光纤受到频率为 f 的扰动时，光斑就会不断地移动，测出光斑的变化频率就可知道流逗和流量。

这种流量计安全（可测易燃易爆流体）、可靠（无活动部件及连接件）；结构简单、耐腐蚀；对流体阻力小，所以压力损耗小。但对低速流体灵敏度低，使用时应注意流速最低值不应小于 0.3 m/s。

图 8-14　漩涡形成原理

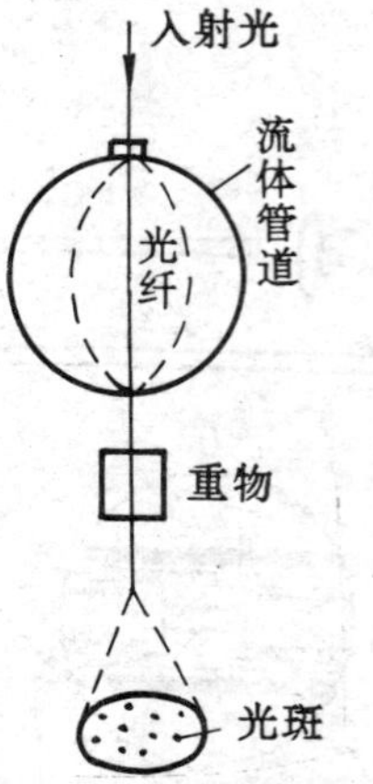

图 8-15　光纤涡流流量计

四、光纤电压、电流传感器

(一) 光纤电压传感器

利用电光效应材料加上电压时将产生双折射(折射率呈各向异性性质),并且折射率的大小随外加电压而变化的现象或利用压电材料使光纤传播常数发生变化的现象,可构成用电量对光的强度或相位进行调制的光纤电压传感器。

图8-16为相位调制型电压传感器。它是将单模光纤绕在圆筒状的压电材料 PZT 振子上,当 PZT 振子加上电压时,光纤因伸缩受到应力作用,其折射率将发生变化,光纤中传输光的相位(或频率)便受到调制。将这一光信号与其有一定频差的参考光实行外差检波,就可得到被调制的拍频。显然增加光纤的长度可以提高灵敏度。

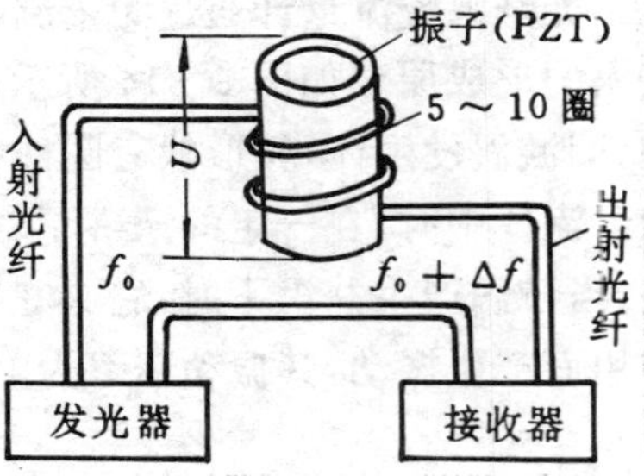

图 8-16　光纤电压传感器

(二) 光纤电流传感器

电流传感器以用磁光效应和磁致伸缩效应为主,也有用发光二极管、电流互感器与分压器来组成的。

光纤加热电流传感器如图 8-17 所示,它是在一段单模光纤的外表面上涂覆一层金属,当金属中通过电流使光纤发热时,光纤的折射率发生变化,使传输光产生相移,与参考光发生干涉出现干涉条纹。这种传感器易受环境温度的影响,测量交变电流时,电流频率对输出有影响,应注意加以校正。

光纤磁致伸缩电流传感器如图8-18所示,它是在单模光纤的外表面上涂覆一层磁致伸缩材料,在其外部绕一个线圈。当线圈上通过电流时,线圈产生磁场,磁性薄膜产生与外磁场对应的变形,使光纤沿轴向伸缩,光纤中传输光的相位发生变化。这种变化可通过与参考光的干涉结果检测出来。增加附着在光纤上的磁性薄膜的厚度和长度可以提高灵敏度。

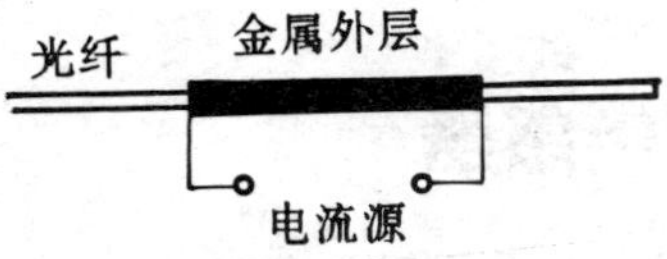

图 8-17　加热型电流传感器

图 8-18　磁致伸缩型电流传感器

五、光纤图像传感器

光纤图像传感器是利用传像束来完成的。传像束由玻璃光纤按一定规则排列而成，在一条传像束中包含了数万甚至几十万条光纤，每一条光纤传送一个像元信息，用传像束对图像进行传递、分解和合成。这种传感器在工业、医疗、军事等部门有着广泛的应用。

在工业生产中，常需要检查一些系统内部的结构状态，如各种管道、容器内部的裂纹、缺陷、异物或对发动机等运动物体内部工作状态的监测。而这些结构由于各种原因不能打开或不能靠近观察。采用光纤图像传感器，将探头放入系统内部，通过光束的传输可以在系统外部进行观察和监测系统内部状态。工业用的内窥镜的原理如图 8-19 所示，它由物镜、传像束、传光束、目镜和光源组成。光源发出的光通过传光束照射到被测物体上将视场照明，通过物镜和传像束把内部结构的图像传送出来，以便观察或照相。

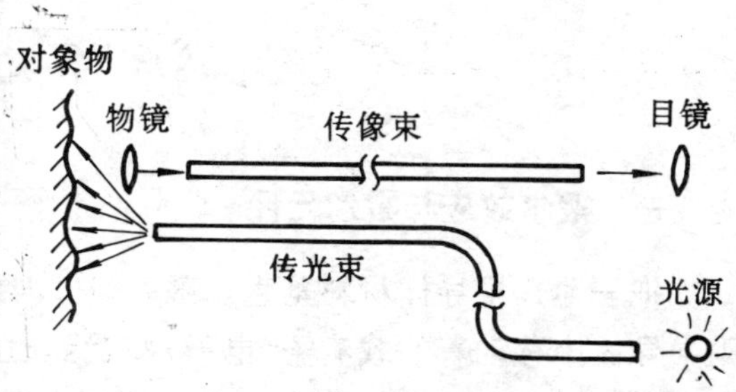

图 8-19　工业内窥镜原理图

医用内窥镜的结构原理与工业内窥镜基本相同，由于光纤柔软、自由度大，末端用手柄控制可使其偏转，图像失真小，因此它是检查和诊断人体内各部位疾病和实行外科手术的重要仪器。这种技术还可用于图片和标签的检查及物体位移和尺寸的测量。

习　题　八

1. 光为什么在光纤中能向前传播，传播的条件是什么？
2. 按折射率的变化光纤分为哪几种，光的传播轨迹有何不同，各有何优缺点？
3. 光纤的主要性能参数是什么？有何要求？
4. 光纤数值孔径的物理意义是什么，它对光纤的性能有何影响？
5. 光源与光纤端面之间的距离大小对光纤的数值孔径有何影响，为什么？
6. 光纤的纤芯和包层材料均为玻璃，折射率分别为 1.47 和 1.46，试计算数值孔径 NA 和孔径角 θ_c 的大小。
7. 光纤传感器主要由哪几部分组成？各有何要求？
8. 光纤传感器的基本工作原理是什么？传输型和传感型光纤传感器中的光纤起何作用？
9. 光纤位移传感有何特点？采用什么方法可以提高灵敏度？
10. 试设计一个光纤压力传感器，画出结构简图，并说明其工作原理。
11. 试设计一个光纤磁场传感器，画出结构简图并说明其工作原理。

第九章　半导体磁敏传感器

在各种传感器中，磁敏传感器是使用得较早的一种，指南针便是最古老的磁敏传感器。电流通过线圈时，在线圈周围产生磁场，若线圈中的磁通量发生变化，则线圈产生感应电动势，这就是磁电感应现象。因此线圈是将磁量变成电量的最简单的磁电转换元件。如果将磁场加到半导体等材料上，材料的电性质就发生变化，这就是磁电效应。凡是利用磁电效应构成的传感器称为磁电式传感器或磁敏传感器。半导体磁敏传感器是半导体传感器的一种，如霍尔元件、磁阻元件、磁抗元件、磁敏二极管和磁敏三极管等。

§9－1　霍 尔 元 件

一、霍尔效应与霍尔元件

把一薄片半导体材料垂直于磁力线方向放在磁场 B 中，在半导体材料上通一激励电流 I，则半导体中移动着的载流子（电子）将受到磁场力 F_B 的作用。在 F_B 的作用下，电子在向前运动的同时向侧面偏转，形成一边电子积累，而另一边正电荷积累，于是在半导体两侧产生电场，此电场阻止电子继续向侧面偏转。当电场力 F_E 与磁场力 F_B 相等时，电子的积累达到动态平衡，这时在半导体薄片两侧之间形成的电位差称为霍尔电压 U_H，如图 9－1 所示，这一现象称为霍尔效应。

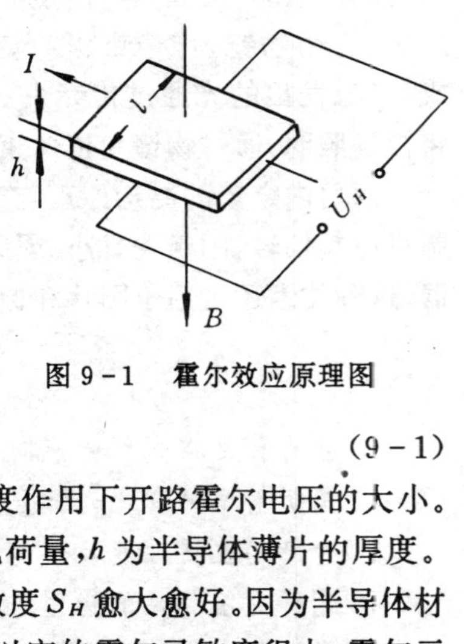

图 9－1　霍尔效应原理图

霍尔电压 U_H 的大小与激励电流 I 和磁感应强度 B 成正比，与半导体材料的厚度 h 成反比，即

$$U_H = S_H IB \tag{9-1}$$

式中　S_H—— 霍尔灵敏度。表示在单位电流和单位磁感应强度作用下开路霍尔电压的大小。$S_H = 1/(nqh)$，其中 n 为单位体积中的电子数目，q 为电子的电荷量，h 为半导体薄片的厚度。

由式(9－1)可知，为了获得较大的霍尔电压，要求霍尔灵敏度 S_H 愈大愈好。因为半导体材料中的载流子浓度远比金属材料中的自由电子浓度小得多，所以它的霍尔灵敏度很大，霍尔元件有实际应用的价值。目前用得较多的材料有硅、锗、锑化铟和钟化铟等。减小元件的厚度可以增大灵敏度，但厚度过小时元件的内阻增大，强度也要降低。

霍尔元件的结构很简单，它是从一个矩形半导体基片的两个相互垂直方向上各引出一对电极，其中一对为电流电极，另一对为霍尔电势输出电极。基片外面用陶瓷、金属或环氧树脂等封装作为外壳。

霍尔元件的基本电路如图 9－2 所示。激励电流由电源 E 供给，可调电阻 R 用来调节激励电流 I 的大小，霍尔输出端接负载电阻 R_L。激励电流的方向或磁场方向改变时，输出电压的方向也随之改变。

二、霍尔元件的主要特性参数

(1) 灵敏度 S_H。霍尔元件在单位激励电流和单位磁感应强度作用下的空载霍尔电压称为霍尔元件的灵敏度(即积灵敏度)，另外还有磁场灵敏度、电流灵敏度及电势灵敏度的表示形式。

(2) 输入电阻 R_i 与输出电阻 R_0。R_i 是指电流电极之间的电阻值；R_0 是指霍尔电极之间的电阻值。

(3) 额定激励电流 I。当流过霍尔元件的电流使其本身在空气中产生 10℃ 温升时对应的激励电流称为额定激励电流。因为霍尔电压随激励电流的增加而增大，所以实用中应尽可能选用大的激励电流。但最大允许激励电流受温升的限制，改善散热条件可以增加最大允许激励电流。

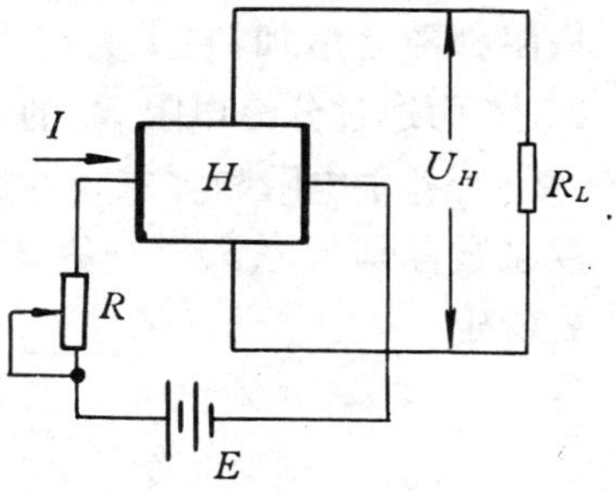

图 9-2　霍尔元件的基本电路

(4) 不等位电势 U_0 和不等位电阻 r_0。在额定激励电流作用下，不加外磁场时霍尔电极间的空载电压称为不等位电势 U_0。不等位电势与额定激励电流之比称为不等位电阻 r_0。

(5) 霍尔电势温度系数 α。在一定磁感应强度和激励电流作用下，温度每变化 1℃ 时霍尔电压变化的百分率。

三、霍尔元件的应用

(一) 霍尔元件的连接

实际应用中，为了获得较大的霍尔电压，可将几个霍尔元件的输出电压串联起来。如在直流电流激励情况下，可采用图 9-3(a) 所示连接方式，但串联时输出电阻也增大。也可采用运算放大器进行放大，如图 9-3(b) 所示。

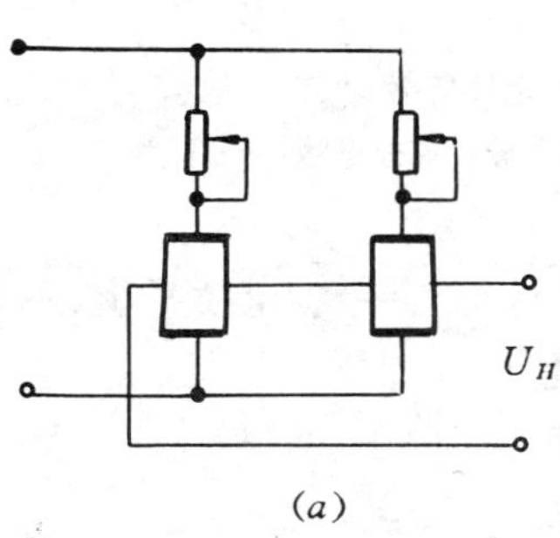

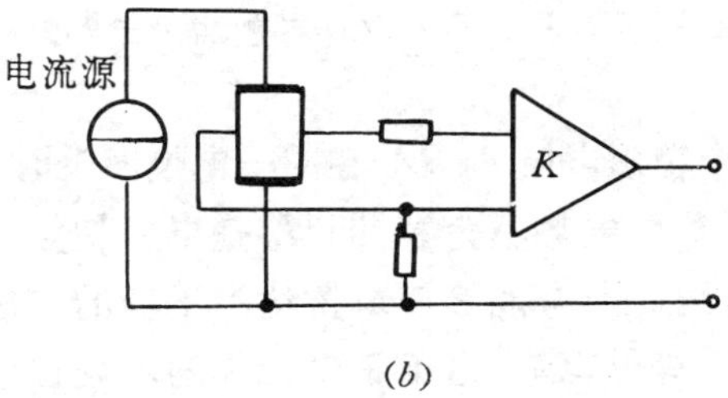

图 9-3　霍尔元件输出电路

(a) 霍尔元件的串联　(b) 霍尔电势的放大电路

(二) 霍尔元件的测量误差及其补偿

由于制造工艺的缺陷及半导体本身固有的特性，霍尔电压受到诸多因素的影响造成测量误差。其主要原因是温度和不等位电势的影响。

1. 温度误差补偿

霍尔元件和一般半导体元件一样，对温度比较敏感，霍尔元件的内阻及霍尔电压都随温度变化。为了消除温度的影响，除选用温度系数小的元件或采用恒温等方法外，采用恒流源可以得到明显的效果。但从式(9-1)可以看出，霍尔电压U_H的稳定性与灵敏度S_H有关，而S_H也是温度的函数，为了进一步提高U_H的稳定性，可在激励电极并联一个分流电阻R_p，如图9-4所示。当温度升高时，若霍尔电压和内阻都随之增加，在I为定值时，通过霍尔元件的激励电流I_H减小，而通过分流电阻R_p的电流I_p增大，从而达到补偿目的。

若补偿电阻和霍尔元件的电阻温度系数以及霍尔电势的温度系数分别为γ、β、α(一般$\beta \gg \gamma$和$\beta \gg \alpha$)，则补偿电阻可按下式确定

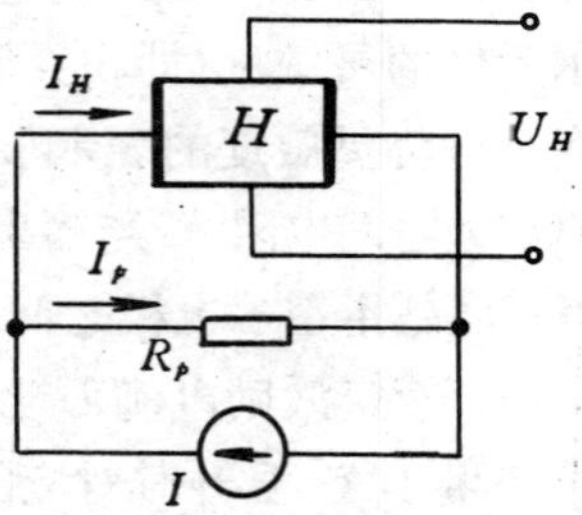

图9-4 恒流源温度补偿电路

$$R_p = \frac{\beta}{\alpha} R_i \tag{9-2}$$

式中 R_i—— 温度变化前霍尔元件的输入电阻。

2. 不等位电势补偿

不等位电势U_0是霍尔元件的零位误差，主要是由于两个霍尔电极没有安装在同一电位面上，当激励电流I流经不等位电阻r_0时产生的压降，如图9-5(a)所示。一个霍尔元件有两对电极，各相邻电极之间的电阻若为r_1、r_2、r_3、r_4，则可把霍尔元件等效为一个四臂电阻电桥，如图9-5(b)所示。

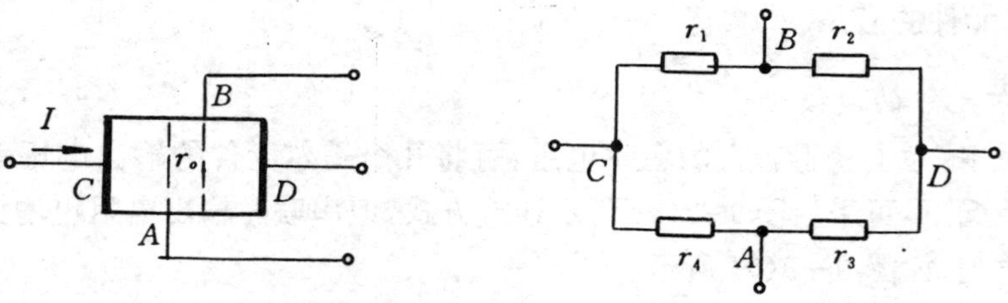

(a) (b)

图9-5 不等位电势及霍尔元件等效电路

(a) 不等位电势示意图 (b) 霍尔元件等效电路

当两个霍尔电极A、B处在同一电位面上时，$r_1 = r_2 = r_3 = r_4$，电桥平衡，不等位电势U_0为零。反之不等位电势不为零，即U_0是电桥初始不平衡输出电压。因此所有能够使电桥达到平衡的方法均可用于补偿不等位电势。由于霍尔元件的不等位电势也是温度的函数，所以同时要考虑温度补偿问题。图9-6为不等位电势的补偿电路。图9-6(a)为不对称电路，补偿电阻R与等效桥臂的电阻温度系数一般都不同，因此工作温度变化后原补偿关系即遭破坏。但电路简单，调整方便，能量损失小。图9-6(b)为对称电路，温度变化时补偿稳定性好，但会使霍尔元件的输入电阻减小，输入功率增大，霍尔输出电压降低。

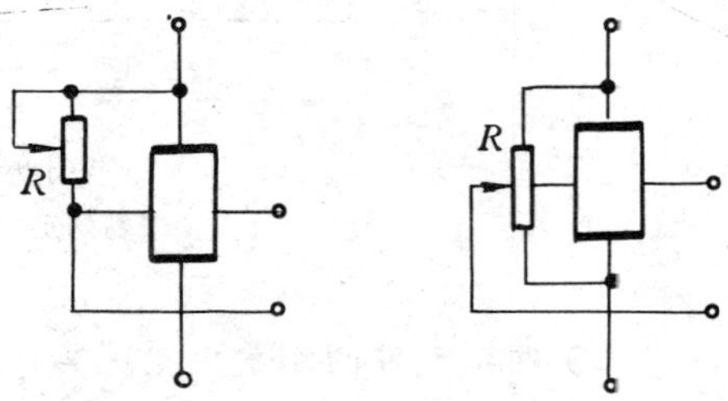

(a) (b)

图9-6 不等位电势补偿电路

(a) 不对称电路 (b) 对称电路

（三）霍尔元件的应用

霍尔元件由于材料和制造工艺等的不同，其种类较多，有分立元件，也有集成元件。但不论哪一种，都是根据公式$U_H = S_H IB$制作成霍尔传感器的。S_H为常数，霍尔电压U_H正比于激励电流I和磁感应强度B，保持I或B中一个不变，另一个为变量，则输出的电压U_H正比于I或B；当I和B同时变化时，U_H正比于I和B之积。由于建立霍尔电压所需的时间极短，约为$10^{-12} \sim 10^{-14}$ s，因此其频率响应甚高，可达10^9 Hz以上。

1. 霍尔高斯计

用霍尔元件测量磁感应强度B时，保持霍尔元件与磁场垂直，若控制电流为常值，则霍尔电压与磁感应强度成正比。霍尔电压放大后，经校准便可直接读出磁感应强度的高斯值。

2. 霍尔位移传感器

如果把霍尔元件放在一个梯度磁场中移动，从霍尔元件输出的电压变化就可以反映出位移的大小。利用这一原理可以测量位移和与位移相关的非电量，如力、压力、加速度和振动等。磁场的梯度越大，变换灵敏度越高，磁场梯度越均匀，输出特性的线性越好。

图 9-7(*a*)、(*b*) 为霍尔位移传感器的原理图。图(*a*) 所示结构在较大位移范围内霍尔电压U_H与位移x之间具有良好的线性关系，特性曲线如图 9-7(*c*) 中曲线A。图(*b*) 所示结构因为它由两个磁系统共同形成一个梯度磁场，所以灵敏度很高，但测量范围较小，适于测量微小位移或机械振动等，输出特性见图 9-7(*c*) 中曲线B。

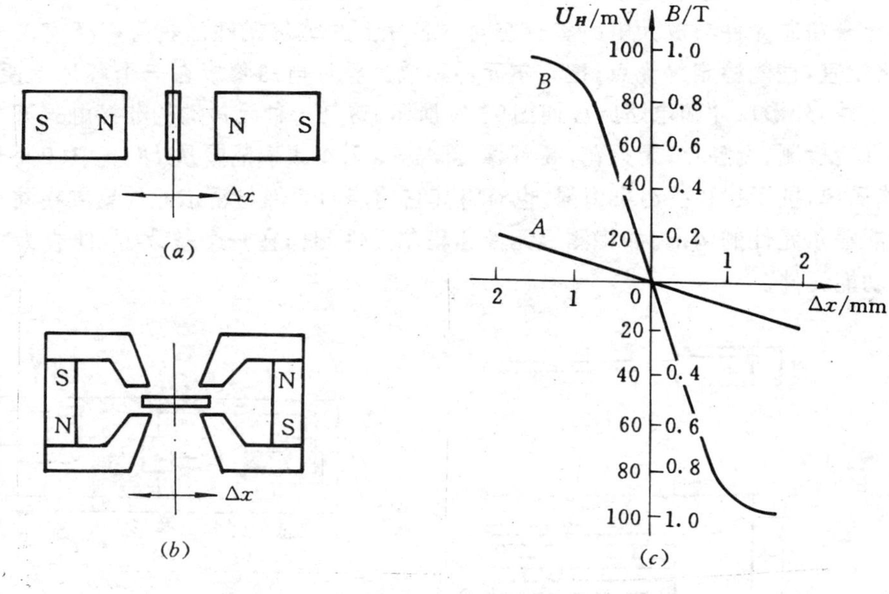

图 9-7　霍尔位移传感器磁系统及其特性

(*a*)、(*b*) 磁系统　(*c*) 特性曲线

3. 霍尔角位移传感器和转速传感器

公式$U_H = S_H IB$是在磁感应强度B与霍尔元件基片平面相垂直的情况下导出的。当B与基片平面的法线之间夹角$\theta \neq 0$时，霍尔元件感受的磁感应强度只是在法线方向上的分量$B\cos\theta$，这时式(9-1) 可改写为

$$U_H = S_H IB\cos\theta \tag{9-3}$$

当 θ 夹角变化时，霍尔电压则产生变化。利用这一原理可以制成霍尔角位移传感器、霍尔式转速传感器等。

霍尔角位移传感器的原理如图 9-8 所示。磁感应强度的方向垂直于霍尔元件平面，输出的霍尔电压将随转角的增大而减小；若将元件的初始位置旋转 90°，输出的霍尔电压将随转角的增加而增加。

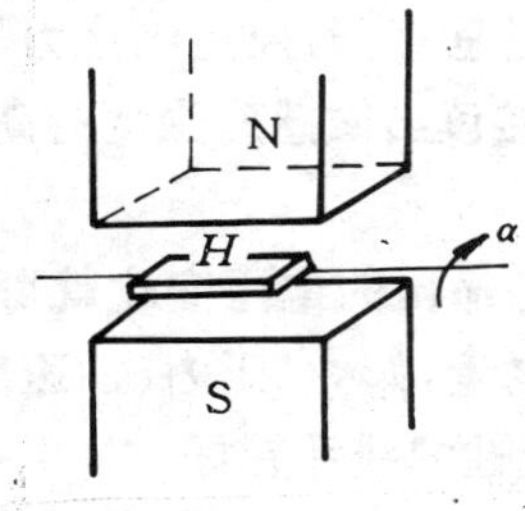

图 9-8　角位移测量原理

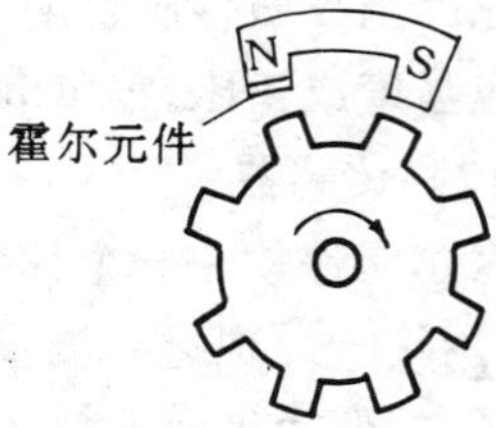

图 9-9　转速测量原理

图 9-9 为霍尔转速计的原理图。霍尔元件固定在磁极的一个端面上，并通过恒定电流。当齿轮转动时，霍尔元件感受的磁场强度做周期性变化，霍尔电压也呈周期性变化，经放大整形，得到的脉冲频率与转速成正比。

近年来霍尔元件与放大电路集成在同一芯片上的霍尔元件已获得广泛应用。它具有体积小，价格便宜，性能稳定等优点。把霍尔元件和放大整形电路集成在一个芯片上便构成霍尔开关集成电路，外形尺寸和电路原理如图 9-10所示。这是一种无抖动的非接触式开关，可以用于位置和旋转检测。无触点，无火花，高可靠，寿命长，工作频率范围从 $DC \sim 100$ kHz，输出数字化，结构简单，抗干扰和抗污染力强。也有将其它功能的元件与霍尔元件集成在同一基片上，构成多功能霍尔元件的情况。如将测温元件和霍尔元件制作在一个基片上，便成为同时测温、测磁的双功能元件。

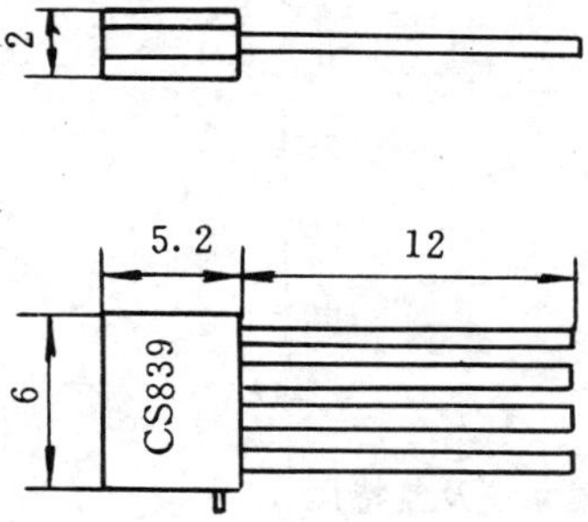

(*a*)

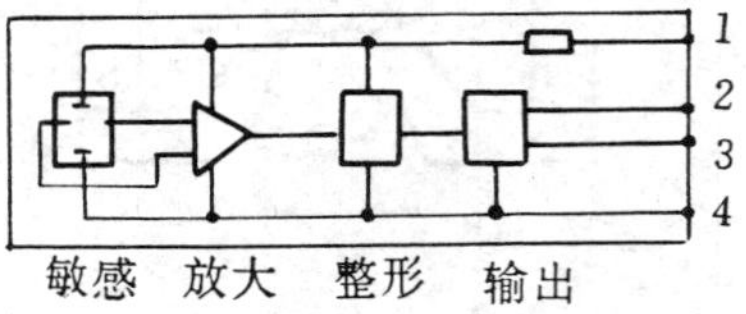

(*b*)

图 9-10　霍尔开关集成电路

(*a*) 外形尺寸　(*b*) 电路原理

§9-2 磁阻元件

一、磁阻效应与磁阻元件

根据霍尔效应原理，在垂直磁场作用下，通常半导体的电流在电极附近发生偏转，使两极间的电阻值增加，这种现象称为磁阻效应。磁阻效应分为材料的电阻率随磁场而变化和元件的电阻值随磁场而变化两种现象。前者称磁电阻率效应，或称物理磁阻效应，因这种效应很小，它的工程应用受到限制。后者称为磁电阻效应，或称形状磁阻效应，如图 9-11 所示。在金属电极附近，电场一定垂直于电极，电极附近的电流偏转了一个霍尔角，延长了电流的流通路径，使元件的电阻值增加。这种效应因为与元件的形状、结构有关，因此被称为形状磁阻效应。图 9-11 中(A)、(B) 分别表示无磁场和加上磁场后不同形状半导体内电流的分布情况。

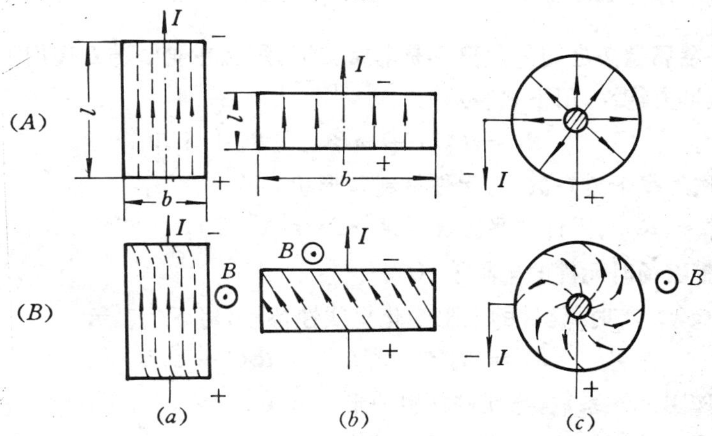

图 9-11　N 型半导体元件内电流分布

(A) 无磁场　(B) 有磁场

(a) 长方形元件($l/b \gg 1$)　(b) 长方形元件($l/b \ll 1$)　(c) 圆板形元件

当加上磁场后，由于霍尔效应，电流方向同电场方向产生一个偏转角 θ(称为霍尔角)，电流方向由原来垂直于极板方向变成倾斜于极板，增加了电流的路径，因而使电阻增加。比较图 9-11(a) 和图 9-11(b) 可知，长方形元件电极间的距离越短，电流的路径越倾斜，电阻增长率就越大。电流路程随元件长与宽比值的减小而增加，而电阻增加率随电流路程的增加而增加。图 9-11(c) 为同心圆状的元件，元件电场呈放射状，在磁场作用下，电流呈螺旋状运动，电流路径加长，其理论上显示了最高的电阻增加率。

磁阻元件是利用半导体的磁阻效应而制作的元件，这种元件的电阻值能够随着磁场的增加而增大。它的优点是像电阻元件一样，只有两个端子，结构简单，安装方便。缺点是磁阻元件的电特性比霍尔元件的复杂，不是单一的线性输出。半导体磁阻元件外形呈扁平状，非常薄，它是在 0.1 ～ 0.5 mm 的绝缘基片上蒸镀上约 20 ～ 25 μm 的一层半导体材料制成的，也有在半导体薄片上腐蚀成型的。为了增加有效电阻，将其制成电阻应变片那样的弯曲栅格，端子用导线引出后，再用绝缘材料覆盖密封。常见的磁阻元件有 InSb(栅格型)、InSb—NiSb(共晶型) 和薄膜型等。图 9-12 为两种不同的构造型式。

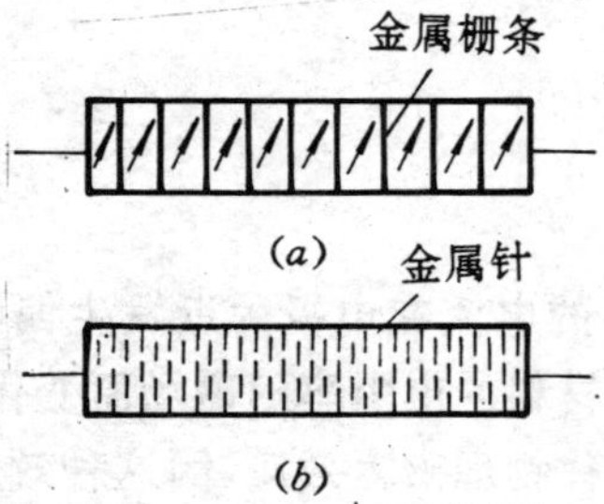

图 9-12　磁敏元件基本构造

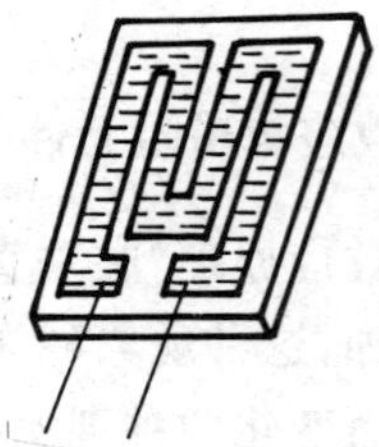
图 9-13　InSb—NiSb 磁敏电阻外形

二、磁阻元件的主要特性

一般地如果金属栅条之间的距离不是非常接近，那么在弱磁场 B 作用下，即 $\mathrm{tg}\theta \ll 1$ 时，元件的电阻变化呈平方特性，用下式表示

$$R_B = R_0(1 + mB^2) = R_0 + S_q B^2 \tag{9-4}$$

式中　m —— 磁阻率平方系数，与元件材料和形状有关；

S_q —— $S_q = R_0 m$，元件的平方灵敏度(mV/mA·T)；

R_0 —— 零磁场时元件的电阻值(Ω)。

在强磁场下，即 $\mathrm{tg}\theta \gg 1$ 时，元件的电阻变化呈线性特性，用下式表示

$$R_B = R_0(G + MB) = R_0 G + S_L B \tag{9-5}$$

式中　M —— 磁阻线性系数，与元件材料和形状有关；

G —— 形状效应常数，与元件材料和形状有关；

S_L —— $S_L = R_0 M$，元件的线性灵敏度(mV/mA·T)；

B —— 磁感应强度(T)；

R_0 —— 零磁场时元件的电阻值。

图 9-12(*a*) 是由金属栅构成的几个元件串联组件，所以整体电阻值为公式(9-4)和公式(9-5)的几倍。图 9-12(*b*) 为针状析出，形成短路条，其特性比金属栅结构更好。图 9-13 为 InSb—NiSb 磁敏电阻的基本形状。

(1) 电阻变化与磁感应强度的关系。因材料不同，磁阻相对变化与磁感应强度 B 的变化关系如图 9-14 所示。L 和 D 为不同掺杂的 InSb—NiSb。由图可知磁感应强度小于 0.3T 时，电阻变化与磁感应强度成平方关系；当大于 0.3T 时则成线性关系。

(2) 相对灵敏度 S_r。磁敏电阻的相对灵敏度是磁感应强度为 0.3T(或 1T) 时电阻值 R_B 与零磁场电阻值 R_0 之比，即 $S_r = R_B / R_0$。

(3) 温度特性。磁敏电阻材料是一种受温度影响极大的材料，温度系数和磁场的关系如图 9-15 所示。

(4) 标称阻值及额定功率。磁敏电阻大部分和半导体电路配合使用，电阻为 50～500 Ω 的元件已满足需要。磁敏电阻的额定功率在环境温度低于 80℃ 时为几毫瓦。

(5) 频率特性。磁敏电阻的工作频率范围一般为 1 ～ 10 MHz。

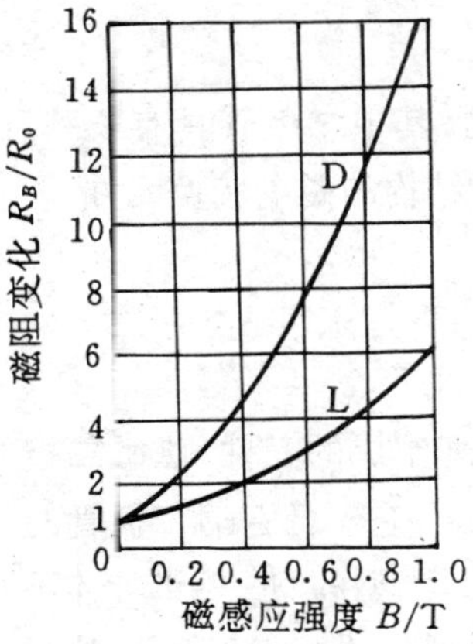

图 9-14　InSb—NiSb 元件磁场与磁阻变化的关系

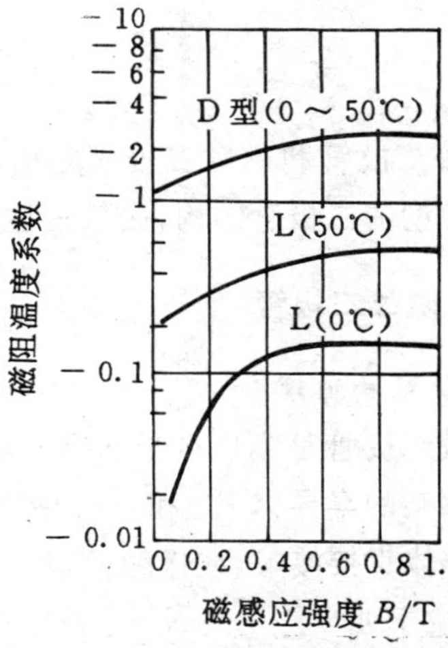

图 9-15　InSb—NiSb 元件温度系数与磁场的关系

三、磁阻元件的应用

从应用来看，磁阻元件具有两种功能，一是具有本身电阻可改变的功能，另一是和电流结合起来实现乘法运算的功能。同时磁阻元件的电阻变化有平方特性和线性特性，流过磁阻元件的电流可以是交流的，也可以是直流的，因此可进行不同的组合，应用范围相当广泛。下面介绍几个在测试技术中常用的例子。

(1) 磁通计。用比例型磁阻元件制作的磁通计能够直接读出磁通密度，一般用于磁通密度大于 0.3T 以上的测量。磁阻效应磁通计特别适宜于测量密度较高的脉冲磁场，还可用于测量超导磁体。高灵敏度磁通计是利用两个平方特性的磁阻元件在弱磁场作用下具有很高灵敏度这一原理制成的一种磁通计。

(2) 位移计。图 9-16 所示是一个利用差动式磁阻元件的电压分压比随永久磁铁的位置而变化的性质制作的位移传感器。如果将永久磁铁和磁阻元件配置成圆形，则不仅可测出直线位移，还可模拟检测出转角。

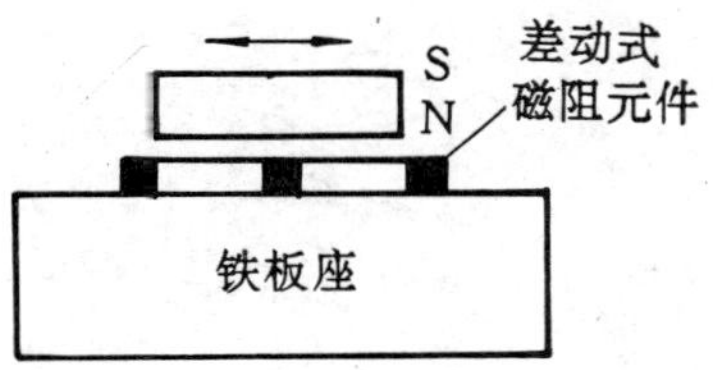

图 9-16　磁阻式位移传感器

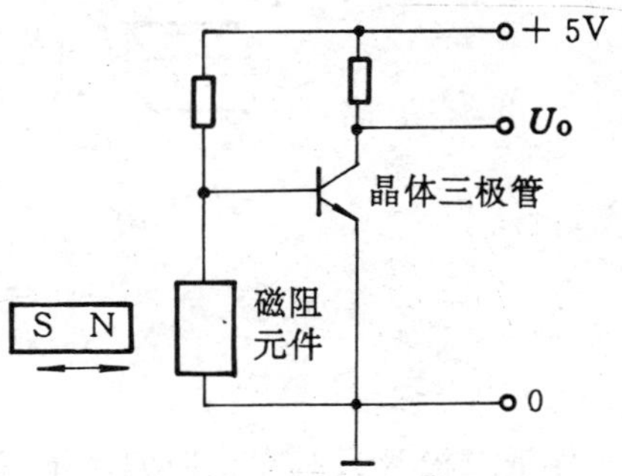

图 9-17　使用磁阻元件的无触点开关电路

(3) 无触点开关。当磁阻元件接近永久磁铁时会使元件阻值增大，再根据需要将信号放大或直接驱动晶体管，就可以实现无触点开关功能或计数功能，其电路如图 9-17 所示。

磁阻元件在计算机技术、无线电技术和控制技术等方面也得到了广泛的应用。

§9－3　磁敏二极管和磁敏三极管

磁敏二极管和磁敏三极管是由锗或硅半导体材料制成的，其中二极管具有长基区的 P^+—i—N^+ 型的二极管结构，磁敏三极管则是具有双极型晶体管结构的磁电转换元件。

一、磁敏二极管

（一）结构原理

磁敏二极管是利用电子和空穴双注入效应和复合效应原理制成的元件。磁敏二极管的两端是高掺杂的半导体 P^+ 和 N^+，中间是一个较长的本征半导体 i，它不像普通二极管的 P 型和 N 型半导体直接接触，在接触面附近形成 PN 结。磁敏二极管的 P^+ 型和 N^+ 型半导体不直接接触，因此它又叫 P^+—i—N^+ 型长二极管，其结构符号和工作原理如图 9－18 所示。这种二极管的特点是在长基区（i 区）的一侧设置了载流子高复合区 r，r 区对面则是复合速率很低的光滑表面。当元件施加正向电压时，在无磁场情况下，P^+ 区的空穴和 N^+ 区的电子分别流入 N^+ 区和 P^+ 区形成电流，仅有少量电子和空穴在 i 区复合掉。当加上正向磁场 B^+ 时，由于洛仑兹力的作用使电子和空穴偏向 r 区，并在 r 区很快复合掉，这时 i 区的载流子密度减小，使 i 区的电阻增加，电流减小，i 区电压降增大，而 $P^+ i$ 结和 $N^+ i$ 结上的电压降减小，促使注入 i 区的载流子数量下降，使 i 区电流进一步减小，直到某一稳定状态为止。在反向磁场 B^- 作用下，电子和空穴向 r 区的对面偏转，复合数量减小，于是 i 区的载流子密度增加，电阻减小，电流增加，i 区的电压降减小，结果 $P^+ i$ 结和 $N^+ i$ 结上电压降增加，促使载流子向 i 区注入，直到电阻值减小到某一稳定状态为止。因此磁敏二极管的工作原理就是这种电子和空穴双注入效应和复合效应的结合。由于存在正反馈作用，所以这种元件具有很高的灵敏度。

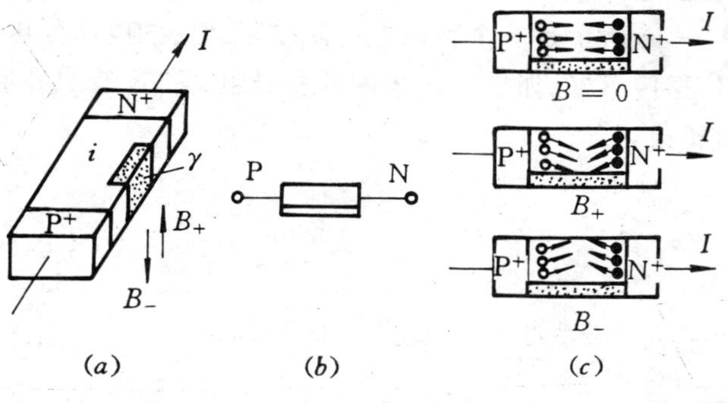

图 9－18　P—i—N 磁敏二极管

（a）结构　（b）符号　（c）工作原理

磁敏二极管只有在正向偏压下，流过二极管的电流随磁场的变化而改变，才具有磁敏现象，在反向偏压下，因为漏电流很小，所以不出现磁敏作用。

（二）磁敏二极管的主要特性

（1）伏安特性。磁敏二极管所加正向偏压与二极管流过电流的关系称为伏安特性，不同磁场作用下，其伏安特性不同，如图 9－19 所示。图中 $B=0$ 表示不加磁场时的情况，B_+ 和 B_- 表示所加磁场方向的正负。由图可以看出，当电压保持恒定时，随着外加磁场由负到正逐渐增大时，磁敏二极管的电流逐渐减小。

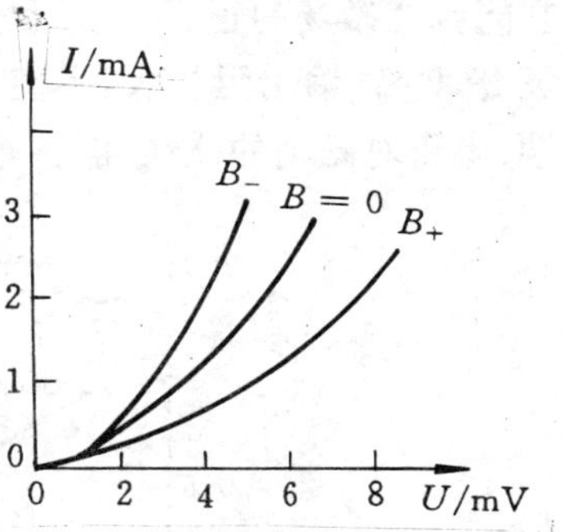

图 9－19　磁敏二极管伏安特性

(2) 磁电特性。磁敏二极管输出电压的变化与外加磁场的关系称为磁电特性。磁敏二极管随外加磁场方向的变化可以产生正负输出电压的变化，在正磁场作用下电压升高，在负磁场作用下电压降低，它与线路的连接形式有关。通常有单只接法和互补接法两种基本形式，如图 9－20 所示。

对于单只接法，由图 9－20(*c*) 可知，随着磁场的增强，曲线趋于饱和，在弱磁场作用下(0.01T 以下)，输出电压的改变量同磁场成正比。对于互补接法，如图 9－20(*d*) 所示，随着磁场的增强，曲线也趋于饱和，但在弱磁场下，磁场 — 电压输出特性不但是线性的，而且对磁场是对称的，这是互补电路的最大优点。

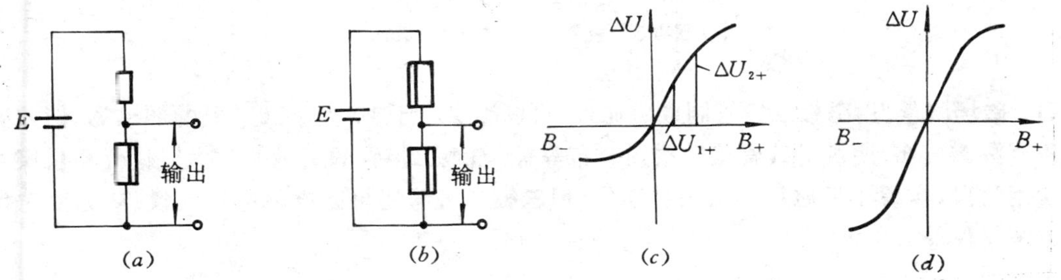

图 9－20　磁敏二极管的磁电特性

(*a*) 单只接法　(*b*) 互补接法　(*c*) 单只接法的磁电特性　(*d*) 互补接法的磁电特性

由图看出，磁敏二极管在弱磁场下灵敏度很高，一般为霍尔元件的几百倍至上千倍，实际可达到 10 000 mV/mA · T。因此这种元件特别适合弱磁场测量，可以测出 $10^{-6} \sim 10^{-7}$T 的磁场。

(3) 温度特性。磁敏二极管随着温度的变化输出电压发生变化，灵敏度也随之变化，如图 9－21 所示。

锗磁敏二极管具有负温度系数，其输出电压 U_o 的温度系数为 － 60mV/℃，灵敏度的温度系数为 －1.0%/℃，使用温度范围为 － 30 ～ 65 ℃。硅磁敏二极管具有正温度系数，U_o 的变化小于 20 mV/℃，灵敏度温度系数为 － 0.6%/℃，使用温度范围为 － 40 ～ 120℃。为克服这一缺点，可采用如图 9－22 所示的补偿电路。图中差分接法补偿性能好，互补接法输出对称性好，桥式接法补偿性能和对称性均好。因此已将桥式接法集成化，形成整体的感磁装置。

(4) 频率特性。磁敏二极管相对于磁场和脉冲电源的频率特性取决于载流子在本征区域内的渡越时间，因而频率特性与元件的尺寸大小有关。锗磁敏二极管在 50 kHz 时的灵敏度将下降 3 dB。硅磁敏二极管的尺寸小，载流子复合时间短，因此频率特性比锗管好，上限频率可达 100 kHz。

(三) 磁敏二极管的应用

磁敏二极管是一个二端子元件，与磁阻元件类似，但不是纯电阻性的，电阻值和灵敏度随外加电压变化，不符合欧姆定律。采用交流电压工作时要加偏置磁场，以避免在负电压区工作；它能判明磁场的正、反向，对应正、反向磁场输出极性要改变，在弱磁场下与磁场强度成正比；灵敏度高，输出阻抗大，不能直接进行功率控制。磁敏二极管的主要缺点是温度特性、频率特性、电压对磁场的线性、漂移等不如霍尔元件的好，但使用尚不成严重问题。

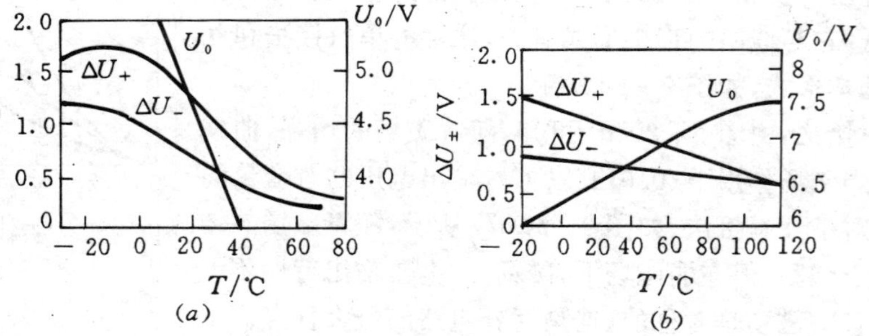

图 9-21　磁敏二极管的温度特性

(*a*) 锗磁敏二极管　(*b*) 硅磁敏二极管

(1) 磁场测量。用磁敏二极管制成磁通计，可以测量小于 $10^{-6} \sim 10^{-7}$ T 的弱磁场，例如测量变压器漏磁分布、阴极射线管偏转磁场分布等等。磁敏二极管的出现使磁力探伤仪测量探头进入实用阶段，实现了导磁材料探伤自动化。用磁敏二极管还可制成磁电指向仪、磁力探矿仪和地磁测量仪等。

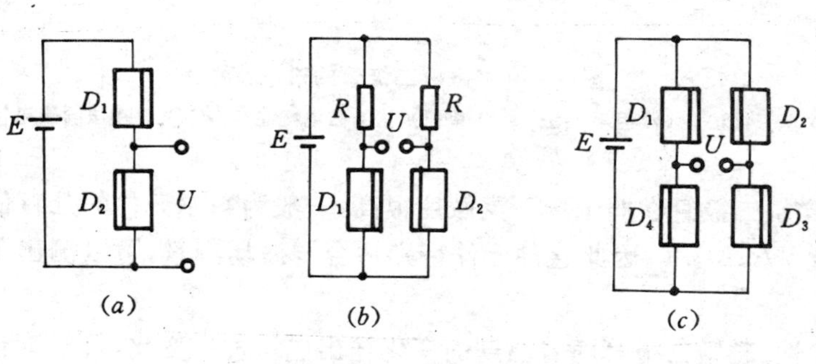

图 9-22　温度补偿电路

(*a*) 互补接法　(*b*) 差分接法　(*c*) 桥式(差分互补)接法

(2) 电流检测。磁敏二极管可以用于钳形电流计来测量大电流，还可用于电动机过载保护装置，当电流超过额定值时，切断电源，防止线包烧毁。

(3) 位移检测。通过磁铁和磁敏二极管的相对距离变化，使得加在磁敏二极管上的磁场强度发生变化从而测量位移。因此距离、转速、振动以及能转换成上述量的物理量均可用同样的方法无接触地检测。用磁敏二极管比用线圈可使整个测量系统简单、方便。

(4) 无触点电位器。图 9-23 为无触点电位器的两种使用形式。图中，(*a*) 线路加适当的直流偏置后可获得较高的信号增益，(*b*) 线路采用单级场效应管作为可变电位器。

(5) 无触点开关。磁敏二极管与施密特触发器组成开关电路，作无触点开关，可用作机床的起动开关、防盗装置、自动线上的计数和控制装置以及工程机械上的安全操作控制等。其特点是无触点磨损，可靠性高，无振动环节，不产生火花。

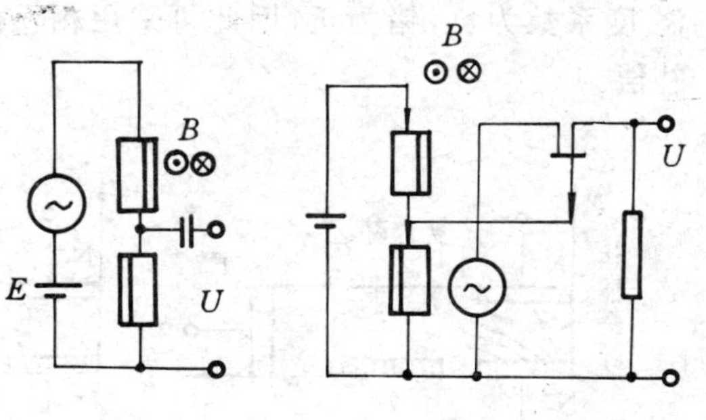

(a)　　(b)

图 9-23　无触点电位器

(a) 直接式　(b) 单极场效应管

二、磁敏三极管

磁敏三极管是在双注入长基区二极管的基础上制成的一种结型磁敏晶体管。

(一) 磁敏三极管的结构原理

磁敏三极管分为锗磁敏三极管(如 3BCM 型)和硅磁敏三极管(如 3CCM 型)两种。它是在弱 P 型或弱 N 型本征半导体上用合金法或扩散法形成发射区、基区和集电区，和普通三极管一样也引出三个电极，用 e、b、c 表示。图 9-24 为 NPN 型磁敏三极管的结构和符号。像磁敏二极管一样，在长基区的一个侧面制成高复合区 r。长其区分为运输基区和复合基区，复合区的体积比从发射极到集电极的运输区的体积大得多。

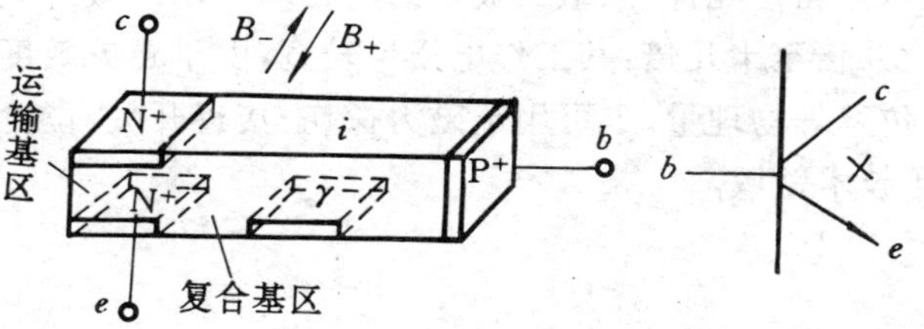

(a)　　(b)

图 9-24　磁敏三极管的结构和符号

当不受磁场作用时，由于基区宽度大于载流子有效扩散长度，因而注入的载流子大部分通过 $e—i—b$ 形成基极电流 I_b，少部分载流子被传输到集电极 c 形成集电极电流 I_c。因而形成了基极电流大于集电极电流的情况，使电流放大系数 $\beta = I_c/I_b < 1$，如图 9-25(a) 所示。

当受到正向磁场 B_+ 作用时，由于磁场力的作用，载流子偏向高复合区 r 一侧，增大了载流子的复合速率，使集电极电流 I_c 减小，如图 9-25(b) 所示。

当反向磁场 B_- 作用时，在磁场力的作用下，载流子向集电极 c 一侧偏转，载流子的复合速率减小，使集电极电流 I_c 增大，如图 9-25(c) 所示。

由上述分析可知，磁敏三极管的集电极电流 I_c 随着外界磁场的变化而变化，具有较高的磁灵敏度。

(二) 主要特性

(1) 磁电特性。磁敏三极管的磁电特性是其应用的基础，在弱磁场作用下接近于一条直线，即集电极电流的变化随磁感应强度近似为线性关系。

(2) 伏安特性。磁敏三极管的伏安特性与普通三极管的伏安特性相似，但电流放大倍数 $\beta < 1$。图 9-26 为其伏安特性曲线。

(3) 温度特性。磁敏三极管受温度影响较大,使用时必须进行温度补偿。硅磁敏三极管的温度系数为负,锗为正,因此可采用相反温度系数的普通三极管或磁敏二极管及电阻进行补偿。

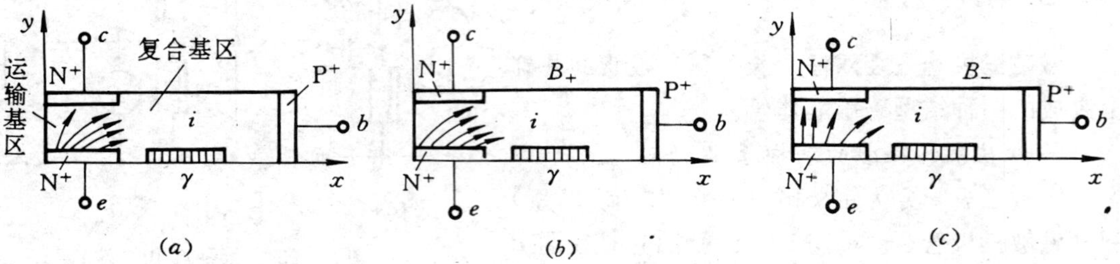

图 9-25 磁敏三极管的工作原理

一般来讲,凡是应用霍尔元件、磁敏二极管的场合均可用磁敏三极管代替。但磁敏三极管的灵敏度比二极管大几倍至十几倍,其工作电压也较宽,由于磁灵敏度高,因此可以用来测量弱磁场、电流、转速、位移等物理量,也可用于磁力探伤、接近开关、位置控制、速度测量和各种工业过程自动控制等技术领域。

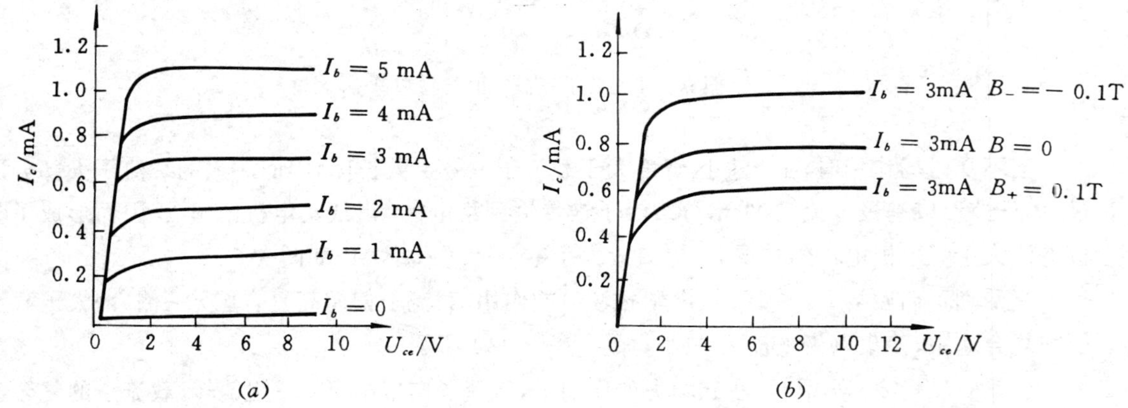

图 9-26 磁敏三极管的伏安特性

(a) 磁感应强度 $B=0$ (b) 磁感应强度 $B=\pm 0.1$T

习 题 九

1. 霍尔元件用半导体材料而不用金属导体,为什么?磁感应强度 B 对霍尔位移传感器有何影响?

2. 何调霍尔效应与磁阻效应？

3. 霍尔元件、磁阻元件、磁敏二极管和磁敏三极管的工作原理各有什么不同？各有什么特点？

4. 霍尔元件、磁阻元件、磁敏二极管在测试技术中各有哪些用途？

第十章　气、湿敏传感器

§10-1　半导体气敏传感器

一、概述

随着科学技术的发展，生产规模不断扩大，被人们所利用的气体原料和在生活、工业上排放出的气体种类、数量都日益增多。这些气体中，许多都是易燃、易爆（例如氢气、煤矿瓦斯、天然气、液化石油气等）或者对于人体有毒害的（例如一氧化碳、氟里昂、氨气等）。它们若泄漏到空气中就会污染环境，影响生态平衡，并可能会产生爆炸、火灾及使人中毒等灾害性事故。

为了确保安全，防患于未然，须对各种可燃性气体、有毒性气体进行定量分析和检测。气敏元件就是能感知环境中某种气体及其浓度的一种器件。气体传感器能将气体种类及其与浓度有关的信号转换成电信号（电流或电压）。根据这些电信号的强弱就可以获得与待测气体在环境中存在情况相同的有关信息，从而可以进行检测、监控、报警。

气体检测方法很多，其中半导体气敏传感器具有使用方便、费用低廉、性能稳定、灵敏度高、可把气体浓度转换成电量输出等优点，故得到了广泛应用。

（一）半导体气敏传感器的分类

(1) 半导体气敏传感器按其物理性质分为：

① 表面型：利用半导体材料的表面吸附效应，根据半导体表面电阻变化来检测各种气体的传感器。

② 体型：利用半导体与气体间的相互作用，使半导体内部晶格组成状态发生变化而导致电导率变化的传感器。

(2) 半导体气敏传感器按转换形式分为：

① 电阻式：气体接触半导体时，使其电阻值发生变化的气敏传感器。

② 非电阻式：当气体接触 MOS 场效应管或金属—半导体结型二极管时，前者的阀值电压和后者的整流特性（电容 C—电压 V 特性）发生变化的气敏传感器。

（二）气敏传感器的材料

气敏电阻的材料不是通常的锗或硅，而是金属氧化物，制作上也不是通过锗或硅掺入杂质形成杂质半导体，而是通过化学计量比的偏离和杂质缺陷制成。金属氧化物半导体分为：

N 型——如氧化锡(SnO_2)、氧化铁(Fe_2O_3)、氧化锌(ZnO)、WO_2 等。

P 型——如氧化钴(CoO)、氧化铅(PbO)、氧化铜(CuO)、NiO 等。

实验证明，在上述氧化物半导体材料中，掺入适量的添加物作为催化剂，如钯(Pd)、铂(Pt)、钛(Ti)、银(Ag)等，可提高对某些气体的选择性和灵敏度。

在诸多半导体中，用 SnO_2 制成的气敏电阻有很多优点，故应用最为广泛，其特点为：

(1) 气敏元件的阻值随检测气体浓度按指数关系变化，因此适宜测量低浓度的气体。

(2) SnO_2 的物理、化学性能稳定、寿命长、耐腐蚀。

(3) SnO_2 对气体检测是可逆的，而且吸附、脱附时间短，可连续长时间使用。

(4) 元件结构简单，成本低，可靠性高，机械性能好。

(5) 被检测气体浓度可通过元件电阻的变化直接转换为电信号，且灵敏度高，因此信号处理不用放大器或不需高倍数放大电路就可实现。

由于 SnO_2 具有上述特点，因此是目前生产量最大、应用范围最广泛的一种气体敏感元件。本节以 SnO_2 气敏元件为主做以介绍。

二、SnO_2 气敏元件的工作原理

目前采用很多种半导体材料制备出不同结构类型的半导体气敏器件，其晶粒间界结构复杂，催化剂和添加剂在多晶氧化物半导体中的分布情况也是非常复杂的。又由于被测气体对象不同，因此其工作机理也不同。对此进行完整统一的解释是比较困难的。

烧结型 SnO_2 气敏器件是表面电阻控制型气敏器件。制备器件的气敏材料是 N 型 SnO_2 材料晶粒形成的多孔质烧结体，其结合模型可用图 10－1 表示。在晶体组成上，锡或氧往往偏离化学计量比，在晶体中如果氧不足，将出现两种情况：一是产生氧空位；另一种是产生金属间隙原子。

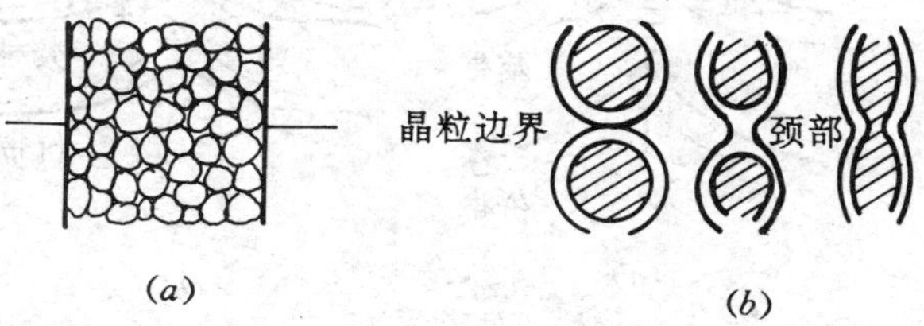

图 10－1 多孔质气敏元件

(a) 多晶体元件 (b) 多晶粒结合情况，白的部分表示空间电荷

根据晶粒接触面势垒模型和吸收效应模型分析，其晶粒接触界面存在电子势垒，其接触部(或颈部)电阻对器件电阻起支配作用。显然，这一电阻主要取决于势垒高度和接触部形状，亦即主要受表面状态和晶粒直径大小等的影响。

氧吸附在半导体表面时，吸附的氧分子从半导体 SnO_2 表面夺取电子，形成受主型表面能级，从而使表面带负电，成为负离子吸附，即

$$\frac{1}{2}O_2+e \longrightarrow O^- \qquad (10-1)$$

式中 O^-——吸附氧；

e——电子的电荷量；

由于氧吸附力很强，因此，SnO_2 气敏器件在空气中放置时，其表面总是会有吸附氧的，其吸附状态可以是 O_2^-、O^-、O^{2-} 等等，均是负电荷吸附状态，使接触晶界电子势垒高度升高，如图 10－2(a)电子势垒从虚线升至实线，使 SnO_2 表面区载流子浓度下降，器件电阻升高。

当 SnO_2 气敏器件接触还原性气体如 H_2、CO 等时，被测气体则同吸附氧发生反应，即

$$O^-+H_2 \longrightarrow H_2O+e \qquad (10-2)$$

减少了 O^- 的密度，吸附的气体分子将向 SnO_2 注入电子，形成正离子吸附，降低了势垒高度，如图 10－2(b)所示，从而降低器件阻值。

根据吸附气体产生能级模型分析，暴露于大气中的 N 型氧化物半导体 SnO_2，其表面总是吸附着一定量的电子施主(如氢原子)或电子受主(氧原子)，由此能组成与半导体内部进行电子交换的表面能级，并形成位于表面附近的空间电荷层。该表面能级相对于半导体本身费米能

级的位置，取决于被吸附气体的亲电性。

如果亲电性高(即氧化性气体)，产生的表面能级将位于费米能级上方，如图 10－4(*a*)所示，被吸附分子从空间电荷吸取电子而成为负离子吸附在半导体表面，使空间电荷层宽度增加(Δd)，势垒高度增加($\Delta\varphi$)，其结果是空间电荷层内由于电子载流子密度降低(导电电子减少)，电导率相应减少。

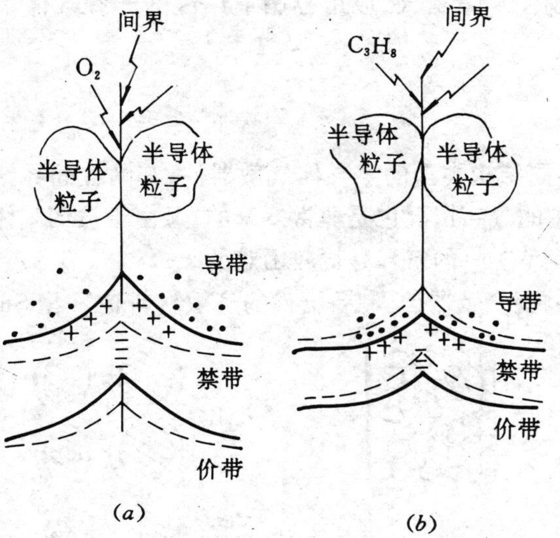

图 10－2　N 型半导体晶粒界面势垒随吸附气体的变化

(*a*) 吸附氧化性气体，势垒从虚线升至实线

(*b*) 吸附还原性气体，势垒从虚线降至实线

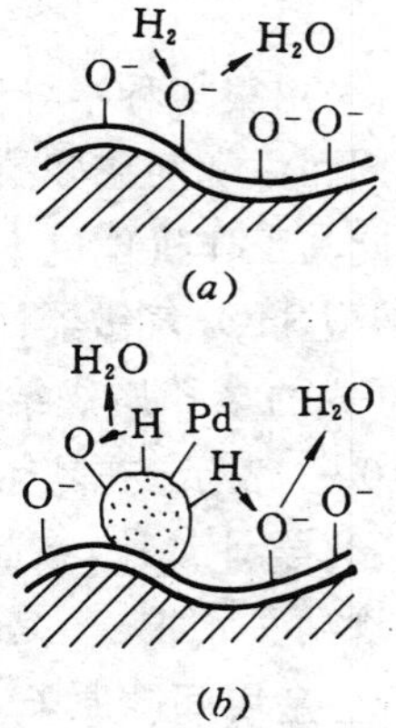

图 10－3　多孔性烧结元件的气敏工作原理

(*a*) 由于可燃性气体的作用消除了吸附的氧

(*b*) 激活剂的作用

如果被吸附气体的亲电性低(即还原性气体)，如图 10－4(*b*)所示，被吸附分子向空间电荷区域提供电子而成为正离子吸附在半导体表面，则空间电荷层宽度将减少(Δd)，势垒高度降低($\Delta\varphi$)，空间电荷层内由于电子载流子密度增加，使电荷层的电导率相应增加。因此，通过改变气体在半导体表面的浓度，空间电荷区域的电导率就可以得到调制。

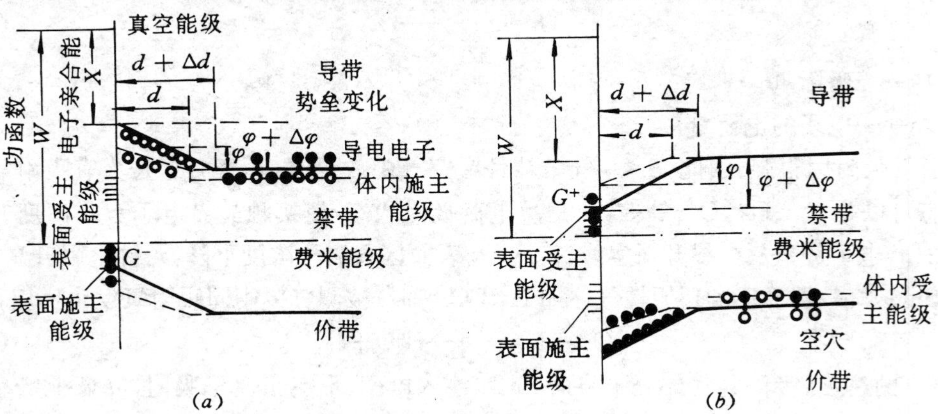

图 10－4　半导体吸附气体时表面空间电荷层的变化

(*a*) N 型半导体吸附氧化性气体　(*b*) P 型半导体吸附还原性气体

添加增感剂(如钯 Pd)可以起催化作用，从而促进上述反应过程，提高器件的灵敏度。这时

H_2 在 Pd 表面上分解成氢离子，然后与器件表面的氧 O^- 发生吸附反应。增感剂作用如图10－3(*b*)所示。

由实验和理论分析可知：

(1) SnO_2 对不同气体具有不同的气敏效应。吸附还原性气体时电导率升高，而吸附氧化性气体时其电导率降低。这种阻值变化情况如图 10－5 所示。

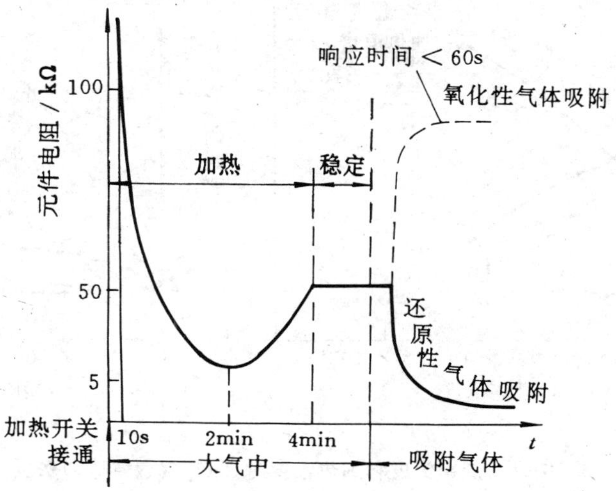

图 10－5　N 型氧化物半导体吸附气体后阻值变化情况

(2) SnO_2 中添加物对气敏效应有明显的影响。表 10－1 列出了不同添加物对 SnO_2 气敏元件气敏效应的影响。

表 10－1　添加物对 SnO_2 气敏效应的影响

添加物质	检测气体	使用温度/℃
PdO，Pd	CO，C_3H_8，酒精	200～300
Pd，Pt，过渡金属	CO，C_3H_8	200～300
$PdCl_2$，$SbCl_3$	CH_4，C_3H_8，CO	200～300
PdO＋MgO	还原性气体	150
Sb_2O_3，TiO_2TiO_3	LPG，CO，城市煤气，酒精	250～300
V_2O_5，Cu	酒精，丙酮	250～400
稀土类	酒精系可燃性气体	—
过渡金属	还原性气体	250～300
Sb_2O_3，Bi_2O_3	还原性气体	500～800
高岭二(陶土)，Bi_2O_3，WO	碳氢系还原性气体	200～300

(3) 烧结温度和加热温度对气敏特性有明显的影响。图 10－6(*a*)、(*b*)分别为烧结温度为 600℃和 400℃时 SnO_2(添加 ThO_2)的气敏特性。

由图 10-6(a)可以看出,工作加热温度在 170～200℃范围内,H_2 的灵敏度曲线(灵敏度用输出电压表示)呈抛物线状;而对 CO,改变工作加热温度,其灵敏度曲线则没有多大变化。因此利用这一特性可以检测 H_2。如果烧结温度为 400℃,工作加热温度为 200℃,则对 CO 可进行选择性检测,如图 10-6(b)所示。

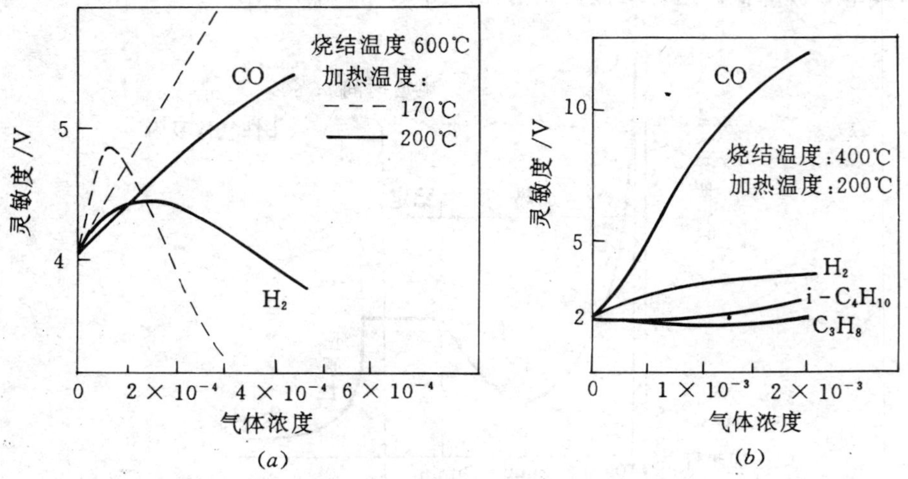

图 10-6 烧结温度和加热温度对 SnO_2 气敏特性的影响

(a) 烧结温度为 600℃ (b) 烧结温度为 400℃

三、SnO_2 气敏元件的结构和参数

(一) 结构

SnO_2 气敏元件主要有烧结型、薄膜型、厚膜型三种类型。烧结型 SnO_2 气敏元件是目前工艺最成熟、使用最广泛的气敏元件。

烧结型 SnO_2 气敏元件是以多孔质陶瓷 SnO_2 为基材(粒度在 1 μm 以下),添加不同物质,采用传统制陶方法,进行烧结。烧结时埋入测量电极和加热丝,制成管芯,最后将电极和加热丝引线焊在管座上。在元件工作时须加热到 300℃左右,按其加热方式可分为直热式和旁热式两种。

(1) 直热式 SnO_2 气敏元件。直热式元件又称内热式,这种元件的结构示意图如图 10-7 所示。元件管芯由三部分组成:SnO_2 基体材料、加热丝、测量丝,它们都埋在 SnO_2 基材内。工作时加热丝通电加热,测量丝用于测量元件的阻值。

这种类型元件的优点是:制作工艺简单、成本低、功耗小,可以在高回路电压下使用。缺点是:热容量小,易受环境气流的影响;测量回路与加热回路间没有隔离,互相影响;加热丝在加热和不加热状态的热胀冷缩,易造成接触不良。国产 QN 型和 MQ 型气敏元件,日本弗加罗 TGS# 109 型气敏元件均属于此类。

(2) 旁热式 SnO_2 气敏元件。这种元件结构示意图如图 10-8 所示。其管芯增加了一个陶瓷管,在管内放进高阻加热丝,管外涂梳状金电极作测量极,在金电极外涂 SnO_2 材料。

由于测量极与加热丝分开,加热丝不与气敏元件接触,避免了回路之间的互相影响;加上元件热容量大,减小了环境气氛对元件加热温度影响,并保持了材料结构的稳定性。所以,旁热式气敏元件稳定性和可靠性比直热式有所改进。目前国产 QM—N5 型和日本 TGS812、813 型气敏元件均采用这种结构。

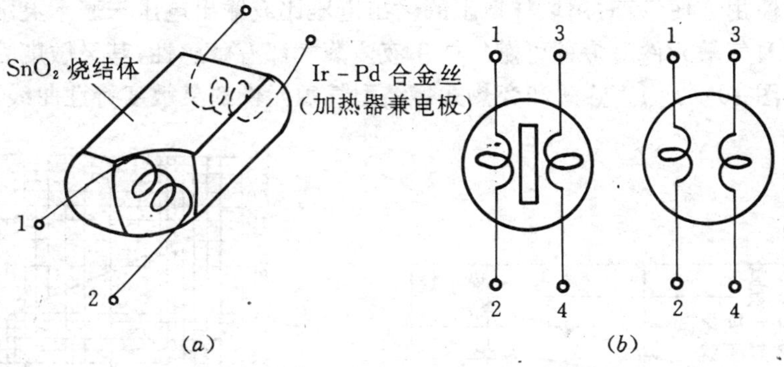

图 10-7　直热式气敏元件结构示意图及图形符号

(a) 结构示意图　(b) 图形符号

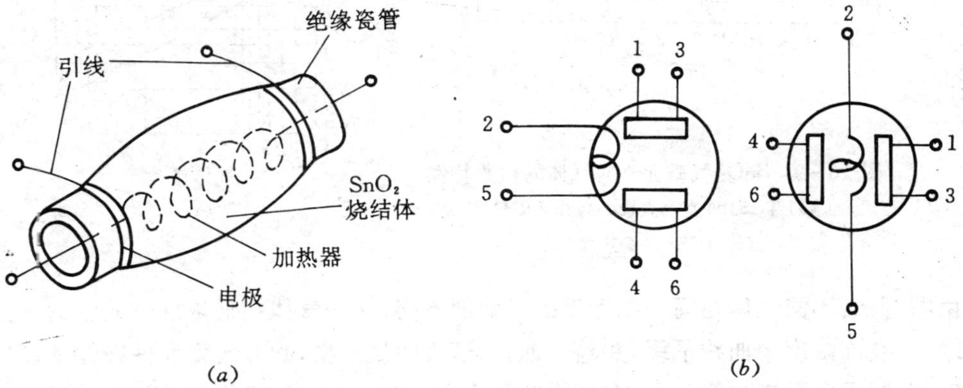

图 10-8　旁热式气敏元件结构示意图及图形符号

(a) 结构示意图　(b) 图形符号

（二）主要性能参数

1. 固有电阻 R_0 和工作电阻 R_s

R_0 表示气敏器件在正常空气条件下(或洁净空气条件下)的阻值,又称正常电阻。R_s 表示气敏器件在一定浓度的检测气体中的阻值。

2. 灵敏度 S

通常用气敏器件在一定浓度的检测气体中的阻值 R_s 与正常空气中的阻值 R_0 之比表示灵敏度,即

$$S = \frac{R_s}{R_0} \tag{10-3}$$

由于正常空气条件难以获得,所以,常用两种不同浓度气体中器件电阻之比来表示灵敏度,即

$$S = \frac{R_s(c_2)}{R_s(c_1)} \tag{10-4}$$

式中　$R_s(c_1)$—— 在检测气体浓度为 c_1 的气体中的器件电阻；

$R_s(c_2)$—— 检测气体浓度为 c_2 的气体中的器件电阻。

另外，为了使用方便，有时用取样电阻的输出电压比或输出电压来表示灵敏度。

烧结型 SnO_2 气敏元件对多种可燃气体和液体蒸气都有敏感性，其灵敏度因气体和液体蒸气的不同而异。图 10-9 为直热式和旁热式烧结型气敏元件的灵敏度特性曲线。

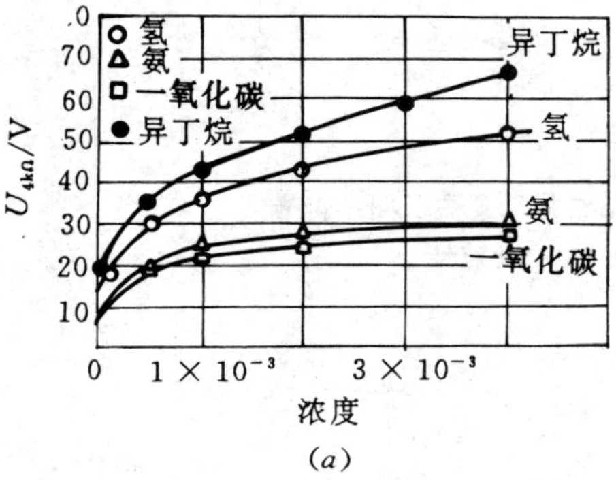

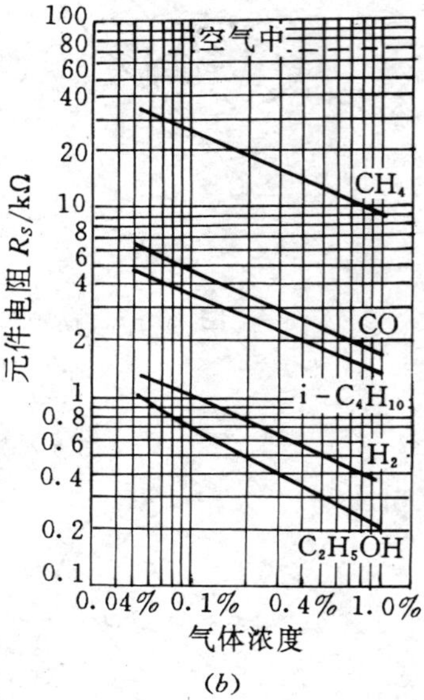

图 10-9　SnO_2 气敏元件对气体的敏感特性

(a) TGS109 直热式(20℃，65%RH)

(b) TGS812 旁热式

由图可知：不同气体在同一浓度下的灵敏度不同；同一气体在低浓度时元件的输出特性曲线陡峭，而在高浓度中曲线平缓，并趋于饱和。这表明烧结型 SnO_2 气敏元件在低浓度气体中的灵敏度高，器件电阻变化明显，而在高浓度气体中元件的电阻趋于稳定。因此，它适宜于检测低浓度微量气体，如检查可燃性气体的泄漏、定限报警等。

3. 响应时间 t_{res}

从器件接触一定浓度的被测气体开始到其阻值达到该浓度下稳定阻值的时间，称为响应时间。它代表气敏器件对检测气体的响应速度。

4. 恢复时间 t_{rec}

从元件脱离检测气体开始到其阻值恢复到正常空气中阻值所需要的时间，称为恢复时间，又称脱附时间。

实际上，常将气敏元件阻值增量由零变化到稳定值的 63% 所需的时间定义为响应时间 t_{res}，恢复时间 t_{rec} 亦然。

5. 加热电阻 R_H 和加热功率 P_H

为元件提供工作温度的加热器电阻称为加热电阻 R_H；气敏元件正常工作时所需的功率称为加热功率 P_H。这两项指标均越小越好。

四、测量电路

烧结型 SnO_2 气敏元件基本测量电路如图 10-10 所示。其中图 10-10(a)，(b) 为旁热式，

图 10－10(c) 为直热式，电路均由加热回路和测量回路两部分组成，现以图 10－10(a) 为例说明。

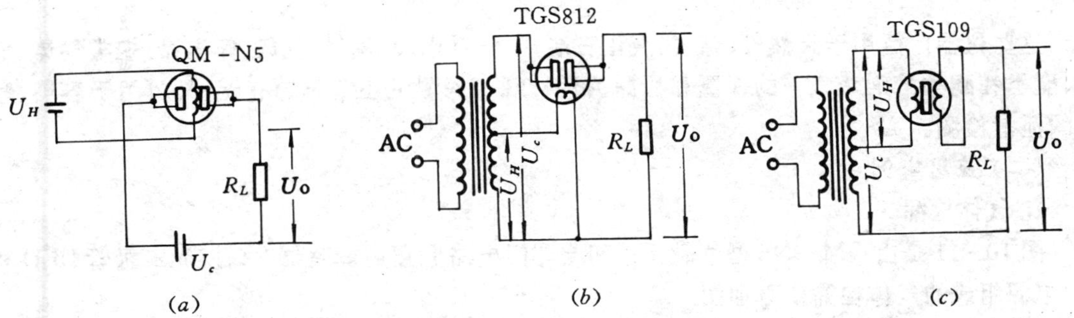

图 10－10　SnO_2 气敏器件基本测试电路

(a) QM－N5 测试电路　(b) TGS812 测试电路　(c) TGS109 测试电路

图 10－10(a) 中，U_H 为加热电压用来给器件加热，U_c 为测试回路电压，供给测量回路能量，R_L 为负载电阻兼作采样电阻。从测量回路可得回路电流为

$$I_c = \frac{U_c}{R_s + R_L} \tag{10-5}$$

则测量回路的输出电压 U_O 和元件工作电阻 R_s 为

$$U_O = I_c R_L = \frac{U_c R_L}{R_s + R_L}$$

$$R_s = \frac{U_c R_L}{U_O} - R_L \tag{10-6}$$

由式(10－6)可知，U_O 与气敏元件电阻 R_s 具有对应关系，当 R_s 降低时，U_O 增高，反之亦然。因此，测量 R_L 上电压降，即可测得 R_s。

图 10－10(b)，(c) 仅为交流供电，原理相同，并不影响测试结果，可根据实际情况选用。

五、气敏传感器的应用

(一) 半导体气敏元件的应用范围

半导体气敏元件具有灵敏度高、响应时间 t_{rcs} 和恢复时间 t_{rcc} 短、使用寿命长、成本低等优点，所以得到广泛的应用。目前应用最广、最成熟的是 SnO_2、ZnO 和 r—Fe_2O_3 等烧结型气敏元件。

气敏元件可对某种特定的单一成分气体，如甲烷(CH_4)、一氧化碳(CO)、氢气(H_2) 等进行检测，也可对混合气体中的某一种气体做选择性检测，还可作为环境气氛检测，如对某种气体含量的变化的检测，对温度及温度的变化的检测等。利用气敏元件可以做成如下仪器。

(1) 检漏仪，又称探测器。它是利用气敏元件的气敏特性，将其作为气－电转换元件，配以相应的电路、指示仪表或声光显示部分而组成的。广泛用于检测可燃性气体的有无及管道和容器的泄漏。

(2) 报警器。当泄漏气体达到某一危险限值时自动进行报警。

(3) 自动控制仪器。利用气敏元件的气电特性进行气电转换，按设定的门限值接通其它电路，对被控设备进行自动控制，如换气扇自动换气控制等。

这些仪器无实质上的差别，都是利用气敏元件的气敏特性进行气电转换的，只是对元件的性能参数要求不同而异。例如检漏仪亦可实现报警，报警器与被控设备相接，则成为自动控制仪。

这些仪器广泛用于天然气、煤气、液化石油气、一氧化碳、氢气、氨气、氟里昂、烷类气体、醇类、醚类和酮类溶剂蒸气等的探测和检漏、报警。既可探测上述气体的有无，又可用于容器、管道的泄漏检测。

（二）应用实例

1. 气体检漏

图 10－11 是由 QM—N5 型气敏元件和与非门电路 J、压电蜂鸣器 BZ、发光二极管 LED 和 5V 电源组成的气体检漏仪原理图。

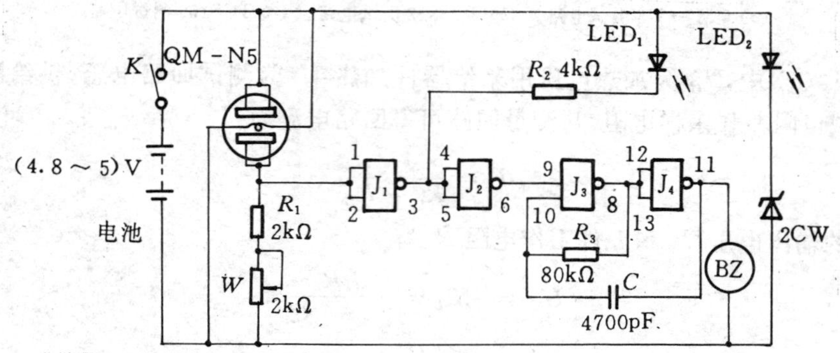

图 10－11　XKJ—48 型袖珍式气体检漏仪原理图

被检测气体浓度较低时，气敏元件的阻值 R_r 较大，门 J_4 输出端为低电位，蜂鸣器 BZ 不通，报警指示灯 LED_1 不亮。

当被测气体浓度达到设定的数值时，敏感元件的阻值 R_r 下降，门 J_1 输入电位增高，输出为低电位，报警指示灯 LED_1 点燃发光，由门 J_3、J_4 和 R_3、C 组成的振荡电路使蜂鸣器断续导通并发出断续声响进行声和光报警。

2. 家用气体报警器

随着气体和液体燃料在家庭、饭店等场所的广泛应用，泄漏造成的灾害事故不断发生。用半导体气敏元件制造的报警器，给人们带来了安全保障。这种报警器可根据使用气体的类别，安放于容易检测气体泄漏的地方。如丙烷、丁烷气体报警器，安放于气体源附近地板上方 20 cm 以内；甲烷和一氧化碳报警器，安放于气源上方靠近天花板处。一旦泄漏的气体达到危险浓度，便自动发出报警信号。

图 10－12 是一种最简单的家用气体报警电路。当室内可燃性气体增加时，气敏元件 TGS109 的阻值 R_r 随之降低，流经回路的电流增加，当达到一定数值时，可直接驱动蜂鸣器报警。

图 10－13 为自动换气扇电路图。当室内空气污浊时，烟雾或其它污染气体使气敏传感器 TGS109 的阻值 R_r 降低，一旦空气污染浓度达到某一数值时，由于电阻 R_{w_2} 的压降增大，a 点电位增高，晶体管 T 导通，使继电器 J 线圈通电工作，常开触点 K_2 闭合，换气扇起动通风换气。

本电路由于利用了继电器J启动电压和恢复电压的不同，当污染气体的浓度超过预置值 C_r 时，换气扇开始工作，排出污染了的空气。污染气体浓度降低到预置值 C_r 以下时，排风扇仍继续工作一段时间，直至污染浓度降到足够低的 C_d 点才停止排风，控制点 C_r 由电位器 R_{w_2} 设置。电路中的电阻 R_1 和电位器 R_{w_1} 分别用于修正传感器件的固有电阻及灵敏度的离散度。

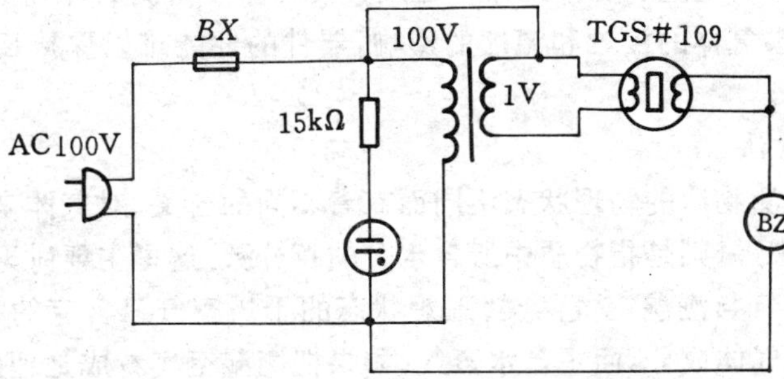

图 10－12　简易家用气体报警器电路图

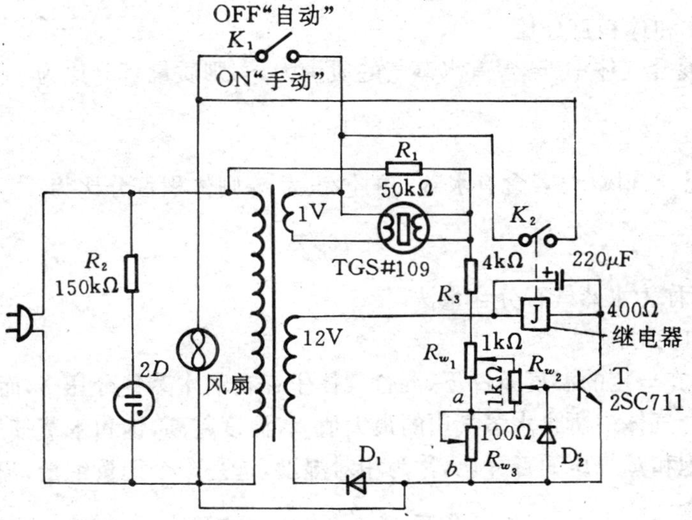

图 10－13　自动换气扇电路图

§10－2　湿敏传感器

一、概述

湿度与温度一样，同生产和日常生活密切相关。在人们的生活环境中，如果空气太潮湿或太干燥都会使人感到不适。为了给人们创造舒适的生活环境，相对湿度应控制在 50%～70%RH 的范围内，所以房间的空调，既要控制温度，也要控制湿度。在国防方面，枪支弹药、军用仪器、武器装备等都不能受潮，必须对军用仓库的温度和湿度进行自动检测和控制。在工业生产中，湿度的测控直接关系到产品的质量，纺织车间、精密仪器设备(数控机床，检测仪器，计算机等)须在一定温度和湿度下使用。此外，湿度测控在气象预报、医疗卫生、食品加工等行业都有广泛的应用。

在谷类敏感器件中，湿度敏感器件的研制和应用仍较为落后。一方面是难以获得具有理想性能的感湿材料，另一方面是湿敏器件工作时必须直接暴露于待测的环境中，工作条件恶劣而复杂，长期受尘埃及有害气体的浸蚀和温度的影响，器件的性能难以保持长期稳定。所以目前尚无理想的湿敏传感器。

(一) 湿度的表示方法

湿度这一概念随被测物质的物理状态不同而有着不同的含义。对气体来讲，是指空气中含有水蒸气的量；对固体来讲，则是指物质中所含水分的百分数。这里主要讨论气体的湿度。

空气可分为干燥空气与潮湿空气两类。理想状态的干燥空气只含有约 78% 的氮气、21% 的氧和约占 1% 的其它气体成分，而不含水蒸气。如果把潮湿空气看成是理想气体与水蒸气的混合气体，那么它应符合多尔顿分压定律，即潮湿空气的总压应等于该混合气体中各种气体分压之和。所以，设法测量空气中水蒸气的分压，也就等于测出了空气的湿度。由于水蒸气分压目前还无法测量，故常用如下一些参数表征气体的湿度。

1. 质量百分比和体积百分比

质量为 M 的混合气体中，若含有水蒸气的质量为 m，则质量百分比为

$$\frac{m}{M} \times 100\% \tag{10-7}$$

体积为 V 的混合气体中，若含有水蒸气的体积为 v，则体积百分比为

$$\frac{v}{V} \times 100\% \tag{10-8}$$

这两种方法统称为水蒸气百分含量法。

2. 相对湿度和绝对湿度

水蒸气压是指在一定的温度条件下，混合气体中存在的水蒸气分压 p，而饱和蒸气压是指在同一温度下，混合气体中所含水蒸气压的最大值 p_s，温度越高，饱和水蒸气压越大。在某温度下，其水蒸气压同饱和蒸气压的百分比，称为相对湿度，这是一个无量纲量，记作 %RH，即

$$\text{相对湿度} = \frac{p}{p_s} \times 100\%\text{RH} \tag{10-9}$$

实际应用中，大多使用相对湿度。

绝对湿度表示单位体积的空气里所含水蒸气的质量，记作 AH，即

$$AH = \frac{m}{V}(\text{g/m}^3) \tag{10-10}$$

3. 露(霜)点

在一定的温度下，空气中所能容纳的水蒸气含量是一定的，超过这个限量，多余的水蒸气就要从气态变成液态而凝结为露珠，即所谓结露。保持压力不变而降低待测气体的温度，气体中水蒸气达到饱和状态时开始结露，这时的温度称为这种气体的露点，常用温度单位 ℃ 表示。含水蒸气量越少，使其饱和而结露所要求的温度(露点)越低，反之亦然。因此露点可以表示气体中含水量(湿度)的大小。露点与相对湿度有对应关系，图 10-14 表示了温度—相对湿度—露点的对应关系。

(二) 湿敏传感器的分类

湿敏传感器是能把外界湿度信号转换成电信号的器件。湿敏传感器的分类方法很多，按与水分子的亲合力关系可分为水分子亲合力型和非水分子亲合力型。水分子亲合力型是利用水分子有较大的偶极矩，易于吸附并渗入固体表面内的特点所制成的湿敏传感器，如陶瓷湿敏元件、高分子和电解质湿敏元件等；另一类湿敏传感器与水分子的亲合力毫无关系，称为非水分子亲合力型湿敏传感器，如热敏电阻式、红外线吸收式、微波式湿敏传感器。按湿敏传感器测试功能可分为：相对湿度、绝对湿度、结露和多功能传感器；按检测方式可分为：电阻、电容、变色和露点湿敏传感器；依据湿敏材料可分为：电解质、高分子、陶瓷、半导体和复合材料湿敏传感器；按元件的结构分为：体型、厚膜型、薄膜型湿敏传感器；按其量程可分为：低湿型（0.5% ～ 30%RH）、中湿型（30% ～ 70%RH）、高湿型（70% ～ 100%RH）和全湿型（0 ～ 100% RH）湿敏传感器；按照工作温度范围，又可分为低温（< 0℃）、中温（0 ～ 80℃）、高温（80℃ 以上）湿敏传感器。目前，使用 ZrO_2—MgO 陶瓷湿度传感器可测 600℃ 左右环境的湿度。

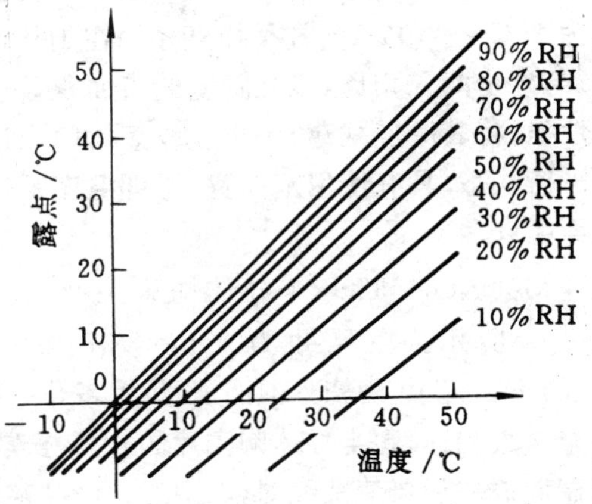

图 10－14　温度—相对湿度—露点的对应关系

二、半导体陶瓷湿敏元件

半导体陶瓷湿敏元件是由两种以上氧化物混合烧结而成的多孔材料。主要包括 $MgCr_2O_4$—TiO_2 系、TiO_2—V_2O_5 系、$ZnCr_2O_4$—$LiZnVO_4$ 系、ZrO_2—MgO 系陶瓷。

金属氧化物构成的多孔陶瓷吸收水分子后，其电阻、电容等性能发生变化。它具有工作范围宽，可检测到 1%RH 的低湿状态以及响应速度快、测量精度高、耐恶劣环境能力强、使用寿命长等优点。所以在生产和应用中占有很重要的地位。

(一) 结构原理

烧结型半导体陶瓷多系金属氧化物材料，一般为多孔结构的多晶体，在其形成过程中伴随有半导化过程。其半导化过程通常是通过调整配方，进行掺杂，或通过控制烧结气氛有意造成氧元素过剩或不足而得以实现的。半导化过程的结果，使晶粒中产生了大量的载流子 —— 电子或空穴。这样，一方面使晶粒体内的电阻率降低。另一方面又在晶粒之间的界面处形成界面电子势垒，使晶粒界面的电阻率远大于晶粒体内的电阻率，而成为半导体陶瓷材料在通电状态下电阻的主要部分。湿敏半导体陶瓷材料正是由于水分子在其表面和晶粒界面间的吸收所引起的表面和晶粒界面处电阻率的变化，才具有湿敏特性的。大多数半导体陶瓷属于负感湿特性的半导体陶瓷，其阻值随环境（空气）湿度的增加而减小。

金属氧化物半导体陶瓷材料的多孔结构，使各晶粒之间带有一定的空隙，呈多孔毛细管状。因此，水分子可以通过陶瓷材料中的细孔，在各晶粒表面和晶粒间界上吸附，并在晶粒间界处凝聚。材料的细孔孔径越小，则水分子越容易凝聚，因此，这种凝聚现象就容易发生在各晶粒间界的颈部部位。晶粒间界的颈部接触电阻是陶瓷整体电阻的主要部分，水分在该部位的凝聚，可离解出大量导电的离子，这些离子在水吸附层中就如同电解质溶液中的导电离子一样，担负着电荷运输任务，其结果必将引起晶粒间界处接触电阻明显地下降。当环境湿度增加时，材料的电阻值也随之下降。

$MgCr_2O_4$—TiO_2 半导体陶瓷具有多孔性结构，其气孔率为 25% ～ 40%，气孔平均直径约在 100 ～ 300 nm 范围内。与致密陶瓷相比，多孔陶瓷的表面积显著增大，故其吸湿性强。将其厚度减薄，则可在较短时间内达到吸湿、脱湿的平衡状态，具有使用范围宽、湿度温度系数小、响应时间短等优点。

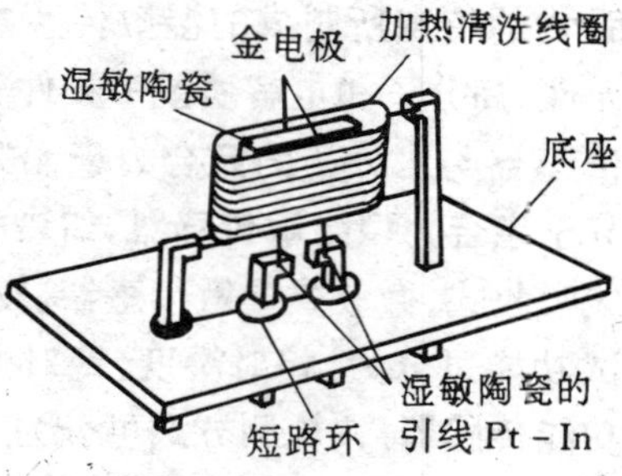

$MgCr_2O_4$—TiO_2 半导体陶瓷湿敏元件的结构，如图 10 - 15 所示。在尺寸为 4 mm × 5 mm × 0. 3 mm 的 $MgCr_2O_4$—TiO_2 陶瓷片的两面，设置多孔金电极，用引出线与金电极相连。在半导体陶瓷片的外面，安放一个由镍铬丝绕制而成的加热清洗线圈，以便对元件经常进行加热清洗，排除有害气氛对元件的污染，这也是此类湿敏元件的特点。元件安装在一种高度致密的、疏水性的陶瓷底座上。为清除底座上测量电极（元件引线）之间由于吸湿和沾污而引起的漏电，在两引线四周设置了短路环。

（二）性能参数

1. 湿敏特性

即湿敏元件的电阻（感湿特征量，如电阻、电容、电流密度等）与相对湿度的关系。$MgCr_2O_4$—TiO_2 半导体陶瓷湿敏元件的湿敏特性如图 10 - 16 所示。由图可知湿敏元件的感湿下限可达 1%RH，所以用它可检测整个相对湿度范围，环境湿度在 1% ～ 100%RH 范围内，元件的阻值变化为 $10^4 \sim 10^8 \Omega$。

2. 加热清洗特性

湿敏元件大都在较恶劣的气氛中工作，环境中的油雾、粉尘以及各种有害气体在元件上的吸附，必将导致器件有效感湿表面积的减小，使元件感湿性能退化、精度下降。为此，在使用过程中，通过对元件进行加热清洗的方法恢复其对水汽的吸附能力。$MgCr_2O_4$—TiO_2 湿敏元件的清洗特性如图 10 - 17 所示。从 A 点开始通电加热，到 B 点断电，加热时间 10 s，加热温度在 400 ～ 500℃，加热后器件的阻值约在 200 s 后即可恢复到初始值。

3. 元件的性能指标

(1) 湿度量程。湿敏元件能够正常工作时，所允许的相对湿度变化范围。理想量程为 0 ～ 100% RH。

(2) 工作温度。在此温度范围内，元件的阻值不随温度变化或变化很小。

(3) 灵敏度。指一定温度下湿敏元件阻值的变化量（$R_2 - R_1$）与环境相对湿度变化量（$RH_2 - RH_1$）之比，即

$$S = \frac{dR}{dRH} = \frac{R_2 - R_1}{RH_2 - RH_1} \tag{10-11}$$

(4) 响应时间。反映元件电阻值随相对湿度变化的快慢程度。

(5) 其它。加在元件上的端电压；吸湿和脱湿时的湿滞回差；寿命和加热清洗的有关指标。

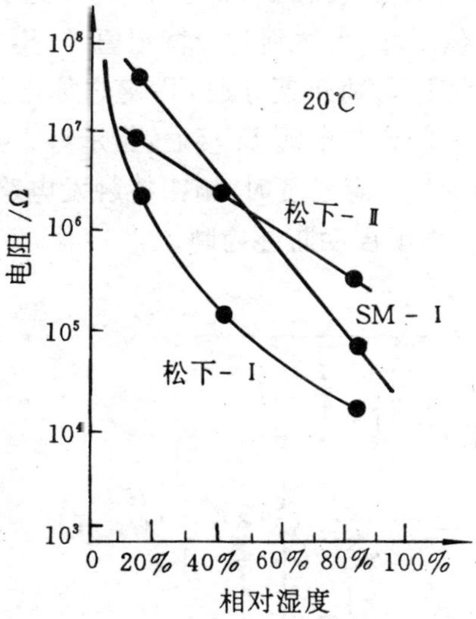

图 10－16 $MgCr_2O_4$—TiO_2 湿敏元件的感湿特性曲线

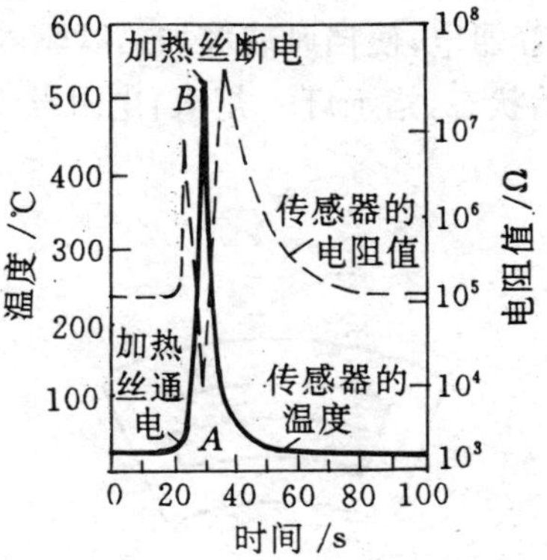

图 10－17 $MgCr_2O_4$—TiO_2 系湿敏传感器在加热除污时的特性

$MgCr_2O_4$—TiO_2 元件的具体性能指标见表 10－2。

表 10－2 $MgCr_2O_4$—TiO_2 湿敏元件的性能指标

项　目	Ⅰ 型	Ⅱ 型	项　目	Ⅰ 型	Ⅱ 型
器件尺寸 /mm	4 × 4 × 2.5	2 × 2 × 0.20	器件尺寸 /mm	4×4×2.5	2×2×0.20
加热器电阻丝尺寸/mm	ϕ0.25	ϕ0.15	加热器电阻丝尺寸/mm	ϕ0.25	ϕ0.15
性能			响应时间 /s		
工作温度	1 ～ 150℃	1 ～ 150℃	吸湿(1% → 50%RH)	＜10	＜10
湿度量程	1%～100%RH	1%～100%RH	脱湿(94% → 50%RH)	＜10	＜10
灵敏度 $R_1\%$/Ω	9×10^7	2.2×10^7	加热器		
$R_1\%/R_{20}\%$	50	2.6	工作电压 /V	＜10	＜3
$R_1\%/R_{40}\%$	500	7.6	加热器电阻 /Ω	25	20
$R_1\%/R_{60}\%$	1 500	23	加热清洗时间 /s	＜60	＜30
$R_1\%/R_{80}\%$	4 300	67	热清洗停止时电阻 /kΩ	25	20
工作电压 /V	＜10	＜10			

(三) $MgCr_2O_4$—TiO_2 湿敏元件的应用

湿敏传感器广泛应用于各种场合的湿度监测、控制与报警。在军事、气象、农业、工业、医药及家用电器等方面的应用日益扩大。

图 10－18 是一种用于汽车驾驶室挡风玻璃的自动去湿装置。其中图(a)为挡风玻璃示意图。图中 R_s 为嵌入玻璃的加热电阻丝，H 为结露感湿器件，图 10－18(b)为所用的电路图。晶体管 T_1 和 T_2 接成施密特触发电路，T_2 的集电极负载为继电器 J 的线圈绕组，T_1 的基极回路电阻

为 R_1、R_2 和湿敏器件 H 的等效电阻 R_P，予先调整好各电阻值，使常温、常湿下 T_1 导通，T_2 截止。一旦由于阴雨致使湿度增大而使 H 的等效电阻 R_P 值下降，当达到某一特定值时，R_2 与 R_P 并联之电阻小到不足以维持 T_1 导通，由于电路的强正反馈，T_2 将迅速导通，T_1 随之截止。T_2 的集电极负载 —— 继电器 J 的线圈通电，它的常开触点 Ⅰ 闭合与电源 E_c 接通，指示灯 L 点燃，电阻丝 R_s 通电，使挡风玻璃加热以驱散湿气。当湿度减少到一定程度时，施密特触发电路又翻转到初始状态，指示灯 L 熄灭，电阻丝 R_s 断电，这样就实现了自动防湿控制。

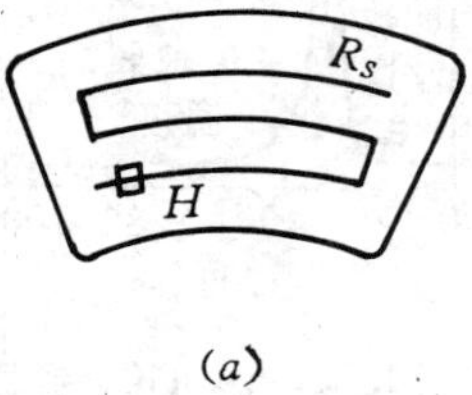

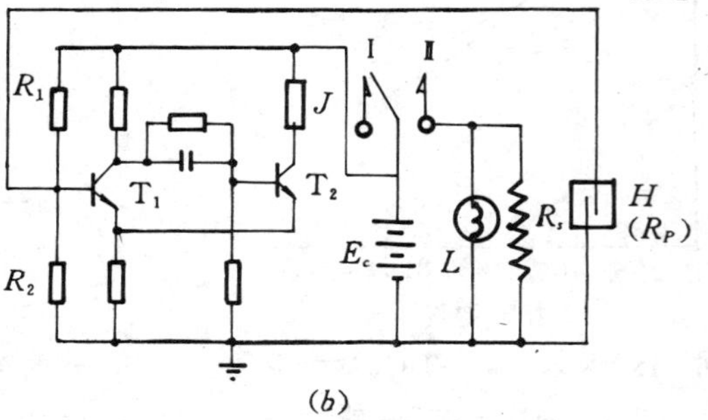

图 10-18　汽车挡风玻璃自动去湿装置

三、热敏电阻湿度传感器

热敏电阻的原理前边已讲过了，它的电阻随温度的变化而变化。热敏电阻湿度传感器是利用潮湿空气和干燥空气的热传导之差来测定湿度的。这种传感器的结构如图 10-19 所示。它是在两个金属盒中各安装一个热敏电阻，要求两个热敏电阻的特性一致。两个金属盒中，一个有孔，一个未开孔，未开孔的内边充有干燥空气作为补偿元件。

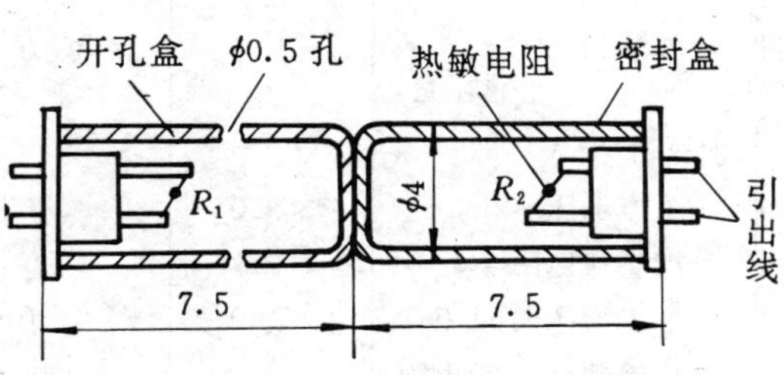

图 10-19　热敏电阻湿度传感器

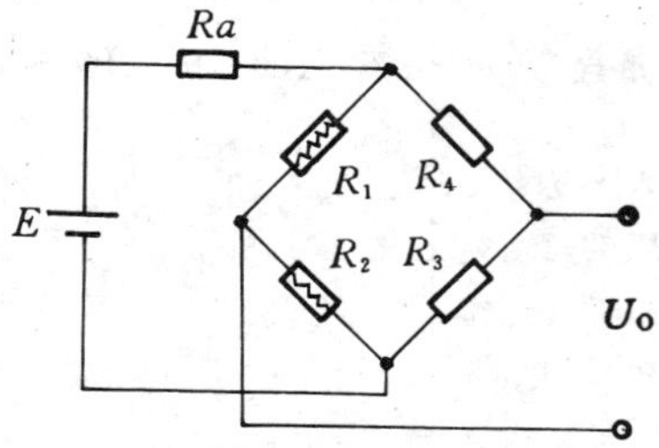

图 10-20　热敏电阻湿度计测量电路

检测电路为直流电桥，如图 10-20 所示。图中 R_1 为开孔盒中的热敏电阻，作为检测元件，R_2 为封闭盒中的热敏电阻，是温度补偿元件，Ra 是限流电阻，防止流过桥路的电流过大而使热敏电阻加热。正常情况下此电流刚好把热敏电阻加热到约 200℃，当潮湿空气进入开孔盒时，则其中的水分将蒸发，因此带走一部分热量而使该传感器的阻抗发生变化，电桥失去平衡，有电压输出，输出电压表示空气中的绝对湿度。

这种传感器不用湿敏功能材料，故不存在滞后误差。它可用于空调机自动控制湿度，还可作为便携式绝对湿度表、直读露点计、水分表、绝对湿度自动记录仪等。

习 题 十

1. 简述气敏元件的工作原理及气敏传感器的主要用途。

2. 什么叫湿敏电阻?说明湿敏电阻的结构原理及特点。

3. 什么是湿敏元件的加热清洗特性?

4. 试拟订一个检测驾驶人员酒后开车的酒精探测器的原理图,并简述其工作原理。

第十一章　热电传感器

§11-1　概　　述

热电传感器是一种将温度转换为电量的元件。热电传感器广泛地应用于工业生产、家用电器、海洋气象、防灾报警、医疗仪器等领域。

一、测温方法

温度不能直接进行测量，必须通过观察不同材料由于温度变化产生的效果来测量。

温度是反映物体冷热程度的参数，而物质的某些物理特性，如体积、电阻、电势等与物体的温度有着一一对应的关系。通过测量物质的某一物理特性，就可判断出物体温度的高低。例如水银温度计是通过测量水银柱的高低来确定温度的。通常我们把感受温度变化的物质，如水银、热电阻等称为感温物质，用感温物质制成的元件称为感温元件。按照感温元件与被测物体接触与否，分为接触式测温法和非接触式测温法。

（一）接触式测温

接触式测温基于热平衡原理。感温元件与被测物体接触进行热交换，最后达到热平衡，处于热平衡状态时两个物体温度相等，这样，通过感温物质的某些物理特性的变化就可反映出被测物体的温度。按照感温物质的特性，接触式测温分为膨胀式、电阻式和热电偶三类。

1. 膨胀式

它是根据液体、气体或金属材料热胀冷缩的原理工作的。

(1) 液体膨胀式温度计。常用的玻璃液体温度计由充入液体的玻璃温包与玻璃毛细管组成，如图 11-1 所示。常用的工作液体是水银。水银的凝固点温度是 -38.87℃，普通水银温度计的工作温度为 $-35 \sim 360$℃。由于酒精的凝固温度为 -117.3℃，所以可用于低温测量。平常所说的酒精温度计有些实际上是玻璃管内装入煤油的温度计，其应用范围为 $-100 \sim 100$℃。由于煤油会粘附在玻璃管上，所以不宜用于高精度测量。

为了提高温度计的灵敏度，必须把毛细管做得很细，温包做得很大，但温度计的尺寸又不能太大，因此灵敏度高的温度计测量范围都较小。

(2) 气体膨胀式温度计。它由金属温包与一根金属毛细管相连，在毛细管的另一端连接一个压力指示仪表，如图 11-2 所示。当被测温度升高时，温包中的气体（或液体）体积膨胀使弹簧管中的压力增加，弹簧管自由端张开，通过传动机构使指针转动，指示出读数值，所以它实际上是一种压力温度计。

气体式压力温度计封入的是惰性气体（如氮气），由于气体的热容量较小，故响应时间较短。但由于在高温时气体会向金属层内部渗透，所以测温上限为 500℃，工业中很少采用。

(3) 金属膨胀式温度计。它是利用两种不同膨胀系数的金属焊接在一起形成双金属时，受热后双金属产生与温度成正比的变形量这一原理来工作的。典型的是用黄铜或镍作为高膨胀材料，铟钢（铁镍合金）作低膨胀材料。为了提高灵敏度，常将双金属绕成螺旋形状，如图 11－3 所示。

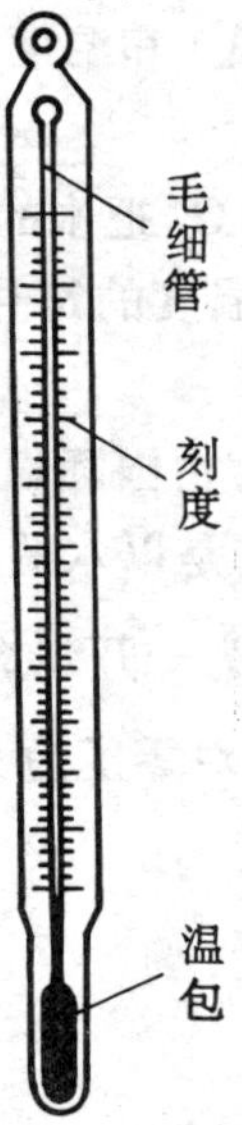

图 11－1　玻璃液体温度计

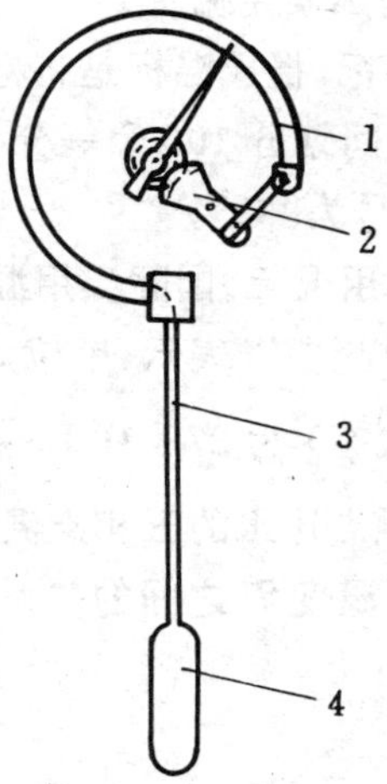

图 11－2　气体温度计

1— 弹簧管　2— 传动机构

3— 毛细管　4— 金属温包

这种温度计在结构和精度上均很可靠，但响应时间长，不能作遥测用。除用于测量温度外，更多地用于温度控制装置，如控制开关的通 — 断，使用范围为 － 50 ～ 500℃。

2. 电阻式

电阻式温度计是利用金属或半导体材料的电阻值随温度变化的特性工作的。在一定的温度范围内，电阻与温度近似为线性关系。

3. 热电偶

热电偶是由两种不同的金属材料制成的，是根据热电效应将温度转换成电势的原理工作的，是工业中最常用的测温装置。

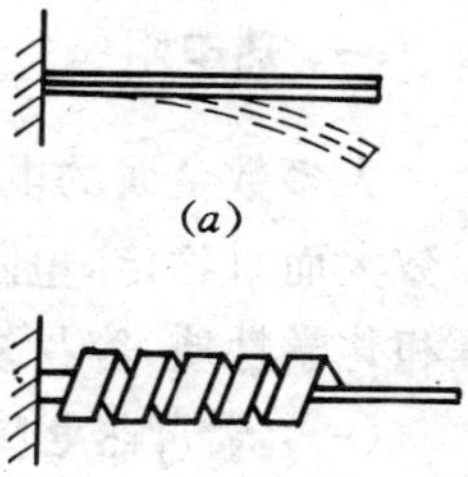

(a)

(b)

图 11－3　双金属

(a) 片状　(b) 螺旋状

（二）非接触式测温

非接触式测温基于热辐射原理，感温元件不与被测物体接触。所以它可测量很高的温度和不便接近被测热体的温度。

任何物体的温度高于绝对零度（－ 273.15℃）时，都有一部分能量向外辐射，温度越高，辐射到周围的能量越多。辐射的能量是以电磁波的形式向外传递的，波长范围很宽，从几微米到几千米，包括 γ 射线、X 射线、紫外线、可见光、红外线、无线电波等。对测温来讲，主要是利用可以变成热能的红外线和可见光。通过物体不断向外发出红外辐射或可见光来测量物体温度的方法称为热辐射测温。其测温范围很广，低温可到 － 170℃，高温可达 3 500℃。例如工业上用的光学高温计、红外测温仪，军事上用的夜视仪、红外跟踪导航，以及遥感技术和火灾报警等都是利用这一原理的。

二、温标

温度是表征物体冷热程度的一个状态参数，测量物体温度必须有一个基准量（即标尺）以供比较，温度的基准量称为温标。温标规定了温度的始点（即零度）和温度的基本单位。常用的是摄氏温标和国际实用温标。

（1）摄氏温标。摄氏温标是将标准大气压下冰的融点定为 0℃，把水的沸点定为 100℃，在 0℃ 和 100℃ 之间划分 100 个等分，每一等分为一摄氏度。摄氏温度的符号用“t”表示，单位为摄氏度，单位符号为“℃”。

（2）国际实用温标。国际实用温标简写为IPTS，它是1968年由国际权度大会通过的。国际实用温标的符号用“T”表示，单位为开尔文，单位符号为“K”。它是以水的三相点（即冰、水、蒸气共存的平衡状态）为 273.16 K，定义水三相点温度的$\frac{1}{273.16}$为一开尔文。

因为冰的融点比水的三相点温度低 0.01℃ 或 0.01 K，故绝对零度为 −273.15℃。摄氏温度 t 与国际实用温度 T 之间的关系是

$$t = T - 273.15 \quad (℃)$$

$$T = t + 273.15 \quad (\mathrm{K})$$

§11-2　电阻式温度传感器

利用感温元件的电阻值随温度变化的特性制成的传感器称为电阻式温度传感器。用金属或半导体材料作为感温元件的传感器，分别称为金属电阻温度传感器或半导体电阻温度传感器，前者通常称为热电阻，后者称为热敏电阻。

一、热电阻

大多数金属的电阻值都随温度而变化，但作为测温用的热电阻应具有下述要求：电阻温度系数大而且稳定，电阻率大，电阻与温度尽可能为线性关系，在整个测温范围内具有稳定的物理和化学性质，容易复制和价格便宜等。目前应用较广泛的热电阻材料是铂和铜。

（一）常用热电阻

1. 铂热电阻

铂热电阻在氧化性介质中精度高、性能稳定、温度范围大、电阻率较高，因此不仅用作工业上的测温元件，而且还作为复现温标的基准器。但铂的电阻温度系数较小，在还原性介质中易被沾污变脆，且价格较贵。

铂热电阻的电阻值与温度之间的关系为

在 $-190℃ \leqslant t \leqslant 0℃$ 时

$$R_t = R_0[1 + At + Bt^2 + C(t - 100)t^3] \tag{11-1}$$

在 $0℃ \leqslant t \leqslant 630.74℃$

$$R_t = R_0(1 + At + Bt^2) \tag{11-2}$$

式中　R_t—— 温度为 t℃ 时的电阻值；

R_0—— 温度为 0℃ 时的电阻值；

A,B,C—— 分度系数，$A = 3.96847 \times 10^{-3}/℃$，$B = -5.847 \times 10^{-7}/℃^2$，$C = -4.22 \times 10^{-12}/℃^3$。

铂的电阻率与其纯度密切相关，纯度越高，电阻率越大。铂的纯度通常用百度电阻比 R_{100}/R_0 表示。R_{100} 表示在 100℃ 时铂电阻的阻值，R_0 表示在 0℃ 时的阻值。工业上常用铂热电阻的 $R_{100}/R_0 = 1.391$，比值越大，纯度越高，上述 A,B,C 的数字就是在该比值下得到的。

图 11-4 为国产 WZP 型铂热电阻体。骨架为平板形云母材料，边沿有锯齿缺口，直径为 0.03 ～ 0.07 mm 的铂丝绕在齿缝内，绕组两面再盖以云母片绝缘。为保护电阻体免受腐蚀性介质和机械损伤，一般外部都加保护套管。

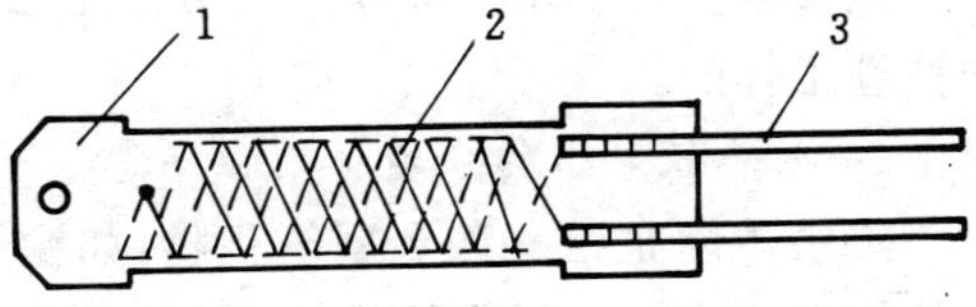

图 11-4　WZP 型铂热电阻体

1— 骨架　2— 铂丝　3— 引线

2. 铜热电阻

铜热电阻的电阻温度系数比铂高，容易提纯，工艺性好，价格便宜。所以在一些测量精度要求不是很高且温度较低的场合，可以使用铜热电阻。在 −50 ～ 150℃ 时电阻与温度的关系可用下式表示

$$R_t = R_0(1 + \alpha t) \tag{11-3}$$

式中　R_t—— 温度为 t℃ 时的电阻值；

R_0—— 温度为 0℃ 时的电阻值；

α—— 铜的电阻温度系数，$\alpha = (4.25 \sim 4.28) \times 10^{-3}/℃$。

因为铜的电阻率小，电阻体的体积较大，热惯性大，另外铜容易氧化，因此只能在低温及没有浸蚀性的介质中工作。

国产 WZC 型铜热电阻体的结构如图 11-5 所示。它用直径为 0.1 mm 的漆包线以无感双线绕法绕在圆柱形塑料骨架上，在铜电阻丝外面浸以酚醛树脂，焊上引出线并穿上绝缘套管，以防止氧化、提高导热性和防止绕组松散。

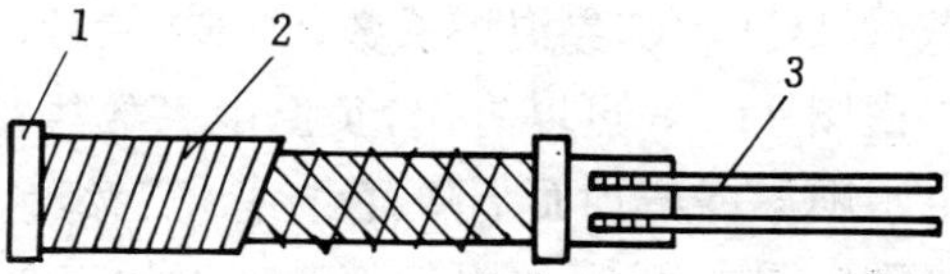

图 11-5　WZC 型铜热电阻体

1— 骨架　2— 铜线　3— 引线

由式(11-1)、(11-2) 和(11-3) 可见，要确定电阻 R_t 与温度 t 的关系，首先要确定 R_0 的数值，R_0 不同时，R_t 与 t 的关系也不同。在工业上将相应于 R_0 为 50 Ω(46 Ω) 和 100 Ω 的 $R_t \sim t$ 关系制成分度表，称为热电阻分度表，供使用者查阅，R_0 为 46 Ω 和 100 Ω 铂热电阻的分度号分别为 B_{A1} 和 B_{A2}，对应的 $R_{100}/R_0 = 1.3910 \pm 0.001$；$R_0$ 为 50 Ω 和 100 Ω 铜热电阻的分度号为 Cu50 和 Cu100，对应的 $R_{100}/R_0 = 1.428 \pm 0.002$。

（二）热电阻的测量电路

工业上广泛应用热电阻进行 −200 ～ 500℃ 范围的温度测量，其特点是精度高，性能稳定，适于测低温，但热惯性大，时间常数在几十秒至几分钟，所以常用在空气调节工程的自动调节系统中作为感温元件。

实际测温中，常用电桥作为热电阻的测量电路。由于热电阻的阻值很小，所以连接导线的电阻值不能忽视。为此工业上常采用三线式电桥连接法，如图 11-6 所示。图中 R_t 为热电阻，r_1，r_2，r_3 为导线电阻，R_1，R_2 为桥臂电阻，通常取 $R_1 = R_2$，R_a 为调零电阻。指示仪表 M 具有很大的内阻，故流过 r_3 的电流近似为零。当 $U_A = U_B$ 时，电桥平衡，使 $r_1 = r_2$，则 $R_a = R_t$，从而消除了

导线电阻的影响。

需要注意的是，流过热电阻丝的电流不能过大，否则自身会产生较大的热量，影响测量精度。

二、热敏电阻

热敏电阻是利用半导体的电阻值随温度变化的这一特性工作的。

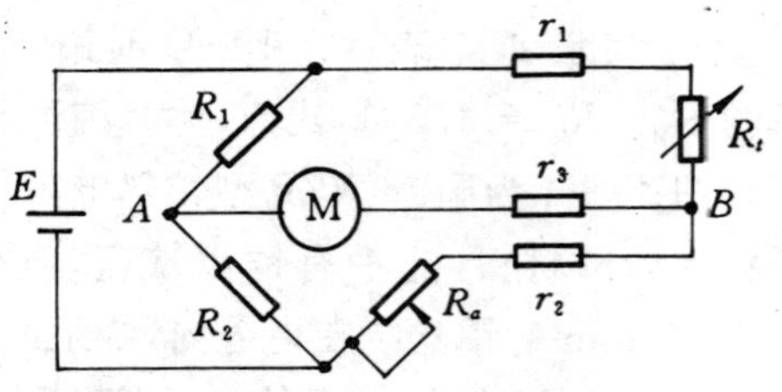

图 11－6　热电阻三线测量电桥

（一）热敏电阻的分类

热敏电阻是由一些金属氧化物，如锰、钴、镍、铁、铜等的氧化物，按照不同比例的配方，经高温烧结而成的。由于采用的是陶瓷制造工艺做成的具有半导体特性的电阻体，故这种热敏电阻也称为半导体瓷热敏电阻。其结构形式有片状、杆状、珠状和薄膜状等，如图 11－7 所示。

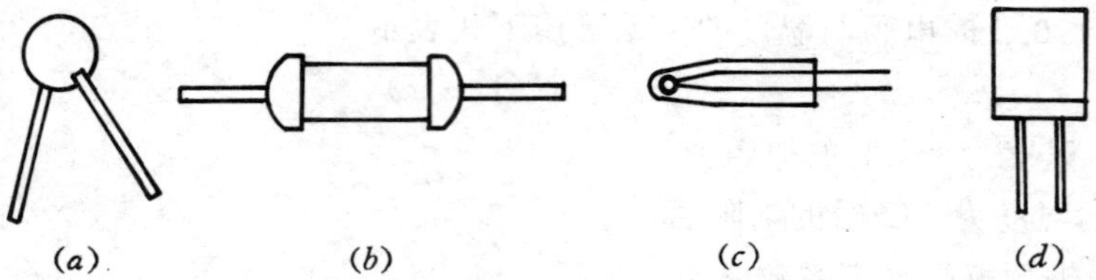

图 11－7　热敏电阻的结构形状

(a) 片状　(b) 杆状　(c) 珠状　(d) 薄膜状

一般热敏电阻比热电阻具有更大的电阻温度系数。热敏电阻有正温度系数(PTC)、负温度系数(NTC) 和临界温度系数(CTR) 三种，特性曲线如图 11－8 所示。

由图 11－8 可以看出，负温度系数热敏电阻(NTC) 的电阻随温度增加而下降，色标标记为绿色；临界温度系数热敏电阻(CTR) 的阻值随温度增加而急剧下降，色标标记为白色；正温度系数热敏电阻(PTC) 的阻值随温度增加而增大，色标标记为红色。PTC 热敏电阻又可分为缓变型和开关型(PTC － S)。

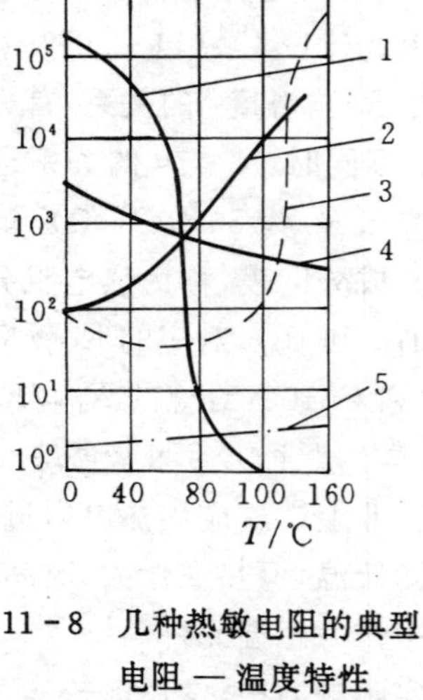

图 11－8　几种热敏电阻的典型电阻 — 温度特性

1— 临界温度系数　2— 缓变型正温度系数　3— 开关型正温度系数　4— 缓变型负温度系数　5— 铂丝

（二）热敏电阻的基本特性

1. 电阻 — 温度特性

热敏电阻的电阻值与温度不是线性关系，在不太宽的温度范围内，正、负温度系数热敏电阻的电阻与温度的关系可用以下公式表示

$$R_T = R_0 e^{A(T-T_0)} \tag{11-4}$$

$$R_T = R_0 e^{B(\frac{1}{T}-\frac{1}{T_0})} \tag{11-5}$$

式中　R_T—— 温度为 T(K) 时的电阻值；

R_0—— 温度为 T_0(K) 时的电阻值；

A、B—— 热敏电阻的材料常数。

热敏电阻的电阻温度系数 α_T 是指温度变化 1℃ 时电阻值的相对变化量，即

$$\alpha_T = \frac{1}{R_T}\frac{dR_T}{dT}$$

正、负温度系数热敏电阻的电阻温度系数分别为

$$\alpha_T = A \tag{11-6}$$

$$\alpha_T = -\frac{B}{T^2} \tag{11-7}$$

由式(11-6)可知，正温度系数热敏电阻的电阻温度系数等于它的材料常数 A，在工作温度范围内，α_T 不是一个严格的常数，随温度的不同略有变化，材料不同，其温度系数可以有较大差别。缓变型正温度系数热敏电阻的 α_T 值为 0.5%/℃ ～ 10%/℃，开关型正温度系数热敏电阻的 α_T 可达 60%/℃ 或更高。

由式(11-7)可知，负温度系数热敏电阻的电阻温度系数 α_T 在工作温度范围内随温度增加迅速减小。因为 α_T 与温度 T 的平方成反比，所以灵敏度很高，在温度检测中负温度系数热敏电阻用得较广泛。

2. 伏 — 安特性

(1) 负温度系数热敏电阻的伏 — 安特性。在一定的环境温度下，其典型伏 — 安特性如图 11-9 所示。由图可知，当通过的电流较小($<I_a$)时，元件消耗的功率很小，温升可以忽略不计，热敏电阻的端电压与通过热敏电阻的电流保持线性关系，遵循欧姆定律，这一区域称为线性区。随着电流增加，功率消耗相应增大，温升增大，电阻值 R_T 增加放慢，曲线呈非线性。当电流达到 I_m 时，电压升到最大值，若继续增加电流，R_T 急剧下降，温升增加更快，R_T 的降低超过了电流 I 增加的程度，电压随电流的增加而下降，这一区域称为负阻区。

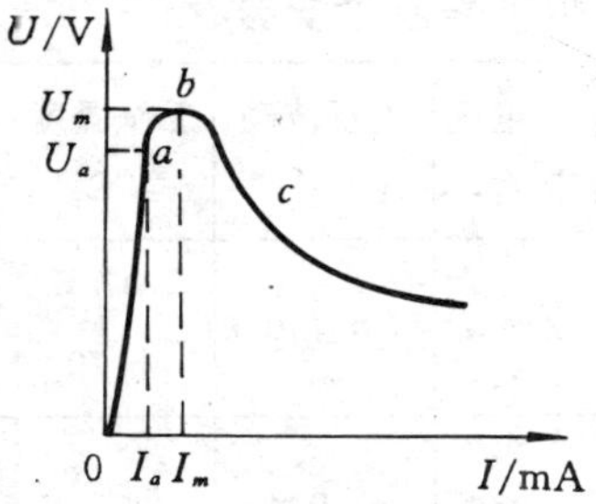

图 11-9　负温度系数热敏电阻的伏 — 安特性曲线

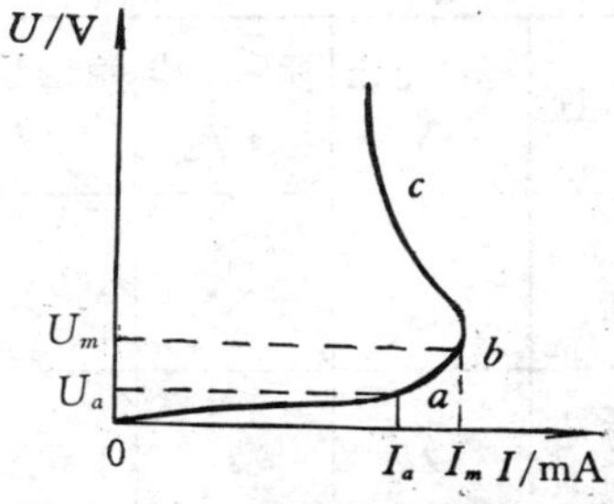

图 11-10　正温度系数热敏电阻的伏 — 安特性曲线

(2) 正温度系数热敏电阻的伏 — 安特性。正温度系数热敏电阻的伏 — 安特性如图 11-10 所示。与负温度系数热敏电阻一样，曲线的起始段 $0a$ 为直线，这是由于此时通过热敏电阻的电流很小，由功率耗散引起热敏电阻的温升可以忽略不计。当耗散功率继续增加时，热敏电阻温度超过了环境温度，引起电阻值增大，曲线开始弯曲，当电压增至 U_m 时，对应的电流为最大电流 I_m。如果电压继续增加，由于温升引起电阻值的增加超过电压增加的速度，电流反而减小，曲线斜率由正变负。

对于同一类型的热敏电阻，由于散热情况不同，其特性也不相同。

热敏电阻的伏 — 安特性曲线，是表征其工作状态的一个重要特性，它有助于正确选择热敏电阻的最佳工作范围。一般来说，当工作在线性区时，用于测温、控制温度和进行温度补偿；

当工作在负阻区时，用于测量流量、真空度和流速等。

几种常用热敏电阻的型号及主要参数如表 11－1 和表 11－2 所示。

表 11－1　常用热敏电阻型号及主要参数

型号	主要用途	标称阻值 /kΩ	材料常数 /K	额定功率 /W	时间常数 /s	电阻温度系数 /(℃)$^{-1}$	工作温度 /℃	外形
MF 11	温补，测温	0.01～15	1 982～3 600	0.25	≤60	$-(2.23\times10^{-2}\sim4.09\times10^{-2})$	－40～＋85	片状
MZ 11	温补	0.056～100		0.25	≤50	$1\times10^{-2}\sim8\times10^{-2}$	－55～＋125	片状
MF 15	测温	10～100	3 520～5 170	0.5	≤30	$-(3.95\times10^{-2}\sim5.80\times10^{-2})$	－55～＋125	杆状
MZ 15	温补，测温	0.01～1		0.25	≤40	$0.7\times10^{-2}\sim1\times10^{-2}$	－55～＋125	片状
RRC5—2	测温，控温	4.7～22	4 000	0.25	≤30	$-(4\times10^{-2}\pm1\times10^{-2})$	－55～＋125	杆状
RRC9—2	测温，控温	7.5～15		0.25	≤15	$-(0.9\times10^{-2}\sim5.6\times10^{-2})$	－55～＋125	薄膜

表 11－2　稳压用负温度系数热敏电阻型号及主要参数

型号	主要用途	标称电压 /V	标称工作电流 /mA	稳压范围 /V	时间常数 /s	工作电流范围 /mA	电压波动 /V	工作温度 /℃	外形
MF 21	稳压，稳幅	2	0.5	1.6～3	≤35	0.2～2	≤0.4,0.6	－10～＋70	珠状，杆状玻璃密封
MF 22	稳压，稳幅	2	2	1.6～3	≤45	0.4～6	≤0.4	－10～＋70	珠状，杆状玻璃密封
RRW1—4	稳压	6	2	4.2～7.8	≤45	0.4～0.6	1.2	－10～＋70	珠状

(三) 热敏电阻的应用

热敏电阻的电阻温度系数较大，所以灵敏度高；尺寸小，响应速度快；电阻值范围大，在 0.1～100 kΩ 之间可任意选择，使用方便。但电阻—温度特性为非线性，互换性差，测温范围小，一般在－50～200℃。

热敏电阻应用很广，可用在温度测量、温度控制、温度补偿、稳压稳幅、火灾报警、过负荷保护等方面。下面介绍几种主要应用例子。

(1) 温度测量。热敏电阻可用于液体、气体、固体、高空气象、海洋及深井等方面的温度测量。一般用直流不平衡桥式电路进行测量，由于热敏电阻的阻值大，且灵敏度很高，使用时一般不需对连接导线进行补偿，多采用简单的二线制接线。在一些检测范围不大、要求精度不高的场合，可用指示灯或磁电式电流表进行指示。例如汽车水温测量、自动热水器、电冰箱等的温度控制，性能稳定可靠，成本低。

(2) 温度补偿。利用负温度系数的热敏电阻，可以对具有正温度系数的元件，如线圈、线绕电阻等进行温度补偿。实际应用时，将负温度系数的热敏电阻 R_T 与电阻温度系数很小的锰铜丝电阻 r($\alpha = 0.006 \times 10^{-3}/℃$) 并联后再与被补偿元件 R_G 串联，如图 11-11 所示。

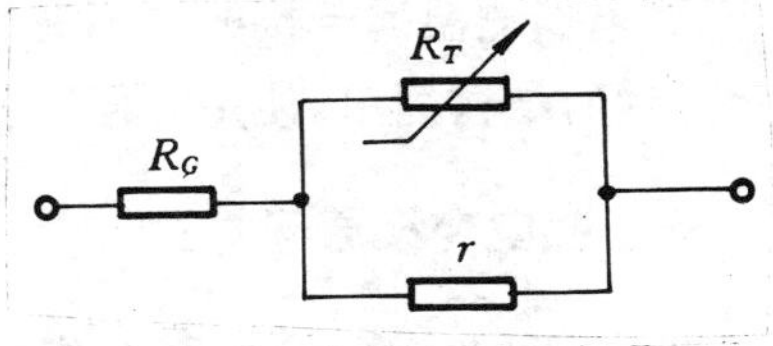

图 11-11　热敏电阻温度补偿电路

(3) 温度控制。热敏电阻在大负载工作时，在线路中要产生时间继电效应，可将这种效应用于温度控制系统和火灾报警设备中。

在温度控制中，热敏电阻常与继电器或与相应的信号或保护装置的磁放大器的线圈相联，把热敏电阻放在要控制的地方。当温度变化时，热敏电阻的阻值剧变，发生继电效应，电流雪崩式地增加，该电流经过放大或直接流经继电器使之动作，从而达到控制温度的目的。

(4) 过热保护。过热保护分为直接保护和间接保护两种方式。在小电流场合，可把 PTC 热敏电阻串接在电路中与被保护对象靠近放置；对大电流场合，可通过继电器、晶体管电路等对被保护装置进行保护。图 11-12 为对电机 M 和变压器 B 进行过热保护的电路。

图 11-12(a) 为利用负电阻温度系数的热敏电阻通过继电器对电机进行保护和示意图。它是把三个特性相同的 NTC 型热敏电阻 R_{T1}，R_{T2}，R_{T3} 分别放置在与电机三个绕组靠近的位置。当电机正常运转时，温度较低，继电器 J 不动作；当电机过负荷或断相或一相接地时，电机温度急剧升高，热敏电阻的阻值急剧减小。达到一定值时，三极管 T 完全导通，继电器动作，常闭触点 K 断开，起到保护作用。可以根据允许温升来调整偏流电阻 R_2。

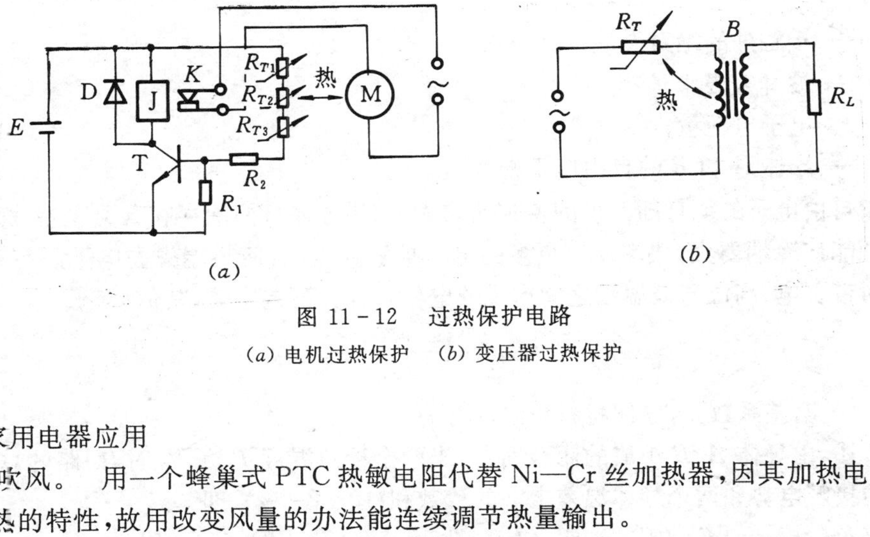

图 11-12　过热保护电路

(a) 电机过热保护　(b) 变压器过热保护

(5) 家用电器应用

电吹风。　用一个蜂巢式 PTC 热敏电阻代替 Ni—Cr 丝加热器，因其加热电流大，且具有快速加热的特性，故用改变风量的办法能连续调节热量输出。

电热板。　它是将 PTC 发热体放在一排铝板之间构成的发热组件。在温度为 20℃ 的室内，可产生 900 W 的输出。当温度降低时，输出将自动增大，因此能保持室内的舒适温度。

室内空气调节器。　它由 3～4 个蜂巢式 PTC 发热体构成。通过调节风量，能连续改变其热输出量。但因蜂巢式存在噪音大和风压损耗大等问题，因而通常使用风阻小的口琴式PTC发热体。

近年来迅速发展的电子饭盒、电饭锅、卷发器等新型电子家用电器，均可用PTC发热体制作。

§11-3 热电偶

热电偶测温属于接触式测温法。热电偶由于测量范围大，性能稳定，信号可远距离传输，动态性能好，结构简单，使用方便，因而在工业生产和科学实验中得到了广泛地应用。

一、热电变换原理

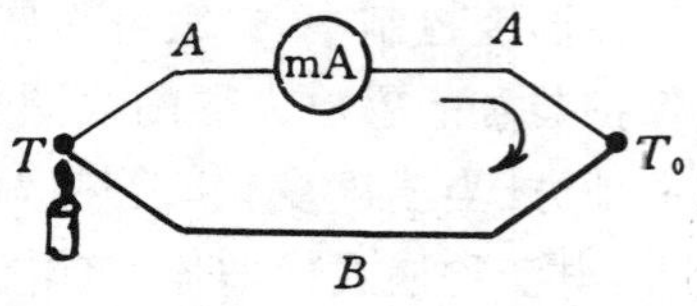

图 11-13 热电效应示意图

两种不同的导体 A 和 B 组成一个闭合回路时(图 11-13)，若两个结合点的温度不同，则在回路中就有电流产生，这种现象称热电效应，相应的电势称热电势。A、B 组成的闭合回路称热电偶，A、B 称热电极，两电极的连接点称接点。测温时置于被测温度场 T 的接点称热端，另一端称冷端。

由理论分析可知，热电势是由两个导体的接触电势和同一导体的温差电势组成的。

金属中都存在自由电子，不同的金属中自由电子密度不同，当两种金属 A 和 B 接触时，在接触面上便产生电子的扩散运动，若 A 的自由电子密度大于 B，则 A 中的电子扩散到 B 中的多，而 B 中的电子扩散到 A 中的少，于是在接触处便形成了电场，这个电场阻碍着电子继续扩散。当扩散作用与电场的反作用相等时，就达到了动态平衡，这时在 A、B 接触面处形成的稳定电位差称接触电势，其值为

$$E_{AB}(T)=\frac{kT}{\mathrm{e}}\ln\frac{n_A}{n_B}$$

式中 T—— 接触处的绝对温度；

k—— 波耳兹曼常量；

e—— 电子电荷量；

n_A、n_B—— 导体 A 和 B 的自由电子密度。

金属中自由电子的能量随温度的增加而增大。如果导体 A 两端存在着温度差，那么热端自由电子的动能比冷端要大，热端便有更多的电子扩散到冷端，使热端失去电子而带正电，冷端得到电子而带负电，高温与低温端之间形成的电位差称为温差电势，其值为

$$E_A(T,T_0)=\int_{T_0}^{T}\sigma_A\mathrm{d}T$$

式中 σ_A—— 温差系数，与导体材料和温度有关。

综上所述，由导体 A、B 组成的闭合回路，当两个接点温度 $T>T_0$ 时，回路的总热电势为两个接点的接触电势和两个导体温差电势的代数和(图 11-14)，即

$$\begin{aligned}E_{AB}(T,T_0)&=[E_{AB}(T)-E_{AB}(T_0)]+[-E_A(T,T_0)+E_B(T,T_0)]\\&=\frac{K}{\mathrm{e}}(T-T_0)\ln\frac{n_A}{n_B}-\int_{T_0}^{T}(\sigma_A-\sigma_B)\mathrm{d}T\end{aligned}\qquad(11-8)$$

由上式可知：

(1) 如果热电偶的两个热电极材料相同，两结点的温度虽然不同，但总热电势仍为零。因此，热电偶必须由两种不同的材料构成。

(2) 如果热电偶两个接点的温度相同，即使两个热电极 A、B 的材料不同，回路中热电势仍然为零。因此要产生热电势不但要求两个电极材料不同，而且两个接点必须有温度差。

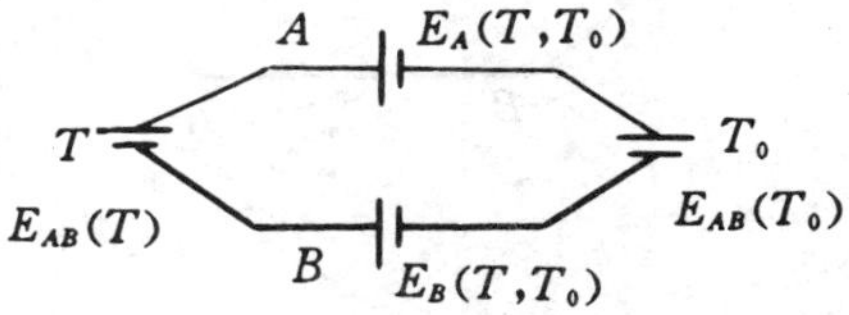

图 11-14 热电偶回路的热电势

(3) 热电势的大小仅与热电极材料的性质、两个接点的温度有关，与热电偶的尺寸及形状无关。同样材料的热电极其温度与电势的关系是一样的，因此热电极材料相同的热电偶可以互换。

实践证明，金属中的自由电子很多，温度变化对电子密度的影响很小，所以在同一导体内的温差电势极小，可以忽略不计。因此式(11-8)可写为

$$E_{AB}(T,\ T_0) = \frac{K}{e}(T - T_0)\ln\frac{n_A}{n_B} \tag{11-9}$$

所以 A、B 材料选定后，热电势 $E_{AB}(T,\ T_0)$ 是温度 T 和 T_0 的函数差，即

$$E_{AB}(T,\ T_0) = f(T) - f(T_0)$$

若使冷端温度 T_0 保持不变，则热电势 $E_{AB}(T,\ T_0)$ 为 T 的单值函数。因此通过测量热电势 $E_{AB}(T,\ T_0)$ 就可求出被测温度 T。

二、热电偶的基本定律

利用热电偶测温时，必须用导线将热电偶与测量仪表连接起来。那么，这些导线和仪表以及它们之间形成的接点会不会产生新的热电势影响测量精度呢?为此必须掌握热电偶的基本定律。

(一) 均质导体定律

由一种性质均匀的导体组成的闭合电路，当有温差时不产生热电势。

(二) 中间导体定律

在热电偶测温线路中，需要用连接导线将热电偶与测量仪表接通，这相当于在热电偶回路中接入第三种导体 C，如图 11-15 所示。只要第三种导体两端的温度相等，就不会改变总热电势 $E_{AB}(T,\ T_0)$ 的大小。因此可以在回路中引入各种仪表直接测量其热电势，也允许采用不同方法来焊接热电偶，或将两热电极直接焊接在被测导体表面。

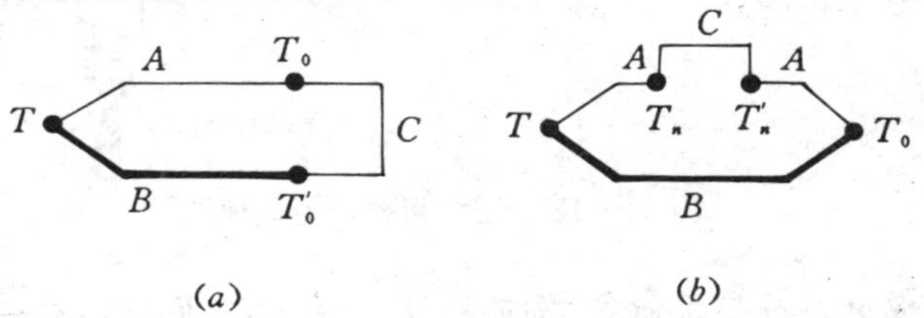

图 11-15 有中间导体的热电偶回路

(三) 中间温度定律

热电偶回路中，热端温度为 T、冷端为 T_0 时的热电势，等于此热电偶热端为 T、冷端为 T_n，及同一热电偶热端为 T_n、冷端为 T_0 时热电势的代数和，如图 11-16 所示。即

$$E_{AB}(T,\ T_0) = E_{AB}(T,\ T_n) + E_{AB}(T_n,\ T_0) \tag{11-10}$$

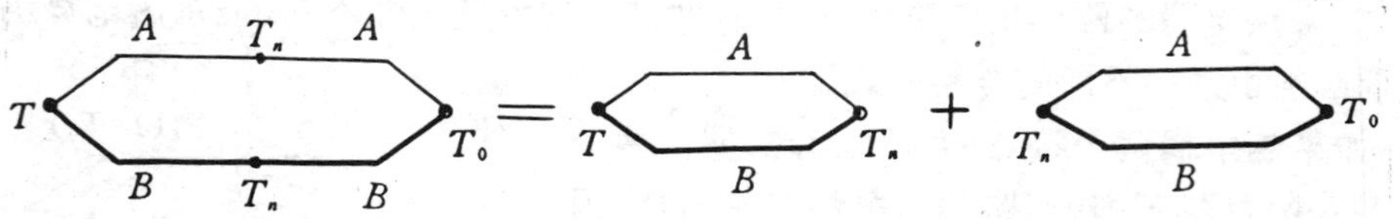

图 11－16　中间温度定律示意图

中间温度定律是制定热电偶分度表的理论基础。由于热电偶分度表都是以冷端温度为0℃时做出的，但一般工程测量中冷端都不为零，因此，只要得出热端T与冷端T_n的热电势，便可利用中间温度定律求出热端温度T。

（四）标准电极定律

若两种导体A、B分别与第三种导体C组成的热电偶所产生的热电势已知，则导体A、B组成的热电偶的热电势（见图 11－17）为

$$E_{AB}(T, T_0) = E_{AC}(T, T_0) - E_{BC}(T, T_0) \tag{11-11}$$

这里C称为标准电极。铂容易提纯，熔点高，性能稳定，实用中一般是以纯铂作为标准热电极。有了标准电极定律，就使热电偶的选配工作大为简化，只要知道一些材料与标准电极相配时的热电势，就可用公式（11－11）求出任何两种材料配成热电偶的热电势。

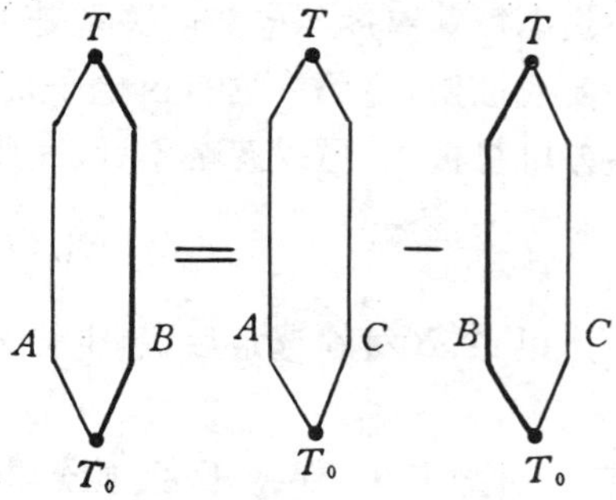

图 11－17　标准电极定律示意图

三、热电偶的结构及热电势的测量

（一）热电偶的结构和常用热电偶

热电偶的结构形式因用途不同而异。普通热电偶由于使用条件基本相似，所以已做成标准形式，如图 11－18 所示。它主要由热电极、绝缘套管、保护管和接线盒等组成。也有做成细长形可以弯曲的铠装热电偶等形式。

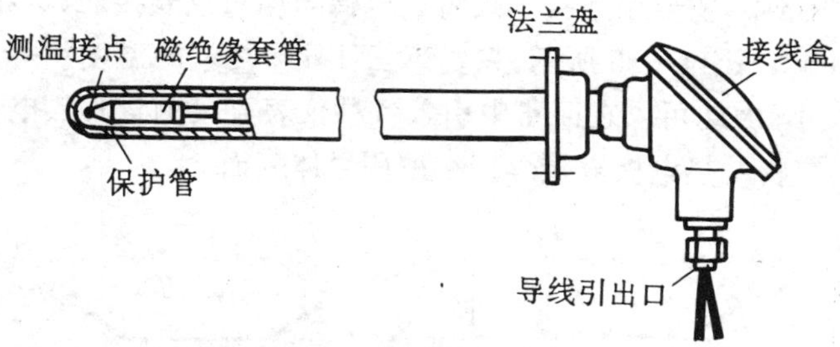

图 11－18　工业用普通热电偶

热电偶常以热电极材料种类来命名，例如铂铑 — 铂热电偶、镍铬 — 镍硅热电偶等。根据热电偶的工作原理，虽然任意两种导体都可以组成热电偶，但在实用中为了工作可靠和具有足够的灵敏度及精度，并不是所有导体都适合作热电偶的。对热电极材料的要求是：

(1) 在测温范围内热电特性稳定，不随时间变化。

(2) 组成的热电偶热电势要大，热电势与温度之间为线性或近似为线性关系。

(3) 电阻温度系数小，导电率高。

(4) 制造方便，易于复制，有良好的互换性。表 11－3 列出了常用热电极材料的特性。

根据标准电极定律，可以配出很多种热电偶，但作为标准热电偶的并不多，常用的就更少。标准化热电偶的工艺比较成熟，应用广泛，性能优良稳定，可批量生产，同一型号的热电偶可以互换并有统一的分度表（常用热电偶分度表见本章内容后附表），同时有配套的显示仪表。表 11－4 为常用热电偶的主要特性。

表 11－3　常用热电极材料特性

材料名称	成　　分	与铂相配在 0～100℃ 时的热电势 /mV	适用上限温度 /℃		电阻率 /(Ω·mm²/m)	电阻温度系数 /(℃)⁻¹
			长期	短期		
镍	Ni	－1.52	1 000	1 100	0.128	6.28×10^{-3}
镍铬	Ni 90%，Cr 10%	＋2.95	1 000	1 250	0.70	0.5×10^{-3}
镍铝	Ni 95%，Al、Mn、Si、Fe 5%	－1.15	1 000	1 250	0.34	1×10^{-3}
铝	Al	＋0.4			0.026	4.3×10^{-3}
铂	Pt	0	1 300	1 600	0.099	3.94×10^{-3}
铂铑	Pt 90%，Rh 10%	＋0.64	1 300	1 600	0.10	1.67×10^{-3}
铜	Cu	＋0.75	350	500	0.017	4.25×10^{-3}
康铜	Cu 60%，Ni 40%	－3.5	600	800	0.475	0.04×10^{-3}
考铜	Cu 56%，Ni 44%	－4.0	600	800	0.47	0.1×10^{-3}
锰铜	Cu84%，Mn13%，Ni2%，Fe1%	＋0.8			0.42	0.006×10^{-3}
铁	Fe	＋1.8	600	800	0.091	6.4×10^{-3}
钨	W	＋7.9	2 000	2 500	0.058	4.4×10^{-3}

注：热电势前面的"＋"、"－"号表示这种材料与铂相配时热电势的极性。

表 11－4　常用热电偶的主要特性

名　　称	分度号	测温范围 /℃		100℃ 时的热电势 /mV	允许误差 /℃	
		长　期	短　期		温　度	偏　差
铂铑$_{30}$—铂铑$_{6}$	LL－2	0～1 600	0～1 800	0.034	≤600 ＞600	±3.0℃ ±0.5%
铂铑$_{10}$—铂	LB－3	0～1 300	0～1 600	0.643	≤600 ＞600	±2.4℃ ±0.4%
镍铬—镍硅 镍铬—镍铝	EU－2	0～1 000	0～1 200	4.10	≤400 ＞400	±4℃ ±0.75%
镍铬—考铜	EA－2	－50～600	－50～800	6.95	0～400 ＞400	±4℃ ±1%
铁—康铜	TK	－200～600	－200～800	5.3	＜600	±0.75%
铜—康铜	CK	－200～200	－200～300	4.26	－40～400	±0.75%

（二）热电势的测量

热电偶产生的热电势在毫伏级范围，必须用毫伏表、电位差计、光线示波器等进行测量。

毫伏表和光线示波器属于动圈式仪表，它们是利用电流流过仪表线框时，线框在磁场的作用下带动指针偏转的原理进行工作的。动圈的转角与测量线路中流过的电流成正比，电流不仅与热电势有关，而且与回路的总电阻有关，见图 11－19。因此热电偶的电阻 R_t 和连接导线的电阻 R_l 将会影响测量的准确度。流过线圈的电流为

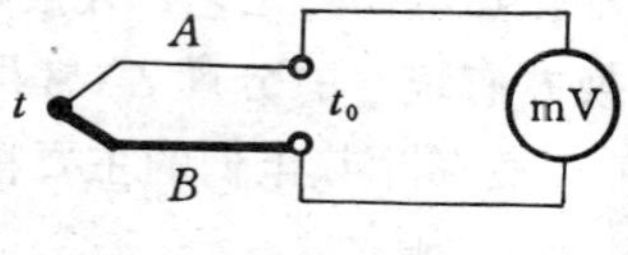

图 11－19　动圈式仪表测量线路

$$I = \frac{E_{AB}(t,\ t_0)}{R_t + R_l + R_G}$$

式中　$E_{AB}(t,\ t_0)$ —— 热电偶的热电势；

R_G —— 动圈式仪表的内阻。

仪表两个输入端之间的电压为

$$U = IR_G = \frac{E_{AB}(t,\ t_0)}{R_t + R_l + R_G} R_G \tag{11-12}$$

由此可见，只有当 $U = E_{AB}(t,\ t_0)$ 时，仪表的指示值才能真实地反映出热电势的大小。为此必须使 $R_G \gg R_t + R_l$，所以要尽可能地减小 R_t 和 R_l。当电阻 R_l 和 R_t 较大时，测量误差就不容忽视。

动圈式仪表虽然结构简单，使用方便，价格低廉，但由于测量回路的总电阻与连接导线的电阻有关，且随温度的变化而变化，所以测量误差很难完全消除掉，因此一般用在测量精度要求不高的场合。

电位差计测量热电势时，是用标准电压来平衡热电势。因为二者的大小相等，方向相反，回路中没有电流流动，热电偶和连接导线上不产生电压降，因此热电偶的电阻和连接导线的电阻不影响测量的准确度。图 11－20 是电位差计的工作原理图，工作过程如下：

(1) K_1 合，K_2 断，调 R_0 使流过检流计 G_1 的电流为零，得到一个恒定的工作电流 $I = \frac{E_H}{R_H}$，即 a，b 两点之间的压降与 E_H 平衡（视 G_1 内阻为零）。

(2) K_1 断，K_2 合，调 R_p 使 $G_2 = 0$，此时热电偶测量回路的电流为零。

(3) 当热电偶因温度变化产生热电势时，G_2 有电流流过，再调节 R_p 使 $G_2 = 0$。由电位计 R_p 的刻度变化得到一个电阻增量 ΔR_p，则所测热电势为

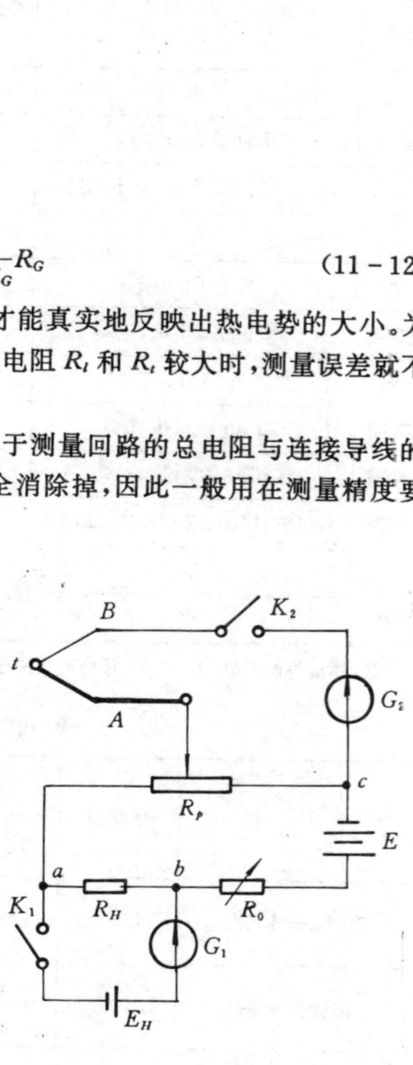

图 11－20　电位差计原理图

$$E_{AB}(t,\ t_n) = \Delta R_p \cdot I = \Delta R_p \frac{E_H}{R_H} \tag{11-13}$$

若 $E_H = 1\ \text{V}$，$R_H = 1\ \Omega$，那么 R_p 上标尺的刻度为 1 V/Ω 分度，由标尺上可直接读出被测热电势的大小。

由于毫伏表惯性大，电位差计调平衡需要时间，所以适用于静态测量。当温度变化较快时，

可以利用自动电子电位差计、数字式测温仪表或光线示波器进行测量。

四、热电偶的冷端温度补偿

利用热电偶测温，实际上是用热电势的大小表示被测温度的高低，而热电势不仅与热端温度有关，而且与冷端温度有关。为了使热电势仅是热端温度的单值函数，必须使冷端温度保持不变。但实际应用中冷端离热源很近，易受测量对象和环境温度波动的影响，使冷端温度难以保持恒定不变。为此可采用下述措施消除冷端温度波动的影响。

(一) 冷端恒温法

恒温法就是把热电偶的冷端置于某种温度不变的装置中。将冷端放在冰和水混合的容器中，保持冷端为 0℃ 不变。这种方法精度高，但在工程中应用很不方便，一般用于实验室。

在使用中，若设法使冷端温度保持不变，然后采用冷端温度修正的方法，可得到冷端为 0℃ 时的热电势。修正方法如图 11－21 所示。

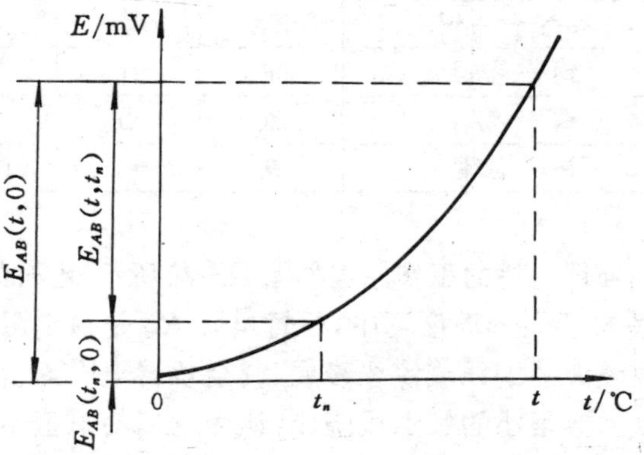

图 11－21 冷端温度修正曲线

由图可知，$E_{AB}(t,\ 0) = E_{AB}(t,\ t_n) + E_{AB}(t_n,\ 0)$，因为温度 t_n 保持不变，因而 $E_{AB}(t_n,\ 0) =$ 常值，该值可以从热电偶分度表中查出。测出的热电势 $E_{AB}(t,\ t_n)$ 与查表得到的 $E_{AB}(t_n,\ 0)$ 相加，就可得到冷端为 0℃ 时的热电势 $E_{AB}(t,\ 0)$，根据 $E_{AB}(t,\ 0)$ 再查热电偶分度表，便可得到被测温度 t。

(二) 补偿导线法

为了使冷端远离热源，免受热源的影响，就需要加长热电偶使冷端处于恒温或温度变化很小的地方。但热电偶做得过长时不但安装不便，而且若用贵金属制成，费用也太高。因此可以采用一种专门用来加长热电偶的补偿导线来加长热电偶(图 11－22)。补偿导线在规定温度范围内的热电性能应和相配的热电偶的热电性能一致或相近，即

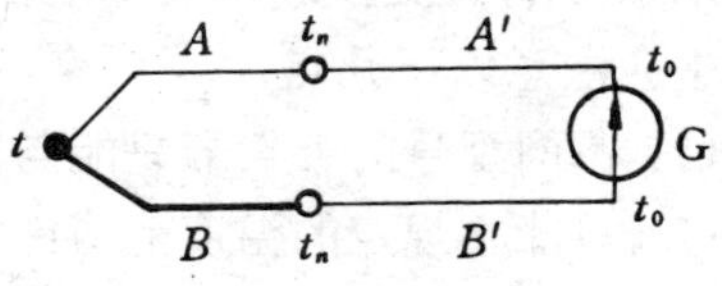

图 11－22 补偿导线 $A'B'$

$$E_{AB}(t_n,\ t_0) = E_{A'B'}(t_n,\ t_0)$$

工业上制成了专用的补偿导线，并以不同的颜色加以区别。使用时必须注意：

(1) 不同的补偿导线只能与相应型号的热电偶配用。

(2) 正负极性不能接错，否则反会增大误差。

(3) 热电偶与补偿导线两个连接点的温度必须相等，且不得超过规定的温度范围，一般为 0～100℃。

表 11－5 为常用热电偶配用的补偿导线材料及主要特性。

(三) 补偿电桥法

在热电偶测量回路中串接一个不平衡直流电桥，利用不平衡电桥产生的电势自动补偿热电偶冷端温度波动所产生的热电势变化量，这个直流电桥称为冷端温度补偿器。

表 11-5　常用热电偶配用补偿导线材料及主要特性

热电偶名称	补偿导线				热端 100℃,冷端 0℃ 时的标准热电势 /mV
	正极		负极		
	材料	颜色	材料	颜色	
铂铑$_{10}$—铂	铜	红	铜镍	绿	0.64 ± 0.03
镍铬—镍硅 镍铬—镍铝	铜	红	康铜	棕	4.10 ± 0.15
镍铬—考铜	镍铬	紫	考铜	黄	6.90 ± 0.30
铜—考铜	铜	红	考铜	黄	4.76 ± 0.15
铁—考铜	铁	白	考铜	黄	5.75 ± 0.25
铁—康铜	铁	白	康铜	棕	5.02 ± 0.25

补偿电桥的工作原理如图 11-23 所示。电桥的输出端与热电偶串联,并将热电偶的冷端与电桥置于同一温度场中,桥臂电阻 R_H 是由电阻温度系数较大的铜线或镍线绕成,其余桥臂电阻均由电阻温度系数很小的锰铜线绕成,认为它们的阻值不随温度变化。设计电桥时一般选择 20℃ 为电桥平衡温度,此时 a、c 两点电位相等,电桥输出电压为零。当温度不等于 20℃ 时,热电偶由于冷端温度变化使热电偶的输出电势产生的变化量若为 ΔE,此时由于 R_H 阻值变化使 a、c 两点的电位不等,电桥的输出电压不为零,自动给出一个补偿电势 $\Delta E'$。因为 $\Delta E'$ 和 ΔE 大小相等、方向相反,这样便达到自动补偿目的。

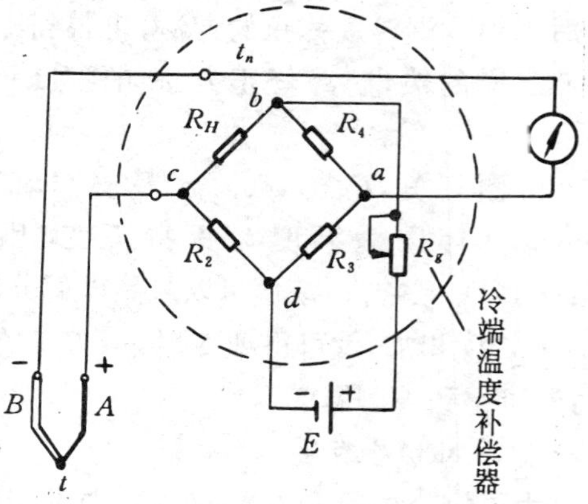

图 11-23　补偿电桥线路

采用冷端温度补偿器比冷端恒温法等更方便,但使用中应注意以下几点:

(1) 不同型号的补偿器只能与相应的热电偶配用。

(2) 只能在规定的温度范围内使用,一般为 0～40℃。

(3) 注意正负极性不能接反。

表 11-6 列出了几种常用的冷端温度补偿器的型号及主要参数。

表 11-6　常用冷端温度补偿器的技术参数

型号	配用热电偶	电桥平衡温度 /℃	补偿范围 /℃	电源 /V	内阻 /Ω	功耗 /VA	外形尺寸 /mm	补偿误差 /mV
WBC-01	铂铑-铂	20	0～50	AC220	1	<8	220 × 113 × 72	± 0.045
WBC-02	镍铬-镍硅 镍铬-镍铝							± 0.16
WBC-03	镍铬-考铜							± 0.18

续　表

型　　号	配　用 热电偶	电桥平衡温度/℃	补偿范围/℃	电源/V	内阻/Ω	功耗/VA	外形尺寸/mm	补偿误差/mV
WBC－57－LB	铂铑－铂	20	0～40	DC4	1	$<\frac{1}{4}$	150×115×50	±(0.015＋0.001 5 t)
WBC－57－EU	镍铬－镍硅 镍铬－镍铝							±(0.04＋0.004 t)
WBC－57－EA	镍铬－考铜							±(0.065＋0.006 5 t)

注：① 表中 t 为与 20℃ 相差的温度值。

② WBC－01～WBC－03 型带有使交流 220 V 整流为直流 4 V 的整流装置。WBC－57 型无整流装置。

五、热电偶的校准和标定

热电偶使用一段时间后，测量端会氧化腐蚀，并在高温下发生再结晶，加上受拉伸、弯曲等机械应力的影响，都可能使热电特性发生变化，产生误差，因而要定期校准。

热电偶的校准是为了确保热电偶的精度，主要任务是核对热电势—温度的关系是否符合规范(标准)，还可以对整个热电偶线路(包括导线、附件、仪表等)做系统校正，以消除测量系统中的系统误差，提高系统的测量精度。

标定是为了确定热电偶的热电势与温度之间的关系，尤其在采用非标准热电偶时，经常要做这一工作。

校准和标定，二者的出发点不同，但操作方法完全一样。

热电势—温度关系的获得有两种方法：第一种是定点法。此法是利用极纯的元素具有固定的沸点和凝固点这一特性来校正热电偶。定点法的精度高，但使用不便，适于在计量单位进行，在工厂和实验室多用比较法。

第二种是比较法。该方法是将标准热电偶和被校准的热电偶一起放在同一温度介质中，以标准热电偶的读数为标准来校被校准的热电偶。

热电偶校准装置的主要部分是加热器，在比较法中，根据加热器的不同有下列几种类型：

(1) 电炉加热装置。电炉加热装置如图 11－24 所示。校准时将被校热电偶和标准热电偶的测温端同时置于电炉的中心位置，为保证热端处于同一温度场中，常把两个热电偶的热端同时放在一个金属块中，冷端通过冰瓶后与 X—Y 记录仪或直流电位差计相接。加热时使炉温逐步上升，以便使炉温充分达到平衡。为了防止热电偶的热端被氧化，炉内可充入惰性气体或用石墨粉覆盖。这种方法精度高，但加热时间长。

(2) 碳硅棒加热装置。如图 11－25 所示，调压变压器供给低压大电流使碳硅棒加热，被标定热电偶和标准热电偶的热端与导电性能良好的紫铜片连接，紫铜片紧贴在碳硅棒上形成热端。这种方法加热速度很快，从室温升到 900～1 000℃ 只需要 2～3 min，使标定周期缩短，也不致使热电偶工作端急剧氧化，所以可不用惰性气体保护。

此外还有火焰加热法、感应加热法等，这里不再一一叙述。

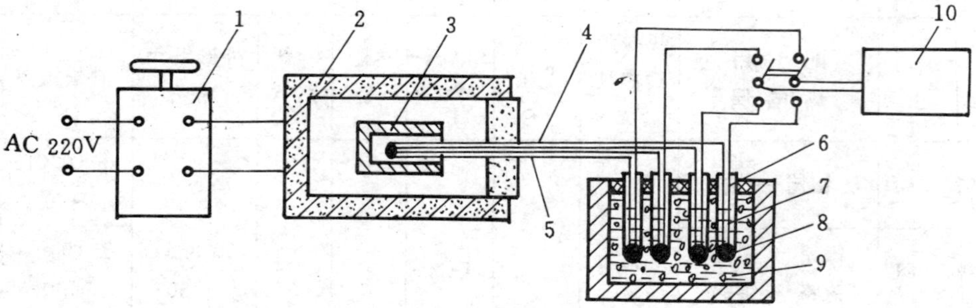

图 11-24　电炉加热校准装置

1—调压变压器　2—电加热炉　3—金属块　4—标准热电偶　5—被校热电偶
6—试管　7—蒸馏水　8—水银　9—冰水混合体　10—指示仪表

采用上述加热方法进行标定，可以得到温度—热电势特性曲线。但加热和冷却时得到的曲线不同，恒温加热与快速加热得到的曲线也不一样。实践证明约在 700℃ 以下时，升温速度为 20～100℃/min 和 20～1 000℃/min 时，标定结果没有多大差别。

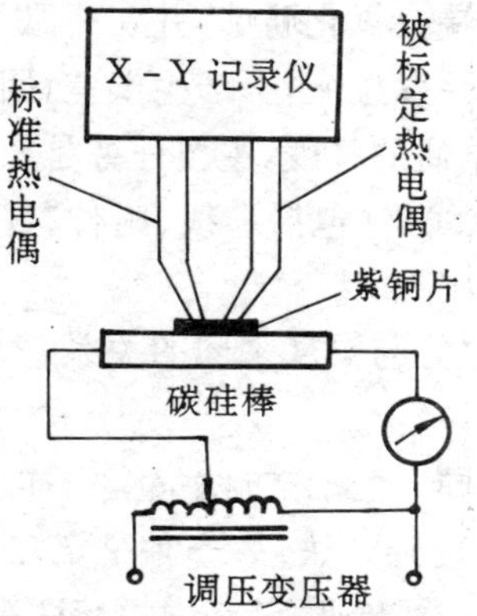

图 11-25　碳硅棒加热装置

§11-4　温度传感器的发展现状

随着工业和科学技术的发展，温度传感器的精度要求越来越高，测温范围要向超高温和超低温发展，环境适应性要扩大，要数字化显示，检测自动化。近年来随着新材料和新技术的不断涌现，已开发出不少新型温度传感器，如半导体 PN 结温度传感器、光纤温度传感器、压电型温度传感器、磁热敏传感器及液晶温度传感器等。

一、PN 结温度传感器

PN 结温度传感器与热电阻和热敏电阻相比，其最大特点是输出特性为线性关系，而且精度高，容易集成化，体积小，使用方便。

PN 结温度传感器是利用 PN 结的伏—安特性与温度之间强烈的依赖关系工作的。一般电路设计时要尽量避免，但用这种关系可以制成二极管和三极管温度传感器。无论硅还是锗，只要通过 PN 结的正向电流 I 恒定，则在一定的温度范围内，二极管 PN 结的正向压降 U 及三极管的基极—射极电压 U_{be} 与温度成线性关系，灵敏度约为 -2 mV/℃，这就是 PN 结温度传感器的基本原理。

把晶体管和激励电路、放大电路、恒流及补偿电路等集成在一个芯片上就构成集成温度传感器。用于温度测量时常把基极 b 与集电极 c 短接作为一个电极，与发射结 e 构成 PN 结，如图 11－26 所示。

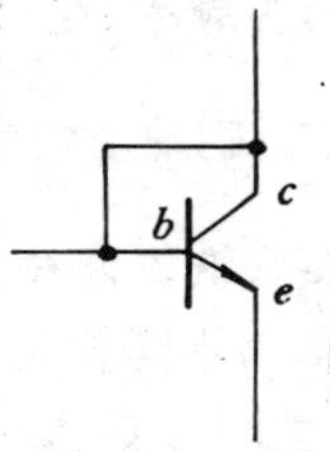

图 11－26　双极型晶体管温度传感器

集成温度传感器按输出信号可分为电流型和电压型两种。典型产品，电流型如 AD590，灵敏度为 1 μA/℃；电压型如 ICL8073，灵敏度为 1 mV/℃。这种传感器一般精度为 ±0.1℃，测温度范围为 －50 ～ 150℃。

二、压电型温度传感器

压电型温度传感器是利用振动频率与温度的依赖关系工作的。分为石英晶体温度传感器、压电超声温度传感器和压电表面波温度传感器。

（一）石英晶体温度传感器

石英晶体具有各向异性，通过选择适当的切割角度，则能把温度系数减小到零，反之也能使温度系数变得很大。利用温度系数很小的石英晶片做成的振子，其谐振频率在很宽的温度范围内具有很高的频率稳定性，常作为频率基准。而石英晶体温度传感器是利用大温度系数的石英晶体，两面镀上电极构成电容，连接成 LC 振荡器作成振子，其谐振频率随温度而变化。这种温度传感器的灵敏度为 1 000 Hz/℃，分辨力高达 0.001℃，稳定性好，并能得到频率输出信号，因此适用于数字电路中，测温范围为 －80 ～ 250℃。

（二）压电超声温度传感器

气体中声波传输的速度与气体的种类、压力、密度和温度有关，而压电超声温度传感器是利用压电振子产生的超声波来测温。介质温度不同时，超声波传播的速度也不同，通过测量超声波从发送器到达接收器的时间，就可测出温度的高低。这种传感器的精度在常温时为 ±0.18℃，在 430℃ 时为 ±0.42℃。在有热辐射的地方，要检测急剧变化的气温极为困难，而用这种传感器则非常方便。

（三）压电表面波（SAW）温度传感器

表面波（SAW）温度传感器是利用 SAW 振荡器的振荡频率随温度变化的原理工作的。SAW 振荡器由在压电基片 1 上制成的叉指电极 2 和反射栅 3 组成，如图 11－27 所示。

SAW 振荡器的温度变化与其引起的频率变化之比值称为频率—温度系数，由压电基片的材料确定，是表征其特性的材料常数。传感器的工作温度范围为 －20 ～ 80℃。

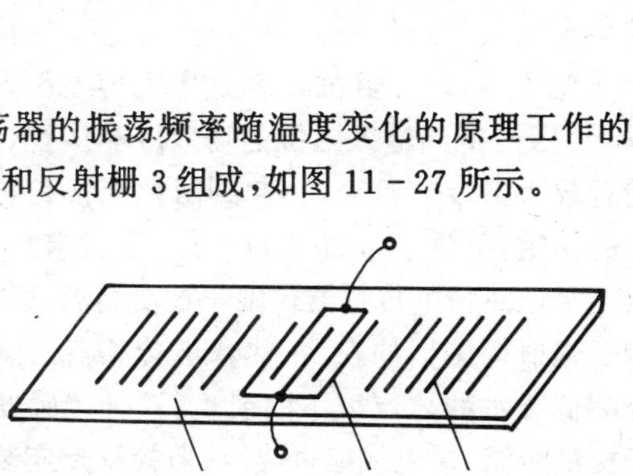

图 11－27　SAW 振荡器的基本结构
1—基片　2—叉指电极　3—反射栅

表面波温度传感器具有如下优点：灵敏度高（约为 6.5 kHz/℃）；能把温度的变化转换成频率的变化，而频率测量的精度高，抗干扰能力强；输出为频率变化的数字信息，容易与微机配合组成自适应实时处理系统;SAW 器件用平面制作工艺,易集成化和一体化,结构牢固,重复性和可靠性好;体积小、重量轻、功耗小。若将振荡器的频率信号经由天线发射出去,再把接收到的信号转换为频率,便可实现远距离温度测量。

三、磁热敏传感器

热敏铁氧体在居里温度 T_c 附近发生相变,使其磁通密度 B 和磁导率 μ 在 T_c 处剧变,图 11-28 为不同铁氧体的磁导率 μ 随温度变化的关系。由图可知,温度在 T_c 以下时,铁氧体可被磁铁吸住,当温度超过 T_c 时,铁氧体的磁性消失,便会自动脱离磁铁。电饭锅等自动热敏开关便是利用这一特性制成的。

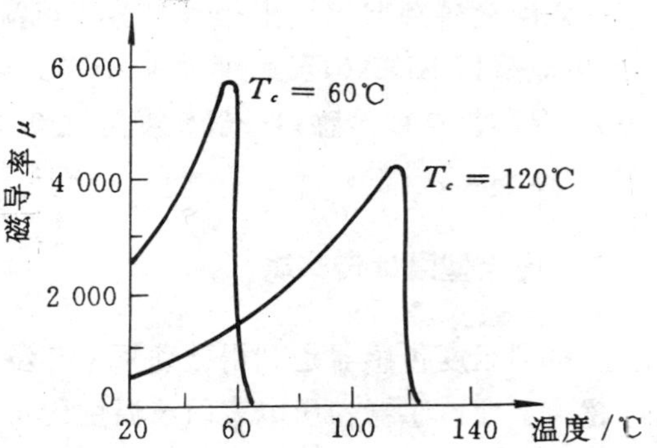

图 11-28 铁氧体 μ 与温度的关系

铁氧体的 T_c 可通过调节材料配方和烧结温度任意选择,误差可控制在 ±1℃。只要不出现裂纹,其磁特性不变,故可做成稳定的恒温开关。

四、热释电型红外温度传感器

某些材料在正常状态下具有自发极化的性质,即在其两端产生数量相等、符号相反的电荷。通常自发极化产生的电荷被来自空气中的游离电荷所中和,故两端不显电极性。当受红外线照射时,由于温度上升而使其自发极化加强,从而在其两端重又出现电荷,这种效应称为热释电效应。利用热释电效应可以构成非接触式温度传感器。

具有热释电效应的材料称为热释电材料,如 $LiTaO_3$、$PbTiO_3$、PZT、SBN 和 $LiNbO_3$ 等无机物,以及 TGS 和 PVF_2 等有机物。其中 $LiTaO_3$ 的居里点温度高,灵敏度大,是一种较好的热释电材料。

图 11-29(a)为热释电传感器示意图,热释电元件粘接在管座上,管座用金属外壳密封,壳体上部装有能入射红外线的单晶硅窗。由于热释电元件为绝缘体,内部阻抗高达 $10^{12}\ \Omega$,容易引入外部噪声,因此把高输入阻抗的场效应晶体管(FET)前置放大器装在管壳内,起到阻抗变换和防止干扰的作用,等效电路如图 11-29(b) 所示。

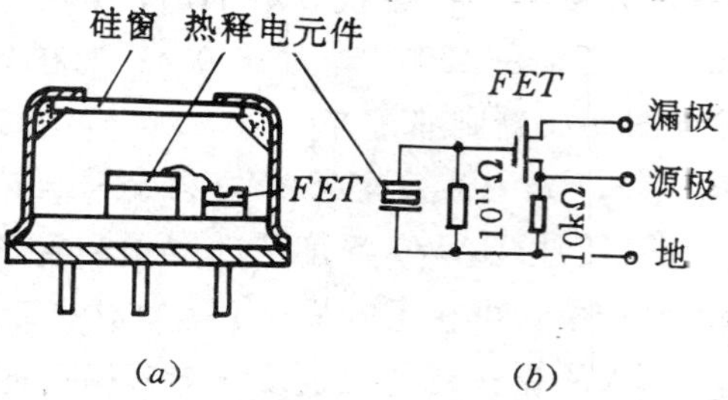

图 11-29 热释电型传感器

(a) 结构示意图 (b) 等效电路

早期热释电传感器仅限于检测高温。近年来,由于辐射探测器的发展,热释电传感器已能用于检测低于水的冰点以下的温度。这种传感器可用于检测炉温、输电线路过热点、监控核反应装置中燃烧元的表面温度,还可用于防盗报警器、火灾报警器及自动门等。用 $PbTiO_3$ 作热敏元件构成的热释电红外辐射温度计,检测温度范围为 $-40 \sim 120℃$,测温快速档 0.1 s,慢速档 1.0 s,灵敏度分别为 0.1℃ 和 0.2℃。

五、示温涂料和液晶热敏传感器

示温涂料当温度达到一定值时颜色会发生变化。它无毒，颜色变化明显，涂覆方法简便，价格低廉，不损伤被测物体。

液晶是一种反射光随温度不同而产生颜色变化的物质。液晶是一种在一定条件下具有晶体性质的液态有机物，液晶变色的温度随液晶种类和配比而变。这种传感器的最高使用温度为100℃左右，视液晶组成的配比不同而异。量程为1～2℃时，温度分辨力可达0.01℃，如果量程为30～50℃，分辨力可达0.1℃。液晶温度传感器不受电磁场的干扰，这对迅速发展起来的各种微波、高频加热干燥及采用微波、射频加热法治疗肿瘤时的温度测量等都非常适用。

用示温涂料和液晶可获得大面积的温度分布，从而克服了一般传感器仅能检测有限场所温度的缺点。对液晶来说，由于变色温度的幅度仅有几度，故不宜用于大温差场合。

附表 常用热电偶分度表 （冷端温度为0℃）

工作端温度/℃	镍铬—镍硅 镍铬—镍铝 /mV	铂铑$_{10}$—铂 /mV	铂铑$_{30}$—铂铑$_{6}$ /mV	镍铬—考铜 /mV
−50	−1.86			−3.11
0	0	0	0	0
15	0.60	0.084	−0.002	0.98
16	0.64	0.090	−0.002	1.05
17	0.68	0.096	−0.002	1.11
18	0.72	0.102	−0.002	1.18
19	0.76	0.107	−0.002	1.24
20	0.80	0.113	−0.002	1.31
21	0.84	0.119	−0.002	1.38
22	0.88	0.125	−0.002	1.44
23	0.92	0.131	−0.002	1.51
24	0.96	0.137	−0.002	1.57
25	1.00	0.143	−0.002	1.64
50	2.02	0.299	0.003	3.35
100	4.10	0.643	0.034	6.95
200	8.13	1.436	0.178	14.66
300	12.21	2.315	0.431	22.90

续　表

工作端温度/℃	镍铬—镍硅 镍铬—镍铝 /mV	铂铑$_{10}$—铂/mV	铂铑$_{30}$—铂铑$_{6}$/mV	镍铬—考铜/mV
400	16.40	3.250	0.787	31.48
410	16.83	3.346	0.828	32.34
420	17.25	3.441	0.870	33.21
430	17.67	3.538	0.913	34.07
440	18.09	3.634	0.957	34.94
450	18.51	3.731	1.002	35.91
460	18.94	3.828	1.048	36.67
470	19.37	3.925	1.096	37.54
480	19.79	4.023	1.143	38.41
490	20.22	4.121	1.192	39.28
500	20.65	4.220	1.242	40.15
510	21.08	4.318	1.293	41.02
520	21.50	4.418	1.345	41.90
530	21.93	4.517	1.397	42.78
540	22.35	4.617	1.451	43.67
550	22.78	4.717	1.505	44.55
560	23.21	4.817	1.560	45.44
570	23.63	4.918	1.617	46.33
580	24.05	5.019	1.674	47.22
590	24.48	5.121	1.732	48.11
600	24.90	5.222	1.791	49.01
800	33.29	7.322	3.152	66.36
1 000	41.27	9.556	4.832	
1 200	48.81	11.915	6.792	
1 400		14.313	8.967	
1 600		16.688	11.268	

习　题　十一

1. 简述热电偶产生热电势的条件是什么？

2. 用镍铬—镍硅热电偶测量炉温t，室温为20℃时，从毫伏表读出的热电势为29.17 mV，问加热炉的温度t是多少？

3. 简述热电偶冷端温度补偿的各种方法的特点？

4. 什么是标准热电偶？常用的标准热电偶有哪几种，各有何特点？

5. 制造热电阻体的材料有何要求？常用热电阻的材料有哪几种？

6. 若铂热电阻在0℃、100℃、300℃时的阻值分别为46.00 Ω、63.99 Ω、98.34 Ω，试写出电阻与温度的关系式。

7. 试述热敏电阻的三种类型、它们的特点及应用范围。

8. 测温中常用负温度系数的热敏电阻，若材料系数B为3 000 K，冰点阻值为500 kΩ，求100℃时热敏电阻的阻值。

9. 试比较热电阻温度传感器和热电偶各有何特点？

10. 温度计的热惯性含义是什么？为什么热电偶和热敏电阻的热惯性较小？

11. 简单说明选择哪一种方法测量下列装置的温度。(*a*) 一罐水，(*b*) 熔化的铁水，(*c*) 内燃机上的部件。

第十二章　数字式传感器

前边介绍的传感器都是将被测量变换成模拟量，直接配用模拟式仪表指示的。由于受到变换原理和测量方法的限制，测量范围较小，输出的模拟信号也不能直接送入计算机进行数据处理。数字式传感器可以把输入量转换成数字量输出，有的则需要进一步转换才能得到数字量。数字式传感器是检测技术、微电子技术和计算技术的综合产物，是传感器技术发展的一个重要方向。

数字式传感器具有如下特点：

(1) 测量精度高，读数直观准确。

(2) 测量范围大，分辨率高。

(3) 易于实现测量的自动化和数字化。

(4) 采用高电平数字信号时，对外部干扰抑制能力强。

因此，数字式传感器在机床数控、自动化和计量检测技术中得到日益广泛的应用。

数字式传感器包括光栅、磁栅、感应同步器、编码器和频率输出式数字传感器等。本章主要介绍几种常用的数字测量传感器，如光栅、码盘等。

§12-1　计 量 光 栅

计量光栅是一种把位移变换成数字量的位移 — 数字转换装置。它主要用于高精度直线位移和角位移的数字检测系统。

所谓光栅就是在透明的玻璃板上，均匀地刻出许多明暗相间的条纹，或在金属镜面上均匀地刻划出许多间隔相等的条纹，通常线条的间隙和宽度是相等的。以透光的玻璃为载体的称为透射光栅，不透光的金属为载体的称为反射光栅；根据外形光栅可分为直线光栅和圆光栅。下面主要讨论用于长度测量的透射光栅。

一、直线光栅的工作原理

(一) 莫尔条纹及其特点

测量装置中是用一个长光栅和一个短光栅组成光栅副来进行测量的，长的光栅称为标尺光栅，短的光栅称为指示光栅。一般标尺光栅和指示光栅的刻线密度是相同的，两刻线之间的距离 W 称栅距。刻线密度根据测量要求决定，一般每毫米刻线数为 25、50、100、250 条，常用的为 50 和 100 条刻线。

若把指示光栅平行靠近标尺光栅，并使二者的刻线相互倾斜一个很小的角度 θ，则当平行光垂直照射光栅时，在光栅的另一面就会出现若干条与刻线垂直的、明暗相间的粗大条纹，如图 12-1(a) 所示。这种粗大的明暗条纹称为莫尔条纹，它是光栅测量的基础。

莫尔条纹有如下特点：

(1) 莫尔条纹的移动与光栅的移动具有对应关系。当两块光栅沿着垂直于刻线方向相对移动时，莫尔条纹就沿着近似于刻线方向运动；光栅每移动过一个栅距 W，莫尔条纹就移动过一个条纹间距 B；光栅运动方向改变时，莫尔条纹的运动方向也随之改变，两者的运动关系是对应的。

(2) 莫尔条纹具有位移放大作用。由图 12-1(b) 可知，莫尔条纹间距 B、倾斜角 θ 和栅距 W 的关系为

$$B = ab = \frac{bc}{\sin\dfrac{\theta}{2}}$$

当 θ 很小时，$\sin\dfrac{\theta}{2} \approx \dfrac{\theta}{2}$，而 $bc = \dfrac{W}{2}$

则

$$B \approx \frac{W}{\theta} \qquad (12-1)$$

式中 θ 的单位为 rad，B、W 的单位为 mm。所以莫尔条纹的放大倍数为

$$K = \frac{B}{W} \approx \frac{1}{\theta} \qquad (12-2)$$

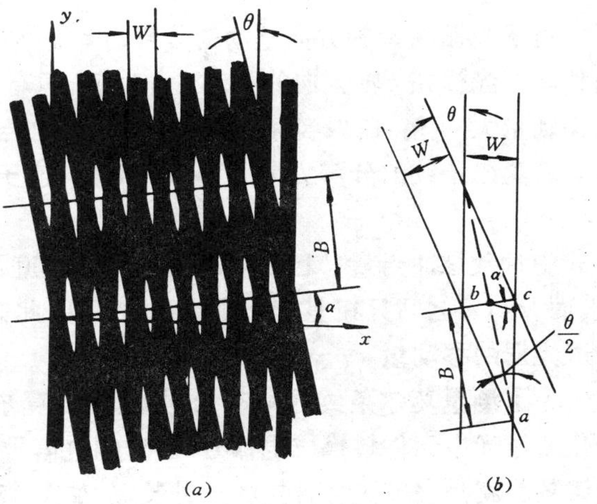

图 12-1　莫尔条纹

可见 θ 越小，放大倍数 K 越大。实际应用中，θ 角的取值范围都很小。例如当 $\theta = 10'$ 时，$K = 1/\theta = 1/0.002\,9\ \text{rad} \approx 345$。也就是说指示光栅相对于标尺光栅移动一个很小的 W 距离时，可以得到一个很大的莫尔条纹移动量 B。因此光栅被广泛用来实现高精度的位置检测。

(3) 莫尔条纹具有平均光栅误差的作用。因为莫尔条纹是由很多刻线共同形成的，是一系列刻线的综合效应。所以如果光栅制造中少掉几条刻线或个别地方刻线不均匀，对光电元件输出的光电信号影响甚微，对测量精度几乎没有影响，从而对光栅的刻线误差起到了平均作用。

(4) 莫尔条纹的间距随着光栅刻线的交角而改变。由式(12-1)可知，莫尔条纹间距 B 随着光栅刻线交角 θ 的减小而增大。因为 θ 是连续可变的，所以莫尔条纹的间距也是连续可变的。因而可以根据要求改变 θ 角的大小来选择莫尔条纹的间距(即改变放大倍数)。

当两光栅的相对移动方向不变时，改变倾斜角 θ 的方向，则莫尔条纹移动方向改变。

(二) 光栅测量原理

用光栅进行测量就是以光栅为标准，与被测量进行比较，在光栅尺上读取被测长度的数值 x，如图 12-2 所示。由图可知

$$x = ab = NW + \Delta \qquad (12-3)$$

式中　N—— 被测长度 ab 之间包含的刻线数；

Δ—— 被测长度上小于一个栅距的小数值。

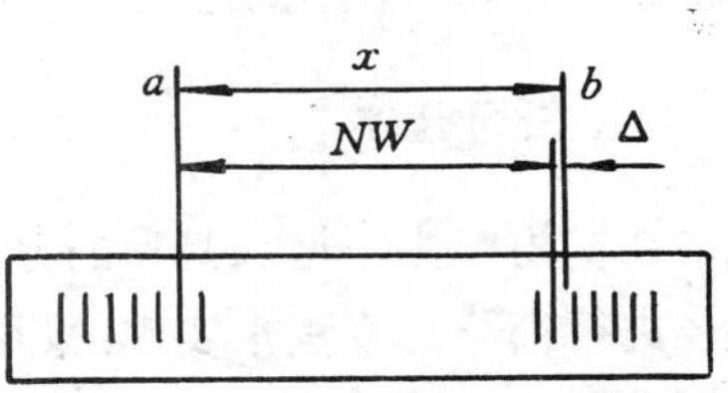

图 12-2　光栅测量原理图

从上式可知，所谓光栅测量，实质上就是读取光栅的栅距数 N 和不到一个栅距的小数值 Δ。为了读取小数值 Δ，就必须对栅距 W 进行细分。若将栅距分成 n 等分，则光栅的分辨力为

$$\tau = \frac{W}{n}$$

因此，小数部分可表示为

$$\Delta = m\tau$$

式中　$m=1, 2, 3, \cdots, n$。

代入式(12-3)中，得

$$x = Nn\tau + m\tau = (Nn+m)\tau = M\tau \quad (12-4)$$

由于光栅在 x 轴方向移动的分辨力 τ 很小，难以得到精确的读数，而莫尔条纹在 y 轴方向的移动与光栅在 x 轴方向的移动一一对应，但莫尔条纹在 y 轴方向的移动量比光栅在 x 轴方向的移动量大 K 倍，所以实际应用中是测量莫尔条纹在 y 轴方向的移动量。

若莫尔条纹的分辨力为 $\tau' = B/n$，则对应于 x 方向，莫尔条纹在 y 轴方向的移动量为

$$y = M\tau'$$

上式中计数脉冲当量 τ' 已知，M 为脉冲数，知道 M 即可知道 y 值。而 y 与 x 之间只相差一个比例系数 K，因此知道了 y 也就知道光栅的移动量 x。

为了测量莫尔条纹的移动量，必须先将莫尔条纹的明暗变化通过光电元件转换成电信号，再对此电信号进行测量。光栅读数头就是完成这种转换的一种装置，如图 12-3 所示。它由光源、透镜、光栅、光电元件等组成。标尺光栅与运动部分相连接，指示光栅不动，二者相互平行并保持一定间隙，刻线彼此相交一个很小角度 θ。从光源发出的光经过透镜变成一条平行光束投射到光栅上，装在指示光栅一边的光电元件将莫尔条纹的明暗变化转换成电信号输出。莫尔条纹明暗变化一次，输出信号变化一个周期，可用下列公式表示

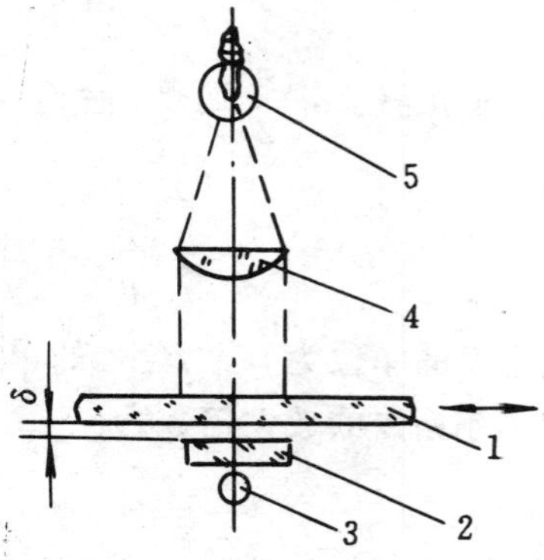

图 12-3　光栅读数头

1—标尺光栅　2—指示光栅

3—光电元件　4—透镜

5—光源

$$u = U_0 + U_m \sin\left(\frac{2\pi}{W}x\right) \quad (12-5)$$

式中　U_0 —— 直流分量；

U_m —— 正弦分量的幅值；

x —— 光栅的位移量。

在后续电路中消去直流分量，经整形放大和微分电路变成脉冲信号，送入计数器进行计数，计数值则表示位移的大小。

二、细分技术

在实用中为了增加光栅的分辨能力，提高测量精度，可以采用增加光栅刻线密度和对测量信号进行细分的方法来实现。采用前一种方法不仅制造困难，而且由于刻线密度与两光栅的间距 δ 及夹角 θ 有关，会给安装和调试带来困难。因此一般是采用细分方法获得需要的最小读数值。

所谓细分就是在莫尔条纹变化一个周期内，发出若干个计数脉冲，以减小脉冲当量，提高光栅的分辨能力。下面介绍几种常用的细分方法。

(一) 直接细分

在一个莫尔条纹间隔 B 内，安放若干个光电元件来接收同一个莫尔条纹信号，可以得到多个相位不同的信号。每两个元件距离为 B/n（n 为细分数），图 12-4 为安放 4 个光电元件的四倍频直接细分法，每两个元件之间的距离为 $B/4$，即两个信号相位相差 90°。

由于在一个莫尔条纹间距 B 范围内，能够放置的光电元件数目有限，因此细分数不可能很大。但直接细分对莫尔条纹信号波形无严格的要求，电路简单，是其它细分方法的基础，因此可以与其它细分方法结合使用以得到更大的细分效果。直接细分法大都用在光栅读数头中。

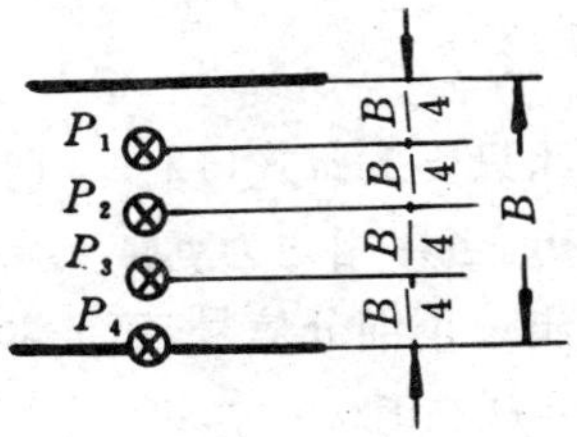

图 12-4　四倍频直接细分法

（二）电位器桥细分

电位器桥细分法是将位置细分得到的 4 个相位相差 90° 的交流信号 $U_m\sin\varphi$、$U_m\cos\varphi$、$-U_m\sin\varphi$、$-U_m\cos\varphi$（这里 $\varphi=\dfrac{2\pi}{W}x$）加到电位器两端，通过电阻移相，在一个莫尔条纹周期内将信号分成 n 等分，得到 n 个计数脉冲，达到细分目的。

图 12-5 为 $n=48$ 的电位器桥细分电路。它由 4 组相同的电路组成，每组可得到 12 个移相信号。现从其中取出一部分，如 u_a、R_3、u_b 回路进行分析，整理后可得到图 12-6 所示电路。图中 $R_{\mathrm{I}}=R'_3$，$R_{\mathrm{II}}=R''_3$，$u_a=U_m\sin\varphi$，$u_b=U_m\cos\varphi$，$u_L=u_3$ 为移相信号。根据图 12-6 可写出如下方程

$$i_1+i_2-i_L=0$$

$$i_1=\frac{u_a-u_L}{R_{\mathrm{I}}},\quad i_2=\frac{u_b-u_L}{R_{\mathrm{II}}},\quad i_L=\frac{u_L}{R_L}$$

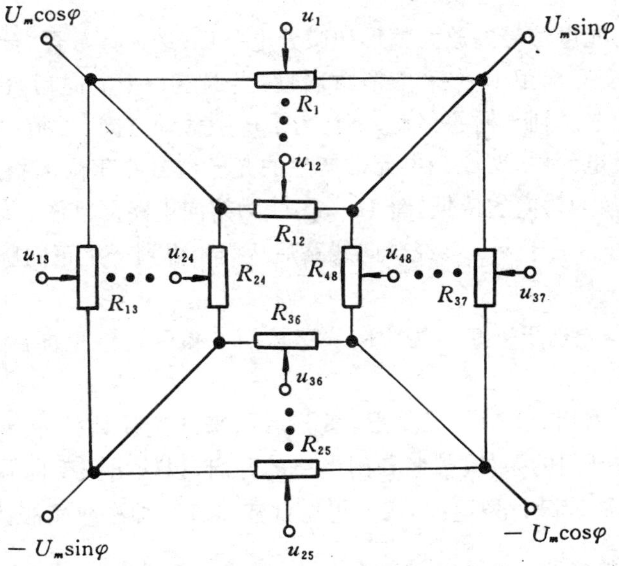

图 12-5　48 点电位器桥细分电路

解方程组可得移相信号 u_L 为

$$u_L=\frac{\dfrac{u_a}{R_{\mathrm{I}}}+\dfrac{u_b}{R_{\mathrm{II}}}}{\dfrac{1}{R_{\mathrm{I}}}+\dfrac{1}{R_{\mathrm{II}}}+\dfrac{1}{R_L}}$$

电桥平衡时 $u_L=0$，即 $u_a/R_{\mathrm{I}}+u_b/R_{\mathrm{II}}=0$，所以

$$\frac{u_a}{u_b}=\frac{R_{\mathrm{I}}}{R_{\mathrm{II}}}\tag{12-6}$$

将 $u_a = U_m\sin\varphi$ 和 $u_b = U_m\cos\varphi$ 代入则有

$$\frac{R_1}{R_2} = |\mathrm{tg}\varphi| \tag{12-7}$$

因此只要按照式(12-7)选择不同的电阻比值 R_1/R_2，就可得到移相角 φ 为任意值时的移相信号 u_L。当移相角为 φ 时，$u_L = 0$，该零位鉴别器发出一个细分信号。若 i 为电位器的编号，当 $\varphi_i = i(360°/n)$ 时，第 i 个移相信号 $u_i = 0$，使第 i 个零位鉴别器工作，发出相应的细分信号。由每个电位器的中心触头上依次取出零信号，从而实现 n 倍细分。

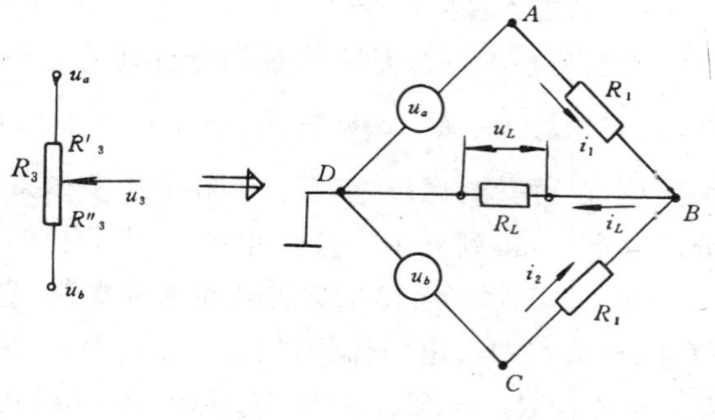

图 12-6　移相电桥

这种细分方法的细分数较大，一般为 12～60，精度较高，可用于动、静态测量，但对莫尔条纹的波形、幅值及原始信号 $U_m\sin\varphi$、$U_m\cos\varphi$ 的正交性要求严格，电位器的稳定性、零位鉴别器的精度等对细分精度也有较大的影响。

三、辨向电路

光电元件输出的光电信号经放大整形和微分电路后，送入计数器，计数器的计数值就反映了光栅的位移量。但实际应用中，位移具有方向性，当选定一个方向后，位移则有正负之分，因此用一个光电信号无法辨别光栅的移动方向。为了辨别移动方向，必须在间隔为 $B/4$ 的莫尔条纹位置再设置一个光电元件。两个光电元件产生的光电信号在相位上相差 90°，这一对相位相差 90° 的信号 u_x 和 u_y 为辨向的依据。图 12-7(a) 为辨向电路原理图，(b) 为波形图。

若正向移动时 u_x 迟后于 u_y90°，经辨向线路后从门 1 得到一组正向脉冲 x_{cp}，而门 2 无脉冲输出。

若反向移动时 u_x 导前于 u_y90°，经辨向线路从门 2 得到一组反向脉冲 y_{cp}，而门 1 无脉冲输出。

从辨向电路可以看出，u_x 信号经整形、微分后用来产生计数脉冲，u_y 信号经整形变成方波，用此方波 A_y 作为开门的条件，控制与门电路的开启，以输出正反向脉冲。因此可以根据位移方向给出加计数脉冲或减计数脉冲，送入可逆计数器进行加法或减法计数。

四、光栅式位移传感器

光栅式位移传感器由光源 5、聚光镜 4、标尺光栅 1、指示光栅 2、光电元件 3 等组成，如图 12-8 所示。标尺光栅与运动部件装在一起，指示光栅固定不动，从光源发出的光经过透镜变成一条平行光束投射到标尺光栅上，标尺光栅和指示光栅相互平行并保持一定间隙 δ，刻线彼此相交一个很小角度 θ，光电元件装在指示光栅一边，将莫尔条纹的明暗变化转变成光电流的强弱变化。莫尔条纹的明暗每变化一次，光电元件的光电流大小也变化一次。光电流的变化可以看成由直流分量和交流分量两部分叠加而成。若用电压的形式可用式(12-5) 表示，即

$$u = U_0 + U_m\sin\left(\frac{2\pi}{W}x\right)$$

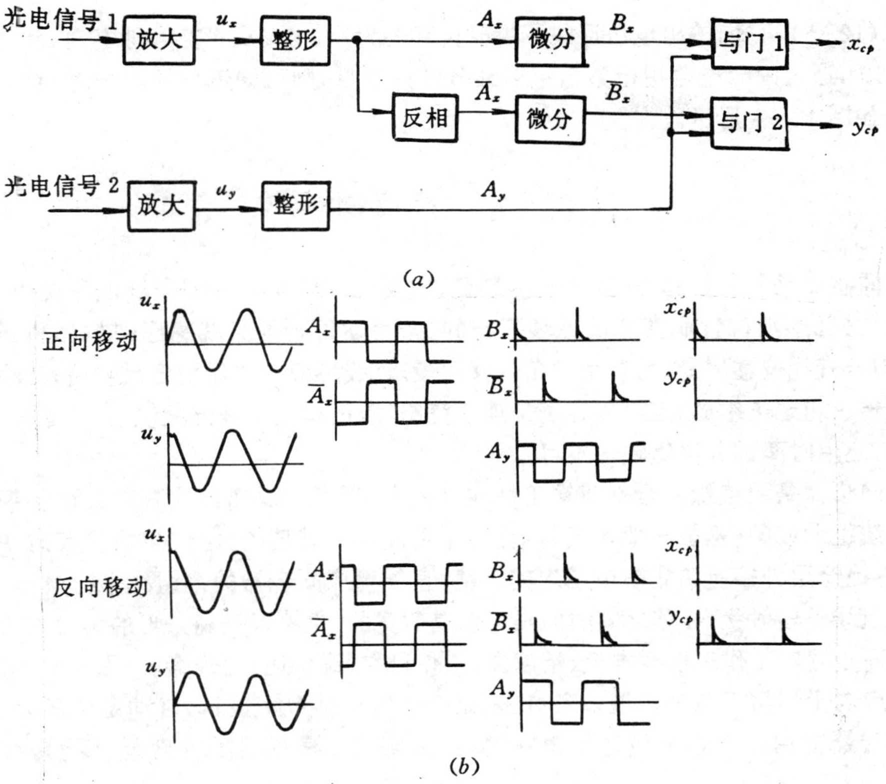

图 12-7 辨向电路原理图

(a) 辨向电路原理图 (b) 波形图

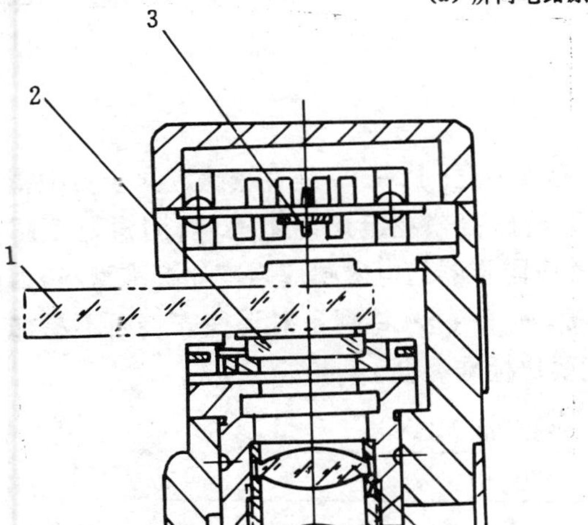

图 12-8 光栅式位移传感器

1— 标尺光栅 2— 指示光栅 3— 光电元件
4— 透镜 5— 光源

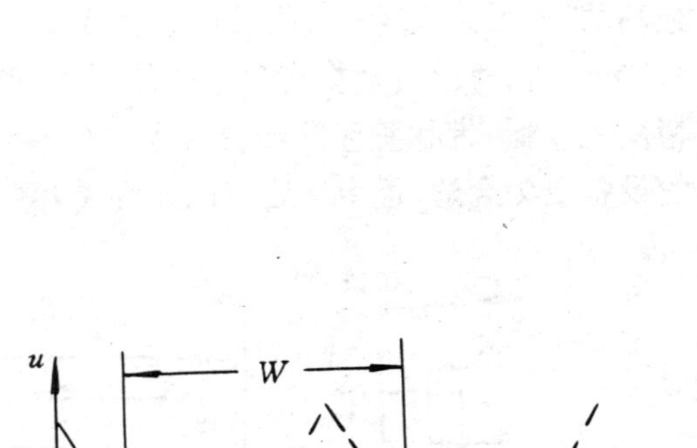

图 12-9 光电元件输出信号

由式(12-5)可知,输出电压反映了瞬时位移的大小,当x从0变化到W时,相当于电角度变化了360°,通过细分电路用记数器记录细分脉冲数目,则可知道移动的相对距离。光电元件输出信号如图12-9所示。

§12-2 感应同步器

感应同步器是一种位移—数字检测装置,它是利用两个平面型印刷电路绕组,根据电磁耦合原理,其互感随位置而变化的原理工作的。按用途可分为直线感应同步器和圆感应同步器,前者用于直线位移测量,后者用于角位移测量。直线感应同步器由定尺和滑尺组成,圆感应同步器由转子和定子组成。定尺和转子是连续绕组,滑尺和定子是分段绕组,二者分别又称正、余弦绕组,使用时两部分绕组缺一不可。

感应同步器是用绝缘粘合剂将铜箔贴在基板上,用光化学腐蚀或其它方法将铜箔制成曲折的平面绕组做成的。基板一般用钢材,也有采用硬铝或玻璃的。定尺表面涂有耐切削液的绝缘保护层,绝缘层外贴有防止静电感应的铝箔。直线感应同步器的绕组线平行排列,圆感应同步器的绕组线呈辐射状,导体之间的间隔可以是等宽的,也可以是扁条形的。

感应同步器对工作环境要求低、精度高、工作可靠、维护简单、寿命长,因此获得广泛应用。如直线感应同步器用于各种机械设备,特别是机床的位移数字显示、自动定位和数控系统;圆型感应同步器常用于雷达天线定位跟踪、精密机床或测量仪器的分度装置及其它回转伺服系统。

圆感应同步器和直线感应同步器的工作原理及使用方法基本相同,这里只介绍直线感应同步器。

一、直线感应同步器的结构原理

直线感应同步器有标准型、窄型和带型三种。标准型(图12-10)是直线感应同步器中精度最高的一种,应用最广,安装时必须保证滑尺绕组全部覆盖在定尺绕组上,当测量长度超过175 mm时,可以将数根定尺接长使用。窄型直线感应同步器的电磁感应强度比标准型小,因而精度也较低。带状感应同步器由于定尺不需要拼接,便于安装,特别是对那些安装面不易加工的设备更为合适,但由于定尺的刚性差,测量精度要比标准型低。

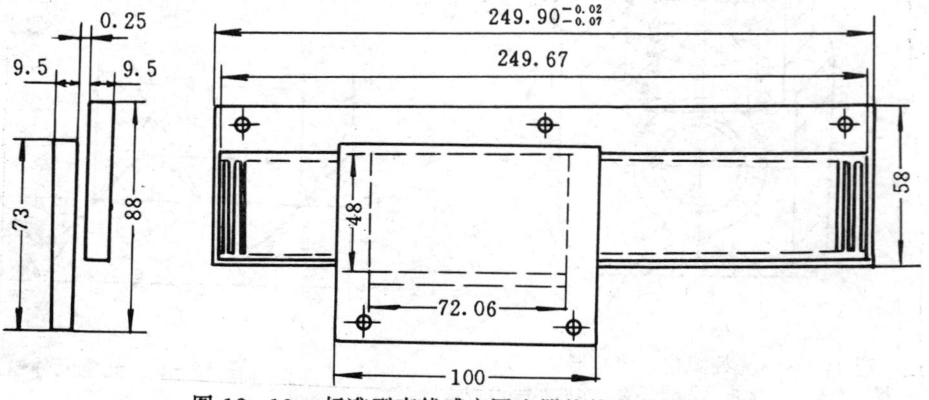

图12-10 标准型直线感应同步器的外形尺寸

图 12-11 为直线感应同步器的绕组结构。直线感应同步器的定尺通常固定在仪器的基座上，为一连续绕组(图(a))，尺长 250 mm，绕组节距 W 为 2 mm。滑尺装在可动部件上，为分段绕组，分为正弦和余弦绕组两部分，绕组可做成 W 型(图(b)) 或 U 型(图(c))，图中 11′ 为正弦绕组，22′ 为余弦绕组。由于信号处理(细分和辨向) 的需要，两绕组在空间位置上相差 $W/4$，即在空间错开 90° 电角度，为此两绕组中心线间距应为 $l=(n/2+1/4)W$，其中 n 为正整数。正、余弦两个绕组节距 W 相同。定尺的标准节距 $W=2$ mm，每隔 2 mm 具有相同的电磁耦合状态，故检测周期也为 2 mm。

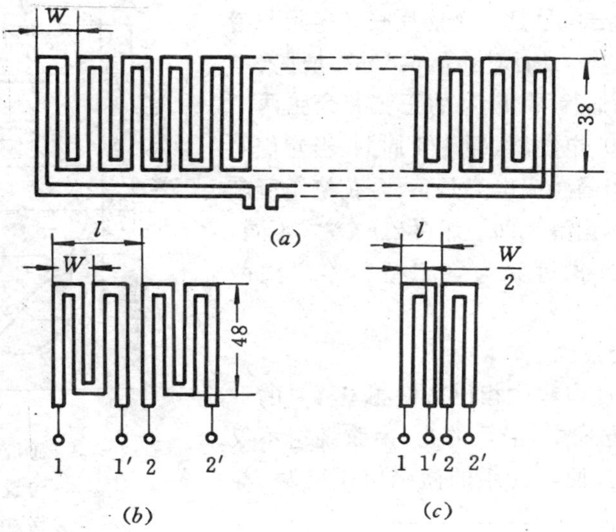

图 12-11　直线感应同步器绕组形式

(a) 定尺绕组　(b) W 型滑尺绕组　(c) U 型滑尺绕组

感应同步器的工作原理基于电磁感应现象，如图 12-12 所示。当滑尺绕组用正弦电压激磁时，将产生同频的交变磁通，这个交变磁通与定尺绕组耦合，在定尺绕组上感应出同频交变电势，感应电势的幅值，除与激磁频率、耦合长度、激磁电流及定、滑尺之间的间隙等有关外，还与两绕组的相对位置有关。图 12-13 为感应电势与定、滑尺绕组相对位置的关系，图中线圈 S 和 C 表示滑尺上的正弦绕组和余弦绕组，它们相互间的几何位置是不变的。当滑尺的正弦绕组 S 和定尺绕组重合(A 点) 时，耦合磁通最大，定尺绕组的感应电势也最大；当滑尺向右移动时，感应电势逐渐减小，当移动到 1/4 节距位置(B 点) 时，定尺绕组的感应电势为零；继续移动到 1/2 节距(C 点) 位置时，感应电势又达最大值，但与初始位置(A 点) 的极性相反；再继续移动到 3/4 节距(D 点) 位置时，感应电势又变为零。当移动过一个节距(E 点) 时，又回到与起始位置完全相同的耦合状态，感应电势为最大值。由此可见定尺的感应电势随滑尺的相对移动呈周期性变化，滑尺在定尺上移动一个节距 W，定尺绕组的感应电势变化一个周期，感应电势的大小是位置 x 的余弦函数，即图 12-13

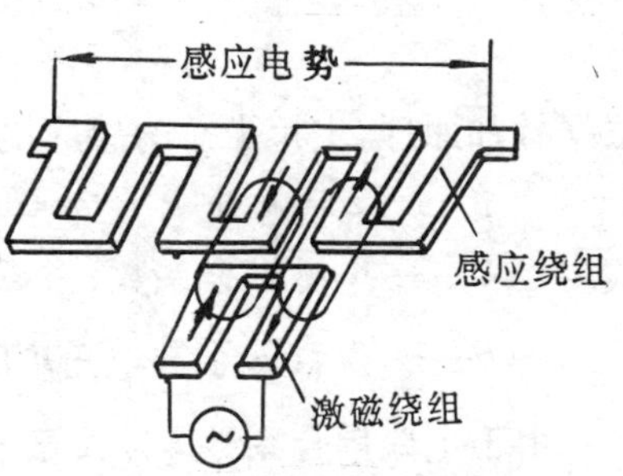

图 12-12　感应同步器工作原理示意图

中的曲线1。同理，由滑尺余弦绕组C激磁产生的感应电势如图12-13中的曲线2所示，它是x的正弦函数。

加大激磁电压，可以增大输出感应电势，但激磁电压过高将使激磁电流过大，致使温升过高而不能正常工作。一般激磁电压为1～2 V。

激磁频率降低，绕组感抗减小，有利于提高精度，但由于感应电势正比于激磁频率，激磁频率越高，允许最大测量速度也越高。

二、感应同步器的信号处理方式

感应同步器的输出信号是一个能反映其定尺与滑尺相对位移的交变电势，因而对输出信号的处理其本质归结为对交变电势的检测。滑尺的正弦和余弦两个绕组在位置上相差90°电角度，即1/4周期。当它们同时被激励时，定尺输出的感应电势是正、余弦绕组所产生的感应电势之和，根据滑尺两绕组激磁的方式不同，其输出信号的处理方式可分为鉴相型和鉴幅型两大类。

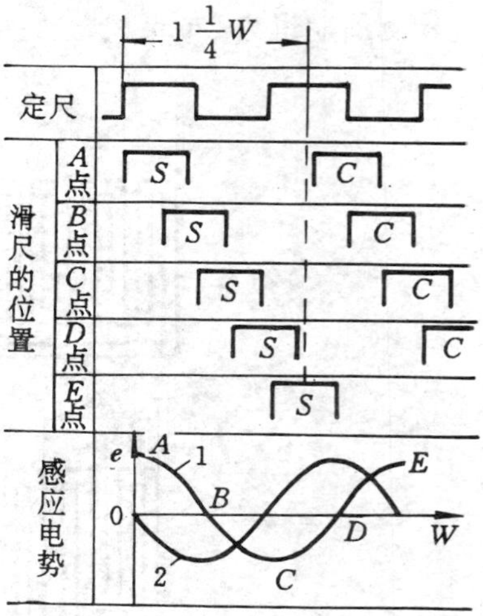

图 12-13 感应电势与两绕组相对位置关系

1—由S激磁的感应电势曲线

2—由C激磁的感应电势曲线

（一）鉴相型测量系统

鉴相型是根据感应电势的相位来检测位移量的一种工作方式。在这种方式中，滑尺的正、余弦绕组不仅位置上错开$W/4$，而且使两绕组的激磁电压同频、等幅，相位上相差90°，即

$$\left.\begin{aligned} u_s &= U_m \sin\omega t \\ u_c &= U_m \cos\omega t \end{aligned}\right\} \quad (12-8)$$

在定尺绕组上产生的感应电势分别为

$$\left.\begin{aligned} e_s &= -k\omega U_m \cos\omega t \sin\theta \\ e_c &= k\omega U_m \sin\omega t \cos\theta \end{aligned}\right\} \quad (12-9)$$

根据叠加原理，定尺上总的感应电势为

$$e = e_c + e_s = k\omega U_m(\sin\omega t\cos\theta - \cos\omega t\sin\theta) = k\omega U_m \sin(\omega t - \theta) \quad (12-10)$$

式中 k—— 电磁耦合系数；

θ—— 位移x引起电角度的变化，$\theta = \frac{2\pi}{W}x$。

由于电磁耦合系数k以及激磁电压的幅值U_m和频率ω均不变，而角度θ是反映滑尺和定位尺之间相对位移的折算角，所以定尺的感应电势是一个幅值不变、相位随滑尺和定尺相对位移x而变的交流电压。式(12-10)把位移x与感应电势的相位$(\omega t-\theta)$联系起来，因此通过鉴别定尺感应电势的相位，即可测量定尺与滑尺之间的相对位移。

图12-14为鉴相型感应同步器测量系统的原理框图。时钟脉冲发生器产生的时钟脉冲经绝对相位基准n分频后，输出一个频率为f的绝对相位基准信号，再经90°移相和功率放大，分别从两路供给滑尺的正、余弦绕组两个同频、等幅、相位相差90°的方波（或正弦波）。时钟脉冲同时送给相对相位基准，相对相位基准是一个n分频移相电路，它输出一个与绝对相位基准信

号频率 f 相同，但相位 θ' 可以根据要求移相的信号。

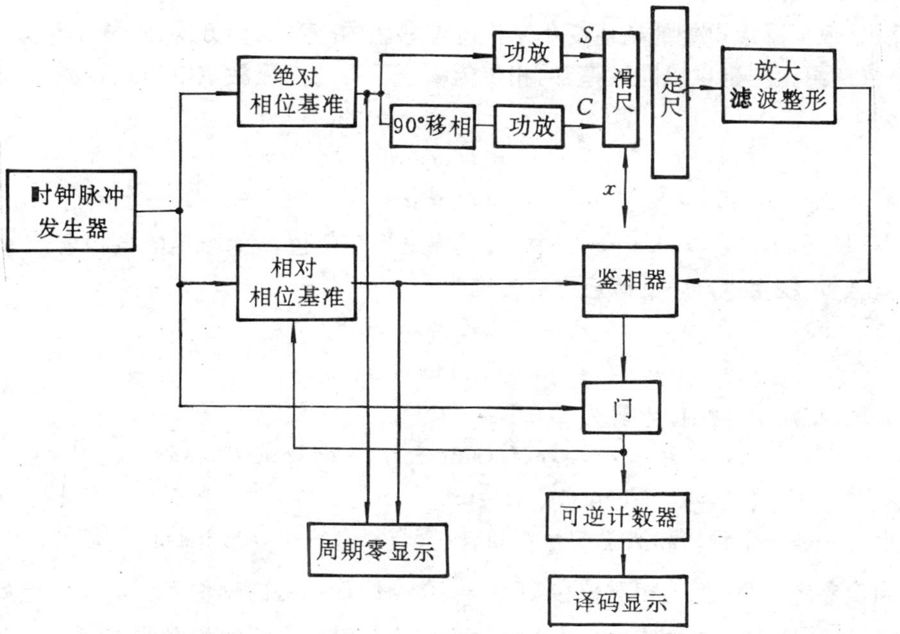

图 12-14　鉴相型感应同步器测量系统方框图

当滑尺被激励时，定尺绕组就有感应电势输出，感应电势的相角 θ 随滑尺相对于定尺的移动而改变。定尺绕组的输出经放大、滤波、整形后，得到一个频率仍为 f 的方波。该信号送至鉴相器，在鉴相器中它与来自相对相位基准的信号进行比较。鉴相器不但判别感应信号和相对相位基准信号之间是否存在相位差 $\Delta\theta=\theta-\theta'$，而且要判别两个信号中哪一个相位超前，哪一个滞后。当 θ 超前于 θ' 时，让相对相位基准中多进几个脉冲，使 θ' 向超前方向变化，可逆计数器做加法计数；反之让相对相位基准少进几个脉冲，使 θ' 向滞后方向变化，可逆计数器做减法计数。假设在起始位置送入鉴相器的两个信号之间无相位差，$\Delta\theta=0$。当滑尺相对定尺移动时便产生相位差 $\Delta\theta=\theta-\theta'$，由鉴相器输出给门电路，用 $\Delta\theta$ 控制门电路“开门”，允许时钟脉冲通过。通过门电路的脉冲，一方面送到可逆计数器进行计数并经译码显示；另一方面作为相对相位基准的输入脉冲，在此脉冲作用下，修改相对相位基准 θ'，使相对相位基准信号移相，以使 $\theta'\to\theta$，当两者的相位相同时，电路处于稳定状态。若滑尺相对定尺继续移动时，又有 $\Delta\theta$ 产生，从而控制门电路开启，使门电路又有脉冲输出，供可逆计数器计数并再去修改相对相位基准 θ'，使 θ' 和 θ 在新的基础上达到相位一致（$\theta'=\theta$）。因此，计数器的计数值就反映了位移大小。位移 x 每变化一个节距 W，位移信号 e 的相位角 θ 变化 360°，θ' 也要跟踪 θ 变化 360°，相对相位基准把 360°进行了 n 等分，每输入一个脉冲，θ' 变化 $360°/n$，即表示产生 W/n 的位移量，从而实现了 n 细分。

不过 θ 和 θ' 达到的这种相位的一致，只是表明在一个检测周期 W 内的关系，并不能反映这种相位关系发生在哪一个检测周期。所以在电路中用周期零点显示器来记录移动过的周期数目。当相对相位基准的输出信号与绝对相位基准的输出信号相位相同时，产生一个计数脉冲，周期零点显示器计一个数，指示灯亮一下，表示机械位移了一个周期 W，这就扩大了测量范围，同时便于把任意位置确定为测量的零点。

（二）鉴幅型测量系统

鉴幅型是根据感应电势的幅值变化来检测位移量的一种工作方式。这种工作方式是在滑尺的正、余弦绕组上分别供以同频率、同相位但幅值不等的交流激磁电压进行激磁，若激磁电压为

$$\left.\begin{aligned} u_s &= U_s \cos\omega t \\ u_c &= U_c \cos\omega t \end{aligned}\right\} \tag{12-11}$$

式中 $U_s = U_m\cos\varphi$, $U_c = U_m\sin\varphi$，其中 U_m 为激磁电压幅值，φ 为给定的电相角。

同理，在定尺绕组上产生的感应电势分别为

$$\left.\begin{aligned} e_s &= -k\omega U_s \sin\omega t\sin\theta \\ e_c &= k\omega U_c \sin\omega t\cos\theta \end{aligned}\right\}$$

根据叠加原理，定尺上总感应电势为

$$\begin{aligned} e = e_c + e_s &= k\omega U_m(\sin\varphi\cos\theta - \cos\varphi\sin\theta)\sin\omega t \\ &= k\omega U_m \sin(\varphi - \theta)\sin\omega t \end{aligned} \tag{12-12}$$

显然感应电势 e 是一个频率和激磁信号相同，幅值与 $\sin(\varphi - \theta)$ 成正比的周期性信号。所以上式把感应同步器定、滑两尺的相对位移 $\theta(=\frac{2\pi}{W}x)$ 与感应电势的幅值 $k\omega U_m\sin(\varphi-\theta)$ 联系起来。因此通过检测感应电势幅值的方法即可测得定尺和滑尺之间的相对位移。

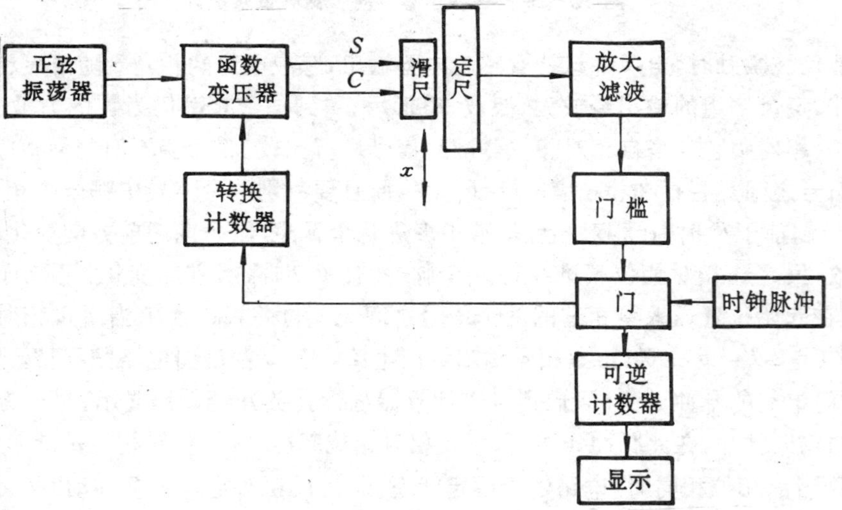

图 12-15 鉴幅型感应同步器测量系统框图

图12-15为鉴幅型测量系统的原理框图。正弦波振荡器产生一个正弦电压，通过函数变压器产生幅值按 $U_m\cos\varphi$ 和 $U_m\sin\varphi$ 变化的激磁电压，分别输入感应同步器滑尺的正、余弦绕组。当感应同步器的定尺和滑尺处于起始平衡位置时，$\theta=\varphi$，定尺绕组感应电势 $e=0$。随着滑尺的移动 θ 发生变化 $\Delta\theta = \theta - \varphi \neq 0$，感应同步器的输出信号 e 经放大、滤波后送入鉴幅器，当 $\Delta\theta$ 达到一定值，即 e 幅值达到设定的门槛电平时，打开门电路，时钟脉冲经过门电路，一方面输入可逆计数器进行计数并译码显示；另一方面送入转换计数器控制函数变压器，调整激磁信号的 φ 值，使 φ 值趋近于感应同步器的位置角 θ，使感应电势 e 减小。当 $\Delta\theta$ 减小到预定值后，e 也减小到

门槛电平以下，门电路便关闭，可逆计数器和转换计数器停止工作。此时显示器读出的数值就是滑尺移动的距离。

前边介绍的直线式感应同步器在一个周期($W = 2$ mm)内是一个绝对坐标系统，滑尺在不同的位置，定尺有不同的输出。因为每隔 2 mm 具有相同的电磁耦合状态，所以对 2 mm 以上的位移无法进行区别。超过一个检测周期只能用增量式计数器建立一个相对坐标系统进行测量。如果由于停电等原因使显示消失，当重新复电时，数显表只能确定在 2 mm 内的绝对数值，而整个被测长度数值无法保留。为了建立一个绝对坐标测量系统，以便随时准确给出总位移量，便产生了三重式直线感应同步器。

三重式直线感应同步器的定、滑尺上均有粗、中、细三个绕组。定尺的粗、中绕组相对于位移的垂直方向倾斜不同的角度，而滑尺的粗、中绕组与位移方向平行，定、滑尺的细绕组与标准直线感应同步器相同，图 12-16 为三速式直线感应同步器定尺绕组示意图。三个绕组构成三个独立通道，它们的周期分别为 4 000 mm、200 mm 和 2 mm，粗、中、细绕组各有一套检测电路，它们可以采用鉴相或检幅方式工作。测量示值是由 a、b、c 三部分组成，不足 2 mm 部分的示值 a，由定尺细绕组输出的感应电势确定；$b = 2、4、6、8、\cdots 198$ mm，由定尺的中绕组的输出确定；$c = 200、400、600、\cdots 3\ 800$ mm，由定尺粗绕组的输出确定。

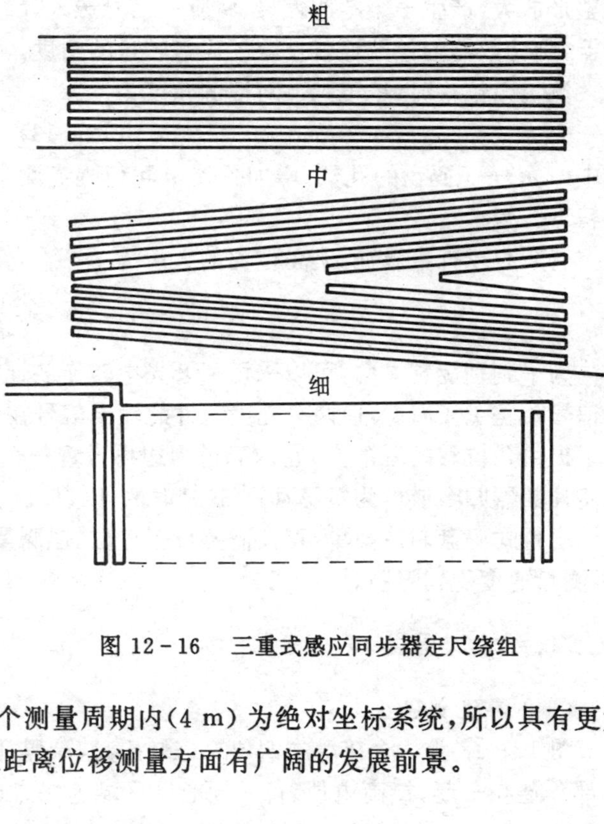

图 12-16　三重式感应同步器定尺绕组

这种测量装置电路比较复杂，成本高，但测量结果准确可靠，在粗绕组的一个测量周期内(4 m)为绝对坐标系统，所以具有更大的灵活性和适应性。在大型机床和其它长距离位移测量方面有广阔的发展前景。

§12-3　编　码　器

编码器是把角位移或直线位移转换成电信号的一种装置。前者称码盘，后者称码尺。

按照读出方式编码器可分为接触式和非接触式两种。接触式采用电刷输出，以电刷接触导电区或绝缘区来表示代码的状态是“1”还是“0”；非接触式的接收敏感元件是光敏元件或磁敏元件，采用光敏元件时以透光区和不透光区表示代码的状态是“1”还是“0”，而磁敏元件是用磁化区和非磁化区表示“1”或“0”。

按照工作原理编码器可分为增量式和绝对式两类。增量式编码器是将位移转换成周期性变化的电信号，再把这个电信号转变成计数脉冲，用脉冲的个数表示位移的大小。绝对式编码器的每一个位置对应一个确定的数字码，因此它的示值只与测量的起始和终止位置有关，而与测量的中间过程无关。

因为码尺和码盘的工作原理相同，实际应用中码盘使用较多，所以下面主要介绍码盘。

一、增量式码盘

增量式码盘由安装在旋转轴上的多孔盘、光源、光敏元件和计数器等组成，如图 12－17 所示。在转动圆盘的边缘开有等角距的缝隙或小孔，圆盘两边分别安装着光源及光电元件。当圆盘随转轴一起转动时，每转过一个小孔就发生一次光线明暗的变化，通过光电元件使光电信号大小变化一次，经过整形放大，产生一个脉冲信号。将脉冲信号送入计数器，则计数器的计数值就反映了码盘转过的角度。

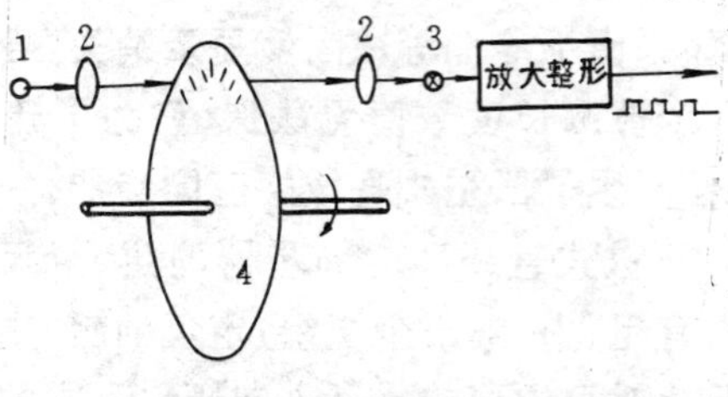

图 12－17　光电脉冲盘式角度－数字转换器结构示意图

1—光源　2—透镜　3—光电元件　4—码盘

测量角位移时，单位脉冲对应的角度为

$$\Delta\alpha = 360°/m \qquad (12-13)$$

式中　m——码盘的孔数。增加孔数 m 可以提高测量精度。

若 n 表示计数脉冲，则角位移的大小为

$$\alpha = n \cdot \Delta\alpha = \frac{360°}{m}n \qquad (12-14)$$

为了判别旋转方向，可以采用两套光电转换装置。一套用来计数，另一套用来辨向，两路输出信号相差 1/4 周期，使两个光电元件的输出信号在相位上相差 90°，作为细分和辨向的基础。为了提供角位移的基准点，在内码道内边再设置一个基准码道，它只有一个孔，其输出脉冲用来使计数器归零或作为每移动过 360° 时的计数值。

增量式码盘制造简单，可按需要设置零位。但测量结果与中间过程有关，抗振、抗干扰能力差，测量速度受到限制。

二、绝对式码盘

（一）二进制码盘

图 12－18 为一个接触式四位二进制码盘，涂黑部分为导电区，空白部分为绝缘区，所有导电部分连在一起，接高电位。每一同心圆区域为一个码道，每一个码道上都有一个电刷，电刷经电阻接地，4 个电刷沿一固定的径向安装，电刷在导电区为“1”，在绝缘区为“0”，外圈为低位，内圈为高位。若采用 n 位码盘，则能分辨的角度为

$$\Delta\alpha = \frac{360°}{2^n} \qquad (12-15)$$

位数 n 越大，分辨力越高，测量越精确。当码盘与轴一起转动时，电刷上将出现相应的电位，对应一定的数码，如表 12－1 所示。

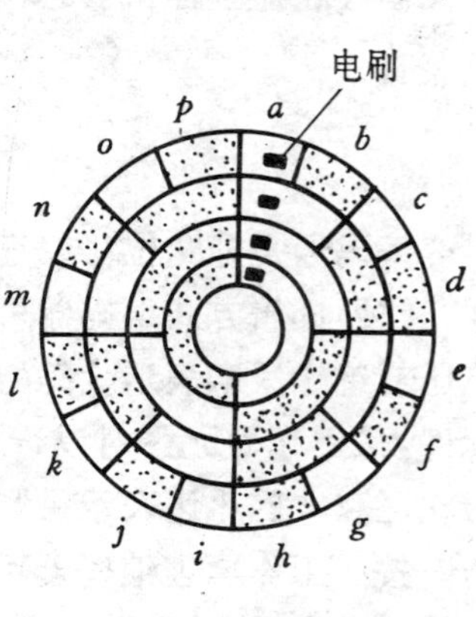

图 12－18　接触式四位二进制码盘

码盘的精度主要取决于码盘本身的制造精度和安装精度，它不仅要求每圈的黑白间隔相等、边缘整齐，而且各圈之间的相对位置也要准确，这就给码盘的制造造成很大困难。同时安装时，必须使所有电刷或光电元件处于一条线上，码盘与转轴中心

线应保持同心和垂直，任何装配误差都会引起计数误差，从而使码盘的实际输出精度低于码道数目给出的精度。

表 12-1　电刷位置与数码对应关系

电刷位置	一进制数	二　进　制　数				循　环　码　数			
	D	C_3	C_2	C_1	C_0	R_3	R_2	R_1	R_0
a	0	0	0	0	0	0	0	0	0
b	1	0	0	0	1	0	0	0	1
c	2	0	0	1	0	0	0	1	1
d	3	0	0	1	1	0	0	1	0
e	4	0	1	0	0	0	1	1	0
f	5	0	1	0	1	0	1	1	1
g	6	0	1	1	0	0	1	0	1
h	7	0	1	1	1	0	1	0	0
i	8	1	0	0	0	1	1	0	0
j	9	1	0	0	1	1	1	0	1
k	10	1	0	1	0	1	1	1	1
l	11	1	0	1	1	1	1	1	0
m	12	1	1	0	0	1	0	1	0
n	13	1	1	0	1	1	0	1	1
o	14	1	1	1	0	1	0	0	1
p	15	1	1	1	1	1	0	0	0

由图 12-18 可以看出，当码盘由 $h(0111)$ 向 $i(1000)$ 过渡时，此时 4 个码道的电刷需要同时变位。如果由于电刷位置安装不准或码盘制作不精确，任何一个码道的电刷超前或滞后，都会使读数产生很大误差。例如本应为 $i(1000)$，由于最高位电刷滞后，则输出数据为 $a(0000)$，这种误差一般称为“非单值性误差”，应避免发生。但码盘的制作和安装又不可避免会有公差，为了消除非单值性误差，通常采用双电刷读数或采用循环码编码。

(二) 循环码码盘

采用双电刷码盘虽然可以消除非单值性误差，但它需要一个附加的外部逻辑电路；同时电刷个数增加一倍，当位数很多时，会使结构复杂化；并且电刷与码盘的接触摩擦，影响它的使用寿命；运动时电刷的跳动限制了它的最高转动速度和在振动条件下工作。因此，为了克服上述缺点一般采用循环码盘。

循环码的特点是从任何数转变到相邻数时只有一位发生变化，其编码方法与二进制不同。若用 R 表示循环码数，用 C 表示二进制数，D 表示十进制数，则它们之间的关系如表 12-1 所示。利用循环码的这一特点编制的码盘如图 12-19 所示。由图看出，当读数变化时只有一位数发生变化。例如电刷在 h 和 i 的交界面上，当读 h 时，若最高位超前，则读出的是 i，h 和 i 之间只相差一个单位值。这样即使码盘制作、安装不准，产生的误差也不会超过一个最低单位数，与二进制码盘相比制造和安装就要简单得多了。

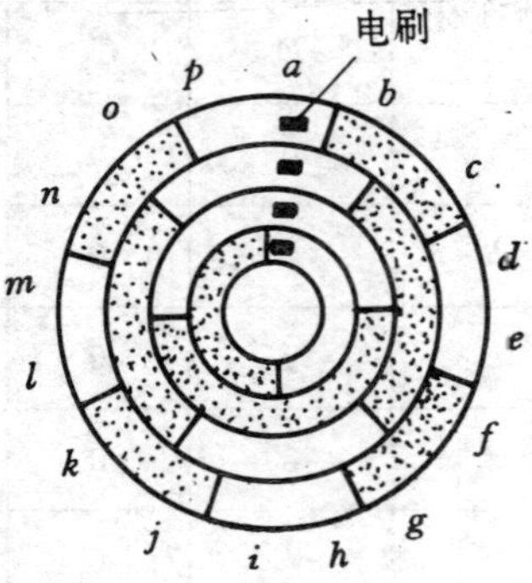

图 12-19　四位循环码盘

循环码是一种无权码，因而不能直接输入计算机进行运算，直接显示也不符合日常习惯，因此还必须把它转换成二进制码。循环码转换成二进制码的一般关系式为

$$\left.\begin{aligned} C_n &= R_n \\ C_i &= R_i \oplus C_{i+1} \end{aligned}\right\} \qquad (12-16)$$

式中　$\oplus$ —— 不进位相加；

C_n、R_n —— 二进制、循环码的最高位。

上式表明，由循环码变成二进制码 C 时，最高位不变，次后从高位开始依次求出其余各位，即本位循环码 R_i 与已经求得的相邻高位二进制码 C_{i+1} 做不进位相加，结果就是本位二进制码 C_i。

实际应用中，大多采用循环码非接触式的光电码盘。因为这种码盘无磨损，寿命长，精度高，测量结果与中间过程无关，所以允许被测对象以很高的速度工作，抗振、抗干扰能力强。

增加码道数会受到制造工艺、安装尺寸和敏感元件尺寸的限制，为此，为了提高分辨率，可采用几个码盘通过机械传动装置连成一个码盘组的办法，这样不但可以大大提高分辨率，而且当传动比小于 1 时可用来测量角位移，传动比大于 1 时可用于转速测量。利用前面介绍的电子细分技术，在外层码道上设置两路光学系统，产生一个正弦信号和一个余弦信号，然后输入细分电路，对 n 位二进制码盘的最低位进行 m 细分，则可使码盘的分辨率从 2^n 分之一提高到 $2^{(n+m)}$ 分之一。

习　题　十二

1. 数字式传感器与模拟式传感器相比有何特点？
2. 什么叫莫尔条纹，莫尔条纹产生的条件是什么？
3. 莫尔条纹有何特点，为什么实际测量时是利用莫尔条纹进行测量？
4. 数字式传感器的辨向和细分各解决的是什么问题？
5. 细分的目的是什么？电位器桥细分中对输入的信号有何要求？
6. 电位器桥细分方法中，若节距 W 为 0.2 mm，要求分辨力为 0.01 mm，电位器的阻值 R 为 1 000 Ω。问第一个和第二个移相信号的移相角 φ_1 和 φ_2 是多少？φ_1 和 φ_2 对应的两个电位器中心触头两边的电阻值 R_{11}、R_{12} 和 R_{21}、R_{22} 各是多少？
7. 根据图 12-7(a) 所示辨向电路框图，画出图中各点的波形图。
8. 为什么标准型直线感应同步器是一个增量式测量系统，而三重式直线感应用同步器是一个绝对式测量系统？

9. 鉴相型和鉴幅型感应同步器的测量系统中，对滑尺的正、余弦绕组的激磁电压各有何要求？

10. 感应同步器的滑尺上为什么有正弦绕组和余弦绕组两部分，二者的相对位置有何要求？

11. 鉴相型感应同步器的测量系统中鉴相器的作用是什么？

12. 增量式码盘有何特点，提高其分辨力的途径是什么？

13. 为什么绝对式码盘一般采用循环码而不采用二进制码？

14. 如何利用细分技术将一个14位二进制光电式码盘的分辨率从2^{14}分之一提高到2^{19}分之一？

第十三章 记录仪器

记录仪器是测试系统中必不可少的重要组成部分。被测量的信号经过处理后，都需要用便于人们观察的形式显示出来或以适当的形式记录下来，以便研究和分析。

记录仪器可将被测信号的幅值及其变化规律真实的记录下来，这样不仅排除了测量者主观视觉误差和疏失误差，还可以在测量过程中或被测信号消失之后的任何时间进行研究和分析。记录仪器的精度、灵敏度和频率响应等特性对整个测试系统影响很大，必须正确选择和使用。

在实际生产和科研实验中，被测信号常常是随时间变化的，这种变化有时十分迅速，用测量静态参量的仪表不能满足要求，必须使用有一定响应速度能实现动态测量自动记录的仪器。这类仪器目前常用的有光线示波器、函数记录仪和磁带记录仪。

§13-1 光线示波器

光线示波器是目前在动态测试中应用较多的一种记录仪器。它具有灵敏度高，多线同步记录，能适时直观记录试验结果，结构简单，体积小和价格便宜等优点，可以自动记录 5 kHz 以下变化的信号，精度较高，因而得到广泛的应用。其缺点是记录纸消耗大，且不易常期保存，不能采用电子计算机进行数据处理。

光线示波器一般包括光学系统、时标装置、走纸装置、振动子、磁系统、电气系统及摄影系统等。这些部分的具体结构因示波器的型号而异。本节以 SC－16 型光线示波器为例，介绍光线示波器的工作原理、振动子的特性等有关问题。

SC－16 型光线示波器有 16 个通道，配用 FC6 型振动子，从振动子到记录纸的光路长度为 300 mm，采用紫外线记录，纸宽分为 120、90、60 mm 三种。记录纸容量 30 m。记录纸移动速度从 5～2 500 mm/s 共 9 档。时间标志的频率为 1、10、100 Hz 三档，误差小于 ±2.5%。它用 GS100 型超高压水银灯作紫外线光源，电源用交流 220 V，消耗功率为 400 W。

一、光线示波器的结构原理

SC－16 型光线示波器由光学系统、振动子和磁系统，时标装置和记录纸传动及控制系统四大部分组成，如图 13-1 所示。

（一）*光学系统*

由水银灯 ZD_1，聚光镜 L_1、L_3，柱面镜 L_2，反射镜 M_1 和 M_2，光栅 D 组成。水银灯 ZD_1 发出的紫外光线经过聚光镜 L_1、反射镜 M_1 形成一条光带照在一排振动子 G_1 上（图 13-1 上只画出一个振动子），经过振子里透镜聚焦和小镜子反射，成为细小的光束，再经反射镜 M_2 反射和柱面镜 L_2 聚焦，投射在记录纸上呈现出一个小光点。当记录纸以稳定的速度移动时，光点在记录纸上画出被测参数相对于时间的变化曲线。

由水银灯 ZD_1 发出的光线的另一部分，经过聚光镜 L_3、反射镜 M_3 照射在具有等间距狭缝

的光栅 D 上。当记录纸移动时，光线通过狭缝便在纸上画出一道道间距为 2 mm 的纵标线 a，以标定被测信号的幅值。

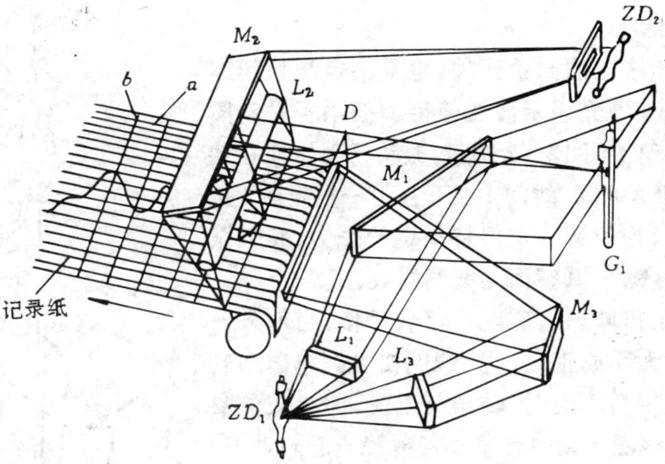

图 13-1　SC－16 型光学系统示意图

ZD—光源　L—聚焦透镜　M—平面反射镜　D—光栅　G—振动子

（二）振动子和磁系统

振动子（简称振子）是光线示波器的核心，它的作用是把按一定规律变化的电信号，变换成按同样规律变化的光线摆动信号，以便作用在感光记录纸上，形成模拟记录曲线。因此正确地选择和使用振动子是保证记录精度的关键。

（三）记录纸传动和控制系统

记录纸的传动系统由电机、变速箱和控制机构组成，它保证在选定的走纸速度下，使记录纸在纵向（记录纸长度方向）作匀速运动，以保证正确的时标。

记录纸的走纸速度是根据被测信号的频率变化和记录纸所需要的分辨率来选择的，通常推荐用下式计算走纸速度 v

$$v = S \cdot f_m \tag{13-1}$$

式中　S—— 记录信号最高频率的一个周期所要求的距离，由分辨要求来确定；

f_m—— 被测信号的最高频率。

在多线测量记录中，应以频率最高的测点算出走纸速度。

（四）时标装置

脉冲频闪灯 ZD_2 按照电气系统送来的时标脉冲定时闪光，光线经反射镜 M_2、柱面镜 L_2 聚焦，在记录纸上形成很细的横条细光线 b，该线称为时标线（见图 13-1），线间的距离代表时标脉冲的周期。SC－16 型光线示波器有 1、0.1、0.01 s 三种时标周期，即每秒 1 次、10 次、100 次三档。当光线示波器单机使用时，通常用本身的时标装置。当多机同时使用时，即同时用多台光线示波器记录数个信号且又要研究各被记录信号在同一时间的变化规律时，则可共用一个时标发生器，利用时标同步装置向各个示波器送入时标信号。

除上述主要机构外，有些光线示波器还设有分辨线装置、标记装置等辅助机构。分辨线装置是多点同时记录时用来分辨各信号的记录曲线的；标记装置是在记录过程中，遇有特殊变化需要，在数据处理过程中需要特别注意时，用来打上标记的。

二、振动子的结构及其特性

（一）振动子的结构

振动子是光线示波器的测量元件，也是决定测量精度的关键部分。SC－16型光线示波器使用的振动子是动圈式振动子，其结构原理如图13－2所示。振动子壳体插在共用磁系统的一对磁极3之间。线圈4上下各用一根张丝1拉紧，并固定在壳体上，用弹簧5来保持一定的张力，在上张丝上贴有一个小反射镜2，其镜面与线圈垂直。

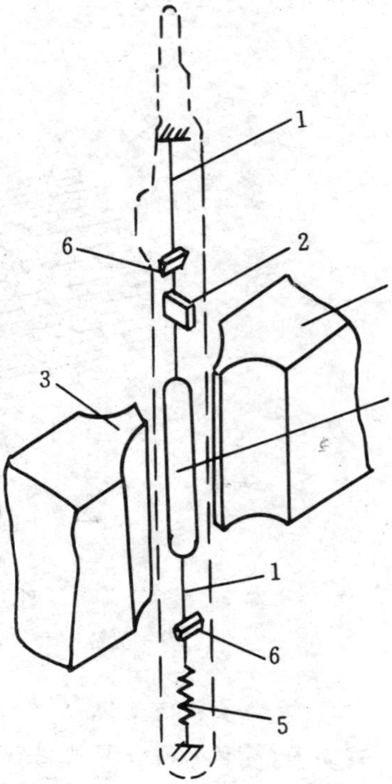

图13－2　振动子结构原理图

1—张丝　2—小反射镜　3—磁极
4—线圈　5—弹簧　6—支承

光线示波器的工作原理与磁电式仪表相似。当输入一定电流（与被测参数大小成正比）时，线圈便受到电磁扭转力矩作用而转动，在转角不大时，转角与电流，即与被测参数的大小成正比。当线圈转动时带着小反射镜一起转动，来自光源的一束光线经转动的小反射镜反射后成一光点，落在作纵向移动的感光记录纸上。随着走纸运动，记录纸上就绘出一波形，从而得到被测信号的记录曲线。

SC－16型光线示波器的磁系统内可装置16个振动子，因此可同时记录16个信号。磁系统使磁极之间维持均匀的磁场，并有恒温装置，保证振子在(45±5)℃的恒温条件下工作。

表13－1给出FC6型振动子的技术性能。

表13－1　FC6型振子的技术性能

型　号	固有频率 /Hz	工作频率范围 /Hz	灵敏度 / (mm/mA)	内阻 /Ω	外阻 /Ω	最大允许电流 /mA	最大振幅 /mm
FC6－10	10	0～5	65 000	120±24	≥2 000	0.004	±80(±3%)
FC6－30	30	0～10	10 000	120±24	900±300	0.05	±100(±3%)
FC6－120	120	0～60	2 800	50±10	275±125	0.2	±100(±3%)
FC6－120A	120	0～40	2 800	28±5	油阻尼	0.2	±100(±3%)
FC6－400	400	0～200	250	55±10	27.5±12.5	2	±100(±3%)
FC6－1 200	1 200	0～400	40	20±4	油阻尼	5	±50(±3%)
FC6－2 500	2 500	0～800	8.1	16±4	油阻尼	30	±50(±3%)
FC6－5 000	5 000	0～1 700	1.4	12±4	油阻尼	80	±30(±3%)
FC6－10 000	10 000	0～4 000	0.4	14±4	油阻尼	100	±10(±5%)

（二）振动子的特性

在笔式记录仪和光线示波器的动圈式振子中，通电线圈在固定永久磁铁所形成的磁场中

产生的电磁转矩使线圈偏转，如图13-3所示。这是一个典型的二阶扭振系统，其运动可以用下面二阶微分方程描述，即

$$J\frac{d^2\alpha}{dt^2}+c\frac{d\alpha}{dt}+k\alpha=k_i i \tag{13-2}$$

式中 i—— 输入线圈的电流；

α—— 线圈的偏转角；

J—— 取决于振子转动部分结构形状和质量的转动惯量；

c—— 阻尼系数；

k—— 张丝的扭转刚度；

k_i—— 电磁转矩系数。当线圈的结构尺寸和磁场强度确定后 k_i 为一常数。

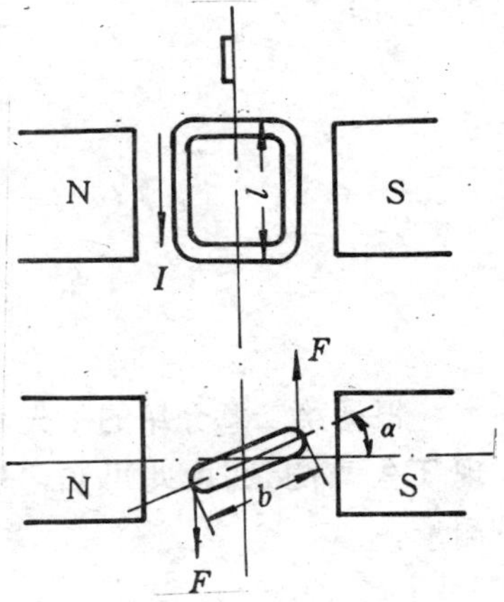

图 13-3 振动子线圈受的电磁力

1. 静态特性

静态特性表示振动子输入直流电流 I 时，输出与输入的关系，由式(13-2)可得

$$\alpha=\frac{k_i}{k}I=S_\alpha I$$

式中 $S_\alpha=k_i/k=\alpha/I$，表示单位电流作用下偏转角的大小，称为振子常数。

实际上振动子的灵敏度常用单位电流流过振动子时，光点在记录纸上移动的距离表示，即

$$S_i=\frac{H}{I} \tag{13-3}$$

式中 H—— 光点在记录纸上移动的距离，见图13-4。

由式(13-3)可知，光点移动的距离越大，则振动子的灵敏度越高。如果偏转角 α 相同，则光臂 L 越长，光点移动的距离越大，灵敏度也越高(见图13-4)。在同样灵敏度情况下，光臂长的示波器，振动子的小反射镜偏转小，偏转角与光点位移引起的非线性小，则静态误差小，反之，光臂短的示波器则静态误差大。因此，振动子技术数据给出的灵敏度，都是对一定的光臂长度而言的。

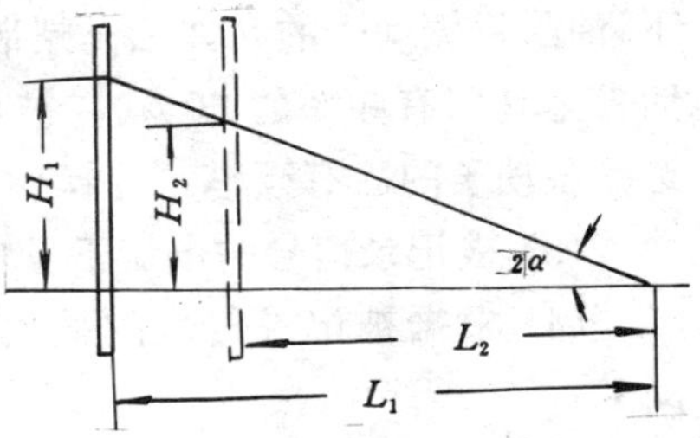

图 13-4 灵敏度与光臂长度的关系

当 α 很小时，$\cos\alpha\approx1$，光点实际上转动两倍于 α 的圆弧，即 $H=L\text{tg}2\alpha$；当 α 很小时，$\text{tg}2\alpha\approx2\alpha$，此时，$H=2L\alpha$，于是式(13-3)可写成如下形式

$$S_i=\frac{H}{I}=\frac{2L\alpha}{I}=2LS_\alpha \tag{13-4}$$

式中 S_i 称为振子的电流灵敏度，它表示直流电流所引起的记录纸上光点偏移量。由式(13-4)可知，振子的电流灵敏度与振子常数 S_α 及光臂长度 L 有关。

须指出的是，在上面公式的推导过程中，都假定 α 很小，使 $\cos\alpha\approx1$ 和 $\text{tg}2\alpha\approx2\alpha$，因此必然存在误差。通常把前者引起的误差称为非线性误差，后者称为圆弧误差。

非线性误差在光臂长度一定时，与光点摆动的幅值有关。这个误差由于制造的原因是消除不了的，通常制造厂规定它不得大于 ±3%。

圆弧误差除与 α 有关外，还与振子的安装位置有关。为尽量减少圆弧误差，振子应安放得使其反射线尽可能地垂直于记录纸。

2. 动态特性

由式(13-3)可得静态灵敏度 $S_a=1$ 时振动子的频率响应函数、幅频特性和相频特性的表达式，即

$$H(\mathrm{j}\omega)=\frac{1}{1-(\omega/\omega_0)^2+2\mathrm{j}D(\omega/\omega_0)} \tag{13-5}$$

$$A(\omega)=|H(\mathrm{j}\omega)|=\frac{1}{\sqrt{[1-(\omega/\omega_2)^2]^2+4D^2(\omega/\omega_0)^2}} \tag{13-6}$$

$$\varphi(\omega)=\angle H(\mathrm{j}\omega)=-\mathrm{tg}^{-1}\frac{2D(\omega/\omega_0)}{1-(\omega/\omega_0)^2} \tag{13-7}$$

根据第二章介绍的不失真条件，当 $A(\omega)$ 为常数和 $\varphi(\omega)$ 为通过原点的一条斜线时，才能实现不失真测量。由此可知，只有在阻尼比 $D=0.7$、频率比 $\omega/\omega_0 \leqslant 0.5$ 时，才能实现不失真测量。

三、振动子的选择

根据振动子的特性，所选用的振动子一定要满足它的幅频特性和相频特性的要求，因此，选择时应遵循下述原则：

(1) 被记录信号的最高谐波频率应在振动子的允许工作频率之内。通常规定最高谐波分量的振幅为基波振幅的 10%，否则就会使记录曲线严重失真。一般地，对没有很陡前沿的波形，取 $3\omega_0$ 作为振动子的允许工作频带，而对矩形波则取 $10\omega_0$ 作为振动子的允许工作频带。

(2) 振动子固有频率的确定。由振动子的幅频特性可知，在允许振幅有 ±5% 误差的条件下，油阻尼振动子的允许工作频带为其固有频率的 40% ～ 45%；电磁阻尼振动子的允许工作频带为其固有频率的 60%。在被记录的信号的最高次谐波频率确定之后，便可依据这一原则选择振动子的固有频率。当振动子的灵敏度满足要求时，应尽量选择固有频率高的振动子。

(3) 被记录信号的电流不得超过振动子允许的最大允许电流值，否则就要烧毁线圈。

(4) 根据被记录信号的最大电流值和要求记录曲线相应的幅值，选择适当灵敏度的振动子。

(5) 当多路信号记录时，各路振动子的固有频率 ω_0 应相同，且阻尼比 D 取值应相等。

四、振动子与测量电路匹配问题

在选择振动子时，为了保证在测量过程中使阻尼比稳定在 $D=0.7$，还要很好地解决振动子与测量电路的匹配问题，以满足电路的要求。

动圈式振动子的阻尼方式，通常有电磁阻尼和油阻尼两种，前者适用于低频高灵敏度的振动子，后者适于高频($f_0 \geqslant 1\ 200$ Hz)的振动子。油阻尼振动子的阻尼是固定的，不能调整，而电磁阻尼式振动子的阻尼比与振动子线圈外电阻的大小有关，因此，在表 13-1 所示的技术性能中，对于电磁阻尼式振动子，都规定了阻尼系数为 0.7 的外电阻值。

对于油阻尼式的振动子，由于其有较高的固有频率，D 在 0.6～0.7 之间，使用时不必另行选配阻尼和阻尼电阻，只需要考虑振动子灵敏度、最大允许电流和放大器输出电流的关系。除

了为保护高灵敏度振动子不因受过大电流而损坏，需要串联或并联电阻来限流和分流外，一般不再需要串、并联任何电阻，即可与放大器联接使用。但对于电磁阻尼振动子，为了获得 $D=0.7$ 的最佳阻尼条件，需按图 13-5 所示的电路计算外接电阻，图中 u_s 为信号源电压，R_g 为振子线圈阻抗，R_m 为信号源内阻，R_s 为串联电阻，R_P 为并联电阻，R_D 为振子要求的外电阻，i_g 为流过振子的电流。由图可得

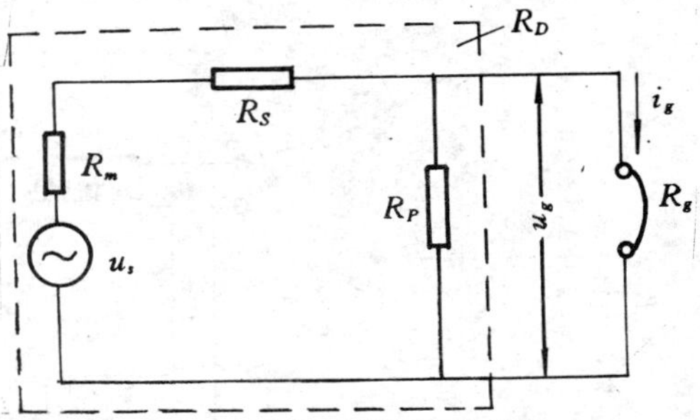

图 13-5　电磁阻尼振动子的外接电路

$$R_s=\frac{R_D u_s}{i_g(R_D+R_g)}-R_m \qquad (13-8)$$

$$R_P=\frac{(R_m+R_s)R_D}{(R_m+R_s)-R_D} \qquad (13-9)$$

则

$$R_D=\frac{(R_m+R_s)R_P}{(R_m+R_s)+R_P} \qquad (13-10)$$

这样既可得到合适的阻尼值，又具有一定的限流和分流作用。

§13-2　函数记录仪

函数记录仪是用来记录变化比较缓慢的模拟电量的笔式记录仪。按照被测信号的形式，有记录 $y=f(t)$ 的时间函数记录仪和 X—Y 函数记录仪两类，这两类仪器虽有差别，但工作原理是一样的。

函数记录仪又称 X—Y 记录仪，采用了自动平衡的测量方法，并配有高增益的伺服放大器，所以测量精度高(可为满量程的 0.2% ～ 0.5%)，灵敏度较高，记录振幅大。由于仪器采用伺服电机作执行元件带动记录笔运动，所以又称伺服式记录仪。这种记录仪运动部件质量较大，故仪器响应时间长，记录速度较慢，只能对超低频信号作出准确的响应，工作频率很低，一般只能记录频率在 10 Hz 以下的信号。若须记录几十赫兹的信号，可采用动圈式记录仪(又称笔式记录仪)，其记录笔是用磁场中可动线圈来驱动的。

一、函数记录仪的工作原理

函数记录仪是按照自动平衡原理进行工作的，通常采用闭环零位平衡系统，x 轴和 y 轴各有一套独立的随动系统，仪器的工作原理结构如图 13-6 所示。

函数记录仪笔的运动由伺服电机来驱动，笔的位置由直线位移电位计来控制。输入电压 u_r 是由被测量变换成的电压信号。电位计滑动触点即电刷的输出电压 u_0 作为位置反馈信号与输入电压 u_r 相比较。当 $u_r-u_0\neq 0$ 时，产生一误差信号电压 u_e，输入到后续调制、放大、解调电路中，得到信号 u_m 馈入伺服电机的驱动绕组，使电机转动。这一转动通过机械传动使记录笔和电位计电刷同时做直线运动，实现记录笔在记录纸上的记录过程。同时，调整电位计电刷输出电压 u_0 的数值。当 $u_r-u_0=0$ 时，$u_e=0$，伺服电机停止转动，记录笔停在一确定位置。若 u_r 是一随时间变化的信号，则电位计电刷位置不断变化，使 u_0 不断跟踪 u_r 的变化，同时记录笔也不断

在记录纸上改变位置，从而得到 u_r 数值变化的真实记录。图 13-6(*b*) 是这一系统原理的方框图，它是一个带有电压反馈的随动系统。

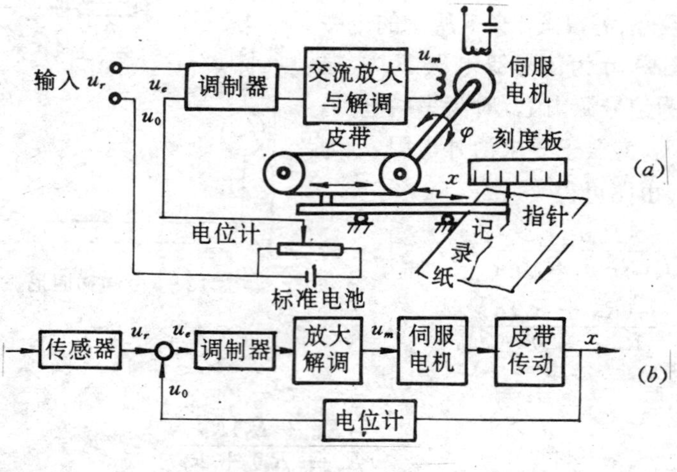

图 13-6　X—Y 函数记录仪

(*a*) 原理图　(*b*) 方框图

如果将记录纸固定不动，记录笔用两个做互相垂直运动的零位平衡伺服系统来驱动，便可构成 X—Y 函数记录仪，如图 13-7 所示。将 *X* 和 *Y* 两个信号分别输入到两个驱动系统，用 *X* 信号的变化控制记录笔在 *X* 轴方向上移动，用 *Y* 信号的变化控制记录笔在 *Y* 轴方向上移动，从而记录笔便可描绘出信号 *X* 与 *Y* 之间的函数关系曲线。

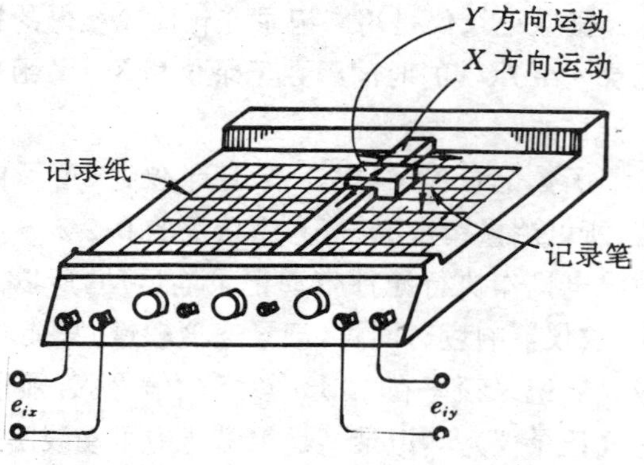

图 13-7　X—Y 函数记录仪外观图

二、函数记录仪的特点

(1) 函数记录仪可以记录两个变量之间的函数关系 $y=f(x)$，或变量对时间的关系 $y=f(t)$。多笔式函数记录仪可以同时记录多个变量对时间的关系曲线 $y_1=f(t)$，$y_2=f(t)$，…。

(2) 记录的幅面大，如 LZ3 函数记录仪可在 300 mm × 250 mm 的面积内记录。

(3) 函数记录仪有衰减器，故可记录的信号电压从几毫伏到 300 V。

(4) 精度较高，记录时间较短，如 LZ3 系列函数记录仪静态指示精度为直接输入时的 0.5%，(通过衰减器附加误差 0.3%)，记录笔在 *Y* 方向全行程仅为 0.5 s，在 *X* 方向全行程为 0.6 ～ 0.8 s。

由于有以上特点，函数记录仪既可记录电量的函数关系曲线，也可配合传感器测量和记录非电量的函数关系曲线，所以得到广泛的应用。

§13-3 磁带记录仪

在实际应用中，常常需要一种记录仪器，它不仅能把检测所获得的信号以某种形式存储起来，而且还能进行复现。目前最理想的也是最方便的存储系统是磁带存储系统。磁带记录仪最大的优点是存储容量大，它既可以用模拟的方式进行存储，也可以用数字的方式进行存储，并能以电信号的形式把存储的内容复现出来，提供人们分析和研究。因此这种仪器已日益受到普遍的重视和广泛的应用。磁带记录仪与其它记录仪比较，它有下列优点：

(1) 工作频带很宽。磁带记录仪有很宽的工作频带，如调频式可记录 0 ~ 40 kHz 的信号，直接记录式可记录 50 Hz ~ 1.5 MHz 的交流信号，这是其它记录仪无法比拟的。

(2) 信噪比高，线性好，零漂小，因而失真度较低。

(3) 记录信号能长期保存，再现也方便，可以在现场进行多次无畸变的重放。

(4) 能同时记录多路信号，在工作频带范围内，能精确地保存这些信号之间的时间和相位关系。

(5) 有变换信号时基的能力，它既可以快速(1.52 m/s 和 3.05 m/s)记录和慢速(4.76 cm/s 和 2.38 cm/s)重放，也可以慢速记录和快速重放，即所谓时间轴压缩和伸长。这样它就能把信号的频带进行交换，以利于对检测结果进行分析。

(6) 能与计算机或其它分析仪器联机使用，这给试验(特别是瞬态试验)分析和数据处理带来很大方便。

磁带记录仪的主要缺点是记录结果不直观，必须将所记录的信号送入到 X—Y 记录仪或光线示波器，才能观察到记录波形。

一、磁带记录仪的结构及工作原理

磁带记录仪主要由磁头(包括记录磁头、回放磁头)、磁带、运带机构和电子线路(如录、放大器等)4 部分组成。图 13-8 为磁带记录仪的基本结构示意图。

磁头由绕有线圈的软磁材料的电磁铁构成，在与磁带接触的前端有一极窄缝隙，称为工作间隙。当被记录信号的电流流经记录磁头的线圈时，铁芯中产生随信号电流变化的磁场，磁场中磁通密度的变化与电流强度变化成正比。由于磁头工作间隙的磁阻比较高，而磁带上的磁性层磁阻低，磁力线就绕过磁头缝隙处的非导磁材料，通过磁带磁性层与铁芯形成闭合回路。当磁带以某一恒定速度相对于磁头运动时，磁性层受到磁化，磁化程度与输入电流信号成正比。因此，被磁化部分形成一个个小磁化区域，其剩磁感应强度与信号电流成正比。当磁带通过工作间隙后，其上的磁化区域被保留下来，实现了对信号的记录，见图 13-9(a)。重放磁头的结构与记录磁头的结构大致相同，但工作过程相反，当录有记录信号的磁带通过重放磁头的

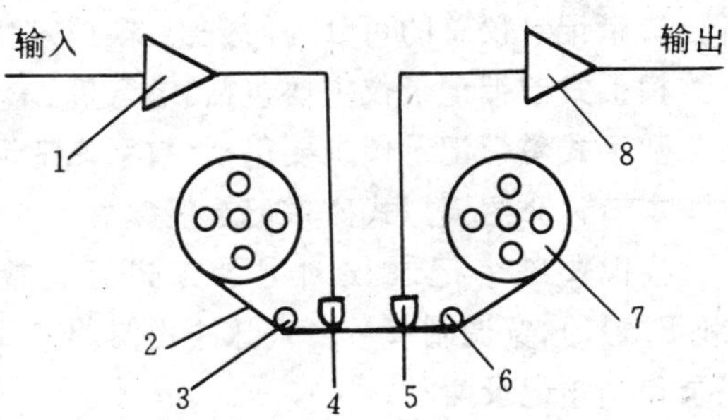

图 13-8 磁带记录仪基本结构示意图

1—记录放大器 2—磁带 3—导辊 4—记录磁头 5—回放磁头 6—主动辊 7—带盘 8—回放放大器

工作间隙时，使磁带上的剩余磁感应强度经磁头的铁芯形成回路，绕在铁芯上的线圈感生出与剩磁感应强度变化成比例的感应电势，还原成电信号。

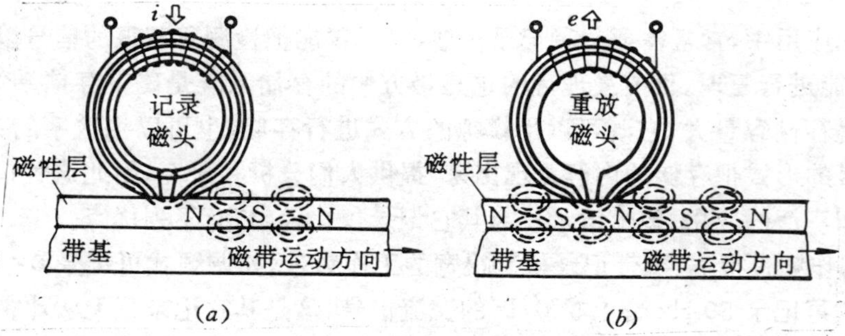

图 13-9　磁带记录器工作原理

(a) 记录　(b) 重放

磁带一般用塑料做基体，在它上面均匀地涂一层很薄的氧化铁(Fe_2O_3)或磁铁(Fe_3O_4)粉末作为磁性层。氧化铁属于硬磁性材料，用它制成的磁带灵敏度高，高频性能好，记录的信号能长久保存，但要注意防压、防潮、防热和防磁。

磁带可以反复使用。如果要取掉磁带上记录的信号，可以利用消磁装置(有的磁带记录仪装有消磁磁头)将磁带上记录的信号抹掉，以便重新使用。

运带机构使磁带在磁头下面运动。磁带运动速度必须保持均匀。否则，就会使记录信号在回放时失真。因此，运带机构要采取一系列措施保持带速均匀。磁带记录仪通常有几档成倍变化的带速，如(0.25、0.5、1.2)m/s。

记录放大器的作用是将输入信号进行放大，以推动记录磁头工作。回放磁头在线圈中感应出的电势很微弱，输出前要经过回放放大器进行放大。磁带记录仪中通常还有高频振荡器(用于直接记录式)或调制与解调器(用于调频记录式)等电子线路。

二、磁带记录仪分类和记录方式

磁带记录仪总的可分为两大类：模拟式和数字式。

模拟式磁带记录仪主要包括：录音机、录相机和模拟式磁带记录仪。

数字式磁带记录仪主要包括：数字磁带记录仪和磁带存储器。

本节只介绍模拟式磁带记录仪。

模拟式磁带记录仪的记录方式有直接记录(DR)、调频记录(FM)，多路/调频记录(M/FM)、脉宽调制(PWM)、脉冲相位调制(PPM)、脉码调制(PCM)等多种，通常用的有直接记录和调频记录两种。

(一) 直接记录(DR)方式

直接记录是把输入信号放大，不进行波形变换，原样记录在磁带上的一种形式。这种方法普遍用于录音技术中。图 13-10(a) 是磁滞回线。当记录磁头中的磁场强度为 H_1 时，磁带在该点被磁化，磁感应强度为 B_1，当这点离开磁头，逐渐脱离磁头磁场的影响时，磁感应强度将沿磁滞回线下降，最后剩磁为 B_{R1}。同样当磁场强度为 H_2 时，剩磁为 B_{R2}。如将 H 和 B_R 的每一对应值画成曲线，便可得到图13-10(b) 所示的 $H-B_R$ 特性曲线。由图可见，磁化磁场场强 H 和磁带磁性材料的剩磁 B_R 之间不是线性关系。因此，在零点附近和饱和区都是非线性区，只有在中间一段是线性区。剩磁曲线的这种非线性，将使记录信号重放时产生严重的失真。为了改善记录的非线性，通常采用高频偏磁法。

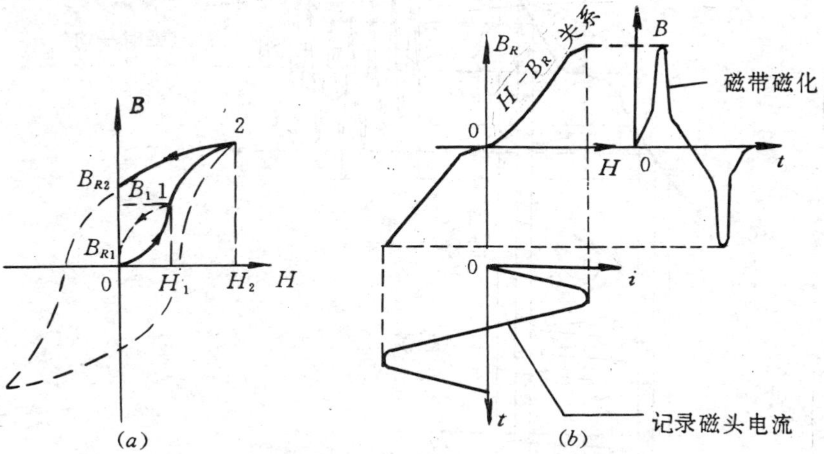

图 13-10 磁滞回线和 $H-B_R$ 特性曲线

(a) 磁滞回线 (b) $H-B_R$ 特性曲线

高频偏磁法是在把被记录的信号送到磁头线圈之前，先与等幅的高频信号叠加，见图 13-11。当磁带通过记录磁头的缝隙时，磁性层受到两种反复交变的磁场作用，根据高频退磁原理，当磁性层逐渐离开缝隙时，高频电流的磁场逐渐衰减至零，磁性层上的剩余磁感应强度只与被记录信号的电流大小成正比。磁带上记录点的磁性层由感受高频交变磁场开始，至高频磁场消失为止，作用于磁性层的交变信号借助强烈的高频磁场摧毁铁磁物质内部的磁摩擦力，从而消除了磁滞现象，扩大了记录的线性范围，将不失真的信号记录下来。

如上所述，高频偏磁法并不是用记录的信号对高频信号进行调幅，而只是与高频信号进行混合。高频信号并不记录在磁带上，仅仅在记录过程中起消除磁滞现象、改善非线性的辅助作用，记录在磁带上的只有被记录的信号，故仍称为直接记录法。偏磁信号的频率一般为被记录信号中最高频率的 5 倍以上。

上述方法最大的缺点是在磁带与磁头接触不良时，输出信号变化大，因而幅值精度较低，而且低频响应差，记录 50 Hz 以下的信号有困难。但它的高频响应可达 100 kHz 甚至几兆赫。

直接记录式磁带仪有如下特点：

(1) 工作频率的上限很高，由于把信号直接记录在磁带上，所以工作频率上限可达 1.5 MHz 左右。适于记录高频信号。

(2) 信噪比低。磁带产生的噪声和电路产生的噪声都混在输出中，信号的低频部分输出很小，所以低频信噪比很低，由此决定了工作频率下限不能很低，通常工作频率下限不能低于 50 Hz。

(3) 记录和重放的精度较低。凡是对磁带模拟信号振幅、相位有影响的因素都会引起误差，降低记录精度。如磁带的非线性会引起记录失真，磁带上磁性材料涂层不均匀会引起输出幅度的变化等等。

(4) 由于磁带与重放磁头的间隙损失，高频信号较易脱落。

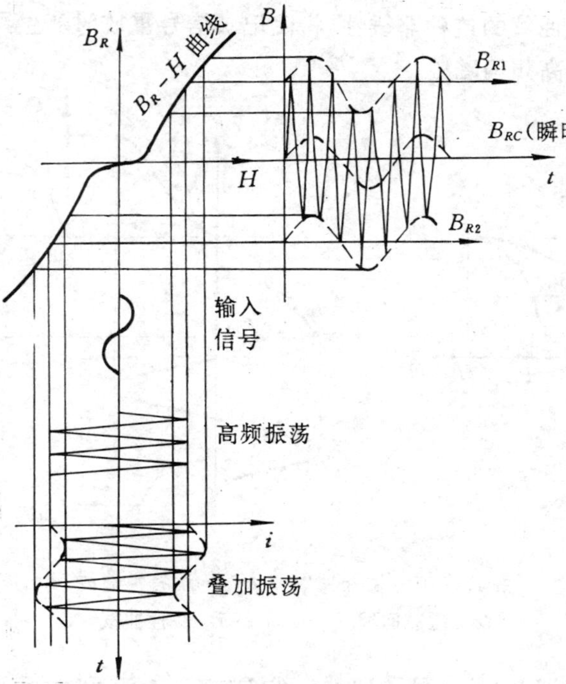

图 13-11　高频交流偏磁法记录工作原理

基于上述特点，直接记录式磁带记录仪最适宜于频带宽度要求比较高、幅度值变化要求比较低的场合，所以多用于录音和记录高频信号。在记录测量数据时，通常采用调频记录方式。

图 13-12 为直接记录式方框图，图 13-13 为信号脱落示意图。

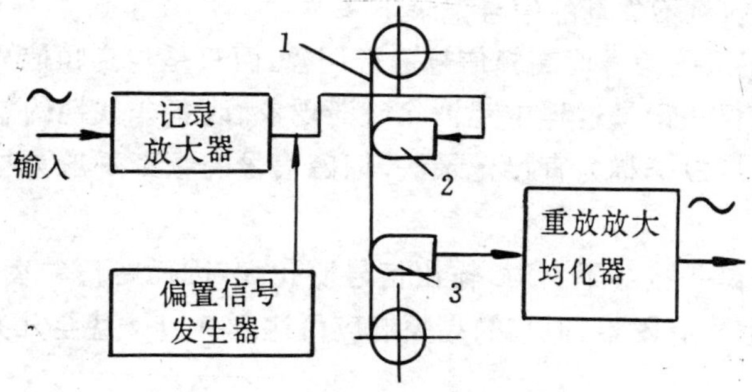

图 13-12　直接记录式方框图

1—磁带　2—记录磁头　3—重放磁头

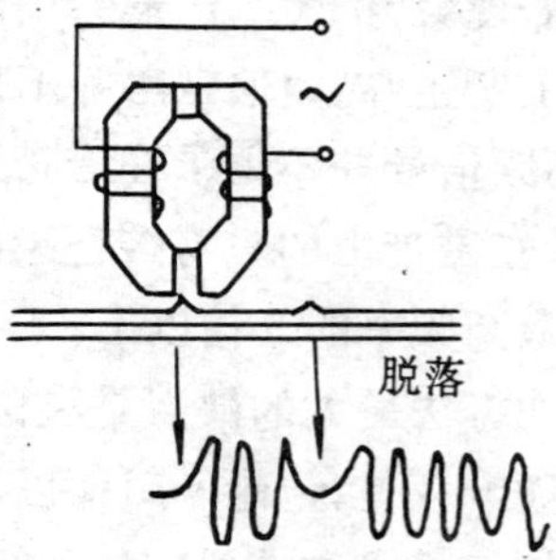

图 13-13　信号脱落现象示意图

(二) 调频记录(FM)方式

调频记录法指将信号电压的变化通过电子线路进行频率调制，使信号电压幅度的变化变为载波信号频率的变化。如果选择某一频率为中心频率，它对应于输入信号电压的零点，当信号电压升高时，使载波频率向增高方向变化，当信号电压为负时，则向减小方向变化。如果是交流信号，则使载波频率在中心频率两侧时增、时减地变化。图 13-14 为调频法的工作原理。这样利用载波频率的变化，在磁带上记录了被测信号的幅值按频率变化的过程，而载波幅度的误差对记录准确度就没有影响了。所以调频记录法克服了直接记录法不能记录低频信号和准确度低的两个缺点。

在回放时，由回放磁头输入的信号，通过解调器将频率变化的信号再恢复成电压变化的信号。

调频式磁带记录系统的动态范围和准确度都较高，幅度误差可小于1%，对直流信号的响应和线性也较好，在选用较高的带速（如2 m/s）时，它的记录范围可达0～40 kHz。由于被调制信号（即被记录信号）频率愈高，要求载波频率愈高（通常为被记录信号最高频率的4～5倍），走带速度亦要求愈高，而载波频率的提高受到磁头材料允许工作频率的限制，带速过高易引起磁头的抖动，对载波造成不应有的限制，影响记录精度，所以调频记录的工作频率上限比直接记录式低。

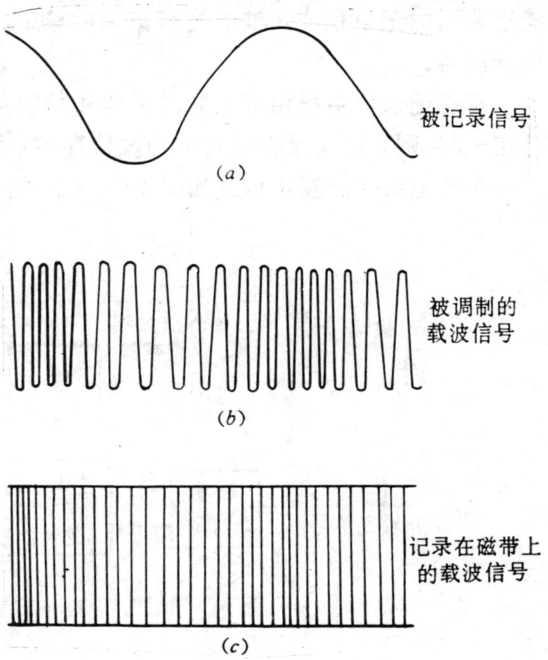

图 13-14　调频法工作原理

调频记录（FM）方式的磁带仪特点如下：

（1）由于采用频率增减的变化来表示模拟信号的大小与正负，因此，剩磁曲线的非线性无影响。其次，凡能引起信号幅度变化的各种因素，因重放中采用放大限幅整形得以消除，所以记录和重放的精度较高，信号无脱落现象。

（2）可以记录低频信号和直流信号。

（3）工作频率一般为0～40 kHz，故适用于记录低频信号，如机械振动、噪声等。

（4）对磁带传送机构的精度要求十分高。这是因为在记录和重放时，磁带的速度变化产生与载波频率偏移相同的效果，从而将产生被称为"速度偏差"的误差，影响记录精度。图13-15为调频记录方式的方框图。

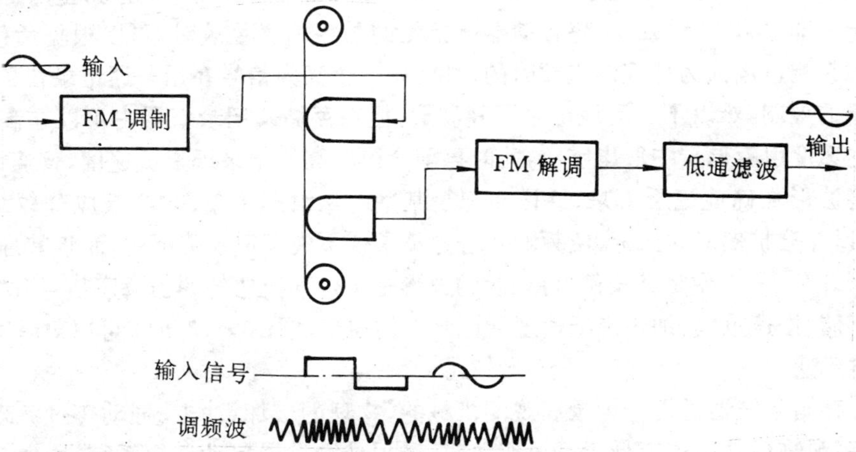

图 13-15　调频记录方式方框图

§13-4　波形存储示波器

在工程领域内，有时需要对单次非周期瞬态过程或频率很高的信号进行测试，这些信号不能用普通的记录仪或示波器进行记录或显示，必须使用由瞬态记录仪和示波器组成的波形存储示波器。

瞬态记录仪主要由模/数转换器和数字存储器组成。若将显示波形的电子示波器与之组合在一起，则瞬态记录仪便可称为波形存储示波器。

瞬态记录仪的基本构成如图 13-16 所示。

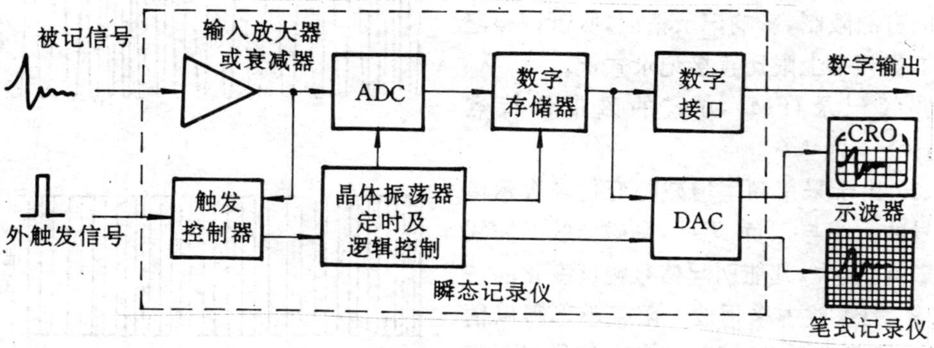

图 13-16　瞬态记录仪工作原理框图

被测信号经抗混叠的低通滤波器及放大或衰减达到适当的电平后，经 A/D 转换器将其变成二进制代码存入数字存储器，直至存储器存满为止。在需要绘制波形时，由存储器中取出数字信号，经 D/A 转换器返变为模拟信号，再送入示波器或 X—Y 记录仪显示被测信号波形。也可通过数字接口送往计算机进行处理。如果数据采集系统的速度和位数都足够高，而存储器的容量又足够大，那么存储器对于一些具有高频成分的信号均能精确、充分地予以记忆。

由于并非“实时”重放，在将存储器所记忆的数字信号重放时，可以根据后续记录仪器所能接受的频响范围人为地控制重放时的速度。如一个高频信号在用普通记录仪器直接记录时，由于频响的限制，难以不失真地记录下其波形。但在存储式记录仪器中可以在高速存储后，采用较慢的速度由存储器中取出重放，此时再配合以较高的记录纸走纸速度，普通记录仪就可以较好地将波形准确地记录下来。这样在记录某些时域波形密集、含高频成分较多的瞬态过程时，就可以充分扩展时间坐标，使频响在普通记录仪不失真记录范围内，而将其准确地、展开地记录下来。图 13-17 便是其一例。待记录的波形是一过程极块的冲击瞬态信号(图 13-17(a))。经波形存储、慢速重放、加快走纸速度后记录下的波形(图 13-17(b))可以对其冲击过程波形发展一览无遗。

波形存储示波器适用于记录和观测机械的、物理的破坏、冲击、振动等过渡现象及突发性事件，在客观物理量超过或低于某一阀值时，采用外触发器启动记录系统，这样就把突发事件发生后的重要波形段记录了下来；另外还可以采用“预触发”功能，即将存储的事件发生前的先兆信号调出记录，以分析事件发生的前因。

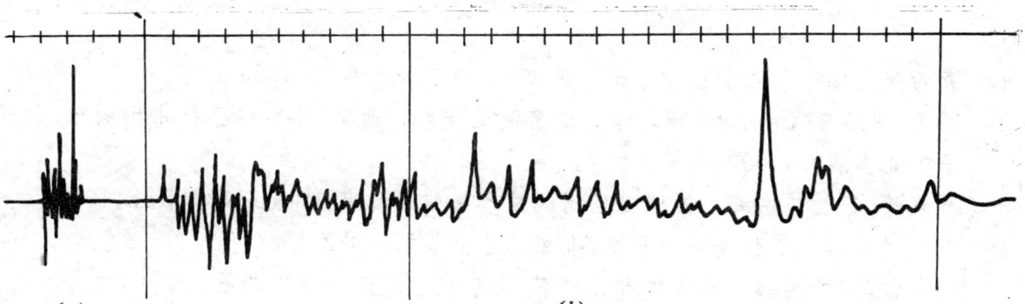

图 13-17　瞬态波形的展开记录

波形存储器可作成独立的装置和记录仪相连,也可组装在记录仪的内部成为它的一个部件。波形存储的频响范围仅受 A/D 转换采样频率的限制,其记存数据量受存储器限制。瞬态波形记录仪的频率响应特性好,精度高,目前能采集的瞬变波形或连续信号的频率范围已从直流至 30 MHz。随着数字技术的发展,瞬态波形记录仪的应用将越来越广泛。

习　题　十三

1. 光线示波器有什么特点,它由哪几部分组成,各部分有什么功能?

2. 光线示波器是怎样进行工作的?

3. 光线示波器振动子的动态特性包括哪些内容,它与第二章介绍的测量系统的动态特性有无不同之处?

4. 振动子选择的原则是什么?

5. 在什么情况下才要解决好振动子与测量电路的匹配问题?

6. 函数记录仪的工作原理是什么?它的主要技术指标是什么?

7. 磁带记录仪有什么特点?

8. 模拟式磁带记录有几种记录方式,常用的有几种?

9. 直接记录方式和调频记录方式各有什么特点,适合于用在哪些场合?

10. 波形存储示波器的主要用途是什么?

参考文献

1 袁希光主编．传感器技术手册．北京:国防工业出版社,1986

2 杨俊,冯凯昉,李永存,杨勃编．精密测试技术．南京:江苏科学技术出版社,北京:电子工业出版社,1990

3 严普强,黄长艺主编．机械工程测试技术基础．北京:机械工业出版社,1990

4 丁汉哲主编．试验技术．北京:机械工业出版社,1982

5 刘惠彬,刘玉刚编．测试技术．北京:北京航空航天大学出版社,1989

6 吴道悌编．非电量电测技术．西安:西安交通大学出版社,1990

7 张福学编著．传感器电子学．北京:国防工业出版社,1991

8 常健生编．检测与转换技术．北京:机械工业出版社,1992

9 苏步霄,周士钟主编．敏感器件及其应用．北京:中国铁道出版社,1987

10 潘新民,王燕芳编著．微型计算机与传感器技术．北京:人民邮电出版社,1987

11 严仲豪,谭祖根主编．非电量电测技术．北京:机械工业出版社,1983

12 贾伯年,俞朴主编．传感器技术．南京:东南大学出版社,1990

13 张志鹏,[英]W·A·Gambling著．光纤传感器原理．北京:中国计量出版社,1991

14 康昌鹤,唐省吾等编著．气、湿敏感器件及其应用．北京:科学出版社,1988

15 高永祥编．半导体磁电转换元件．北京:机械工业出版社,1985

16 黄贤武编．传感器技术．苏州:苏州大学出版社,1993

17 [日]森村正直,山崎弘郎主编．黄香泉译．传感器技术．北京:科学出版社,1988

18 [日]高桥清编著．颜杰先,石永富译．传感器技术入门．北京:国防工业出版社,1985

19 Ernest O, Doebelin. *Measurement Systems Application and Design*. McGraw－Hill Book Company,1983

20 Steren M Kay. *Modern Spectral Estimation: Theory and Application*. Rhode Island. U.S.A.,1991